零起点学创业系列

零起点学办养猪场

张金洲　李　凌　主编

化学工业出版社

·北京·

图书在版编目（CIP）数据

零起点学办养猪场/张金洲，李凌主编．—北京：化学工业出版社，2015.4（2020.9重印）
（零起点学创业系列）
ISBN 978-7-122-23094-2

Ⅰ.①零… Ⅱ.①张…②李… Ⅲ.①猪-饲养管理②养猪场-经营管理 Ⅳ.①S828

中国版本图书馆CIP数据核字（2015）第035471号

责任编辑：邵桂林　　装帧设计：刘丽华
责任校对：李　爽

出版发行：化学工业出版社（北京市东城区青年湖南街13号　邮政编码100011）
印　　装：北京七彩京通数码快印有限公司
850mm×1168mm　1/32　印张 $11\frac{1}{2}$　字数336千字
2020年9月北京第1版第7次印刷

购书咨询：010-64518888　　售后服务：010-64518899
网　　址：http://www.cip.com.cn
凡购买本书，如有缺损质量问题，本社销售中心负责调换。

定　　价：35.00元

编写人员名单

主　　编　张金洲　李　凌

副 主 编　宁新治　杜海燕　王　丹　孙勤连

编写人员（按姓名笔画排序）

王　丹（焦作市畜产品质量安全监测中心）

宁新治（灵宝市畜牧局）

刘代雨（濮阳市清丰县农业技术推广六塔区域站）

孙勤连（辉县市畜牧局）

杜海燕（新乡市动物疫病预防控制中心）

李　凌（温县动物疫病预防控制中心）

张金洲（河南科技学院）

魏刚才（河南科技学院）

前 言

养猪生产在畜牧业中占有重要的比重，猪肉不仅是我国人民的主要肉食品，而且养猪业也肩负着繁荣经济、富裕农民的重任。所以，我国政府对养猪业十分重视，国家出台了一系列稳定养猪生产的措施和扶持政策。虽然猪产品市场有较大波动，养猪效益有好有坏，但总体来说，养猪业是畜牧业中养殖效益较好和较为稳定的产业，也是人们创业致富的一个好途径。开办猪场不仅需要养殖技术，也需要掌握开办养殖场的有关程序和经营管理知识等。目前市场上有关学办猪场的书籍较少，严重制约着有志人士的创业和发展速度。为此，笔者组织有关专家编写了本书。

本书全面系统地介绍了开办猪场的基础知识和主要技术，具有较强的实用性、针对性和可操作性，为成功开办和办好猪场提供技术指导。本书共分为办场前的准备、猪场的建设、猪的品种及引进、猪的饲料营养、猪的饲养管理、猪场的疾病防治和猪场的经营管理七章。本书不仅适宜于农村知识青年、打工返乡人员等创办猪场者以及猪场（户）的相关技术人员和经营管理人员阅读，也可以作为大专院校和农村函授及培训班的辅助教材和参考书。

由于编者水平有限，书中难免会有不当之处，敬请广大读者批评指正。

编者

目录

第一章 办场前的准备

第六章 猪场疾病防治

第七章 猪场的经营管理

参考文献

第一章 办场前的准备

核心提示

开办猪场的目的不仅是为市场提供质优量多的产品，更是为了获得较好的经济效益。所以，开办猪场前要了解养猪行业的特点及开办猪场应具备的条件、进行市场调查和分析、作出投资估算和经济效益分析，然后申办各种手续并在有关部门备案。

第一节 养猪业特点、猪场的类型和开办猪场的条件

一、养猪业特点

（一）猪性成熟早、繁殖力强

猪和马、牛、羊比较，性成熟早、妊娠期短、多胎高产。猪一般4～5月龄达性成熟，6～8月龄就可以初次配种，妊娠期只有114天。经产母猪一年能分娩2胎多，平均每胎产仔10头左右，一年可生产20多头，如采取适当措施，还有可能提高母猪的产仔数。我国的民猪3～4月龄就可以性成熟，每胎产仔15～16头；太湖猪每胎最多可以产仔36头。

（二）生长发育迅速、周转快

猪的生长发育很快，易育肥。现在饲养的瘦肉型品种，仔猪初生重1千克，1月龄体重5～6千克，增长5～6倍；2月龄体重达到10～15千克，比初生时增加10～15倍。肥猪长到5月龄时，屠宰

体重可达90千克或更多。

（三）适应能力强

猪的适应能力强，表现在两方面：一是对饲料的适应性，猪属于单胃动物，具有杂食性，食谱广，各种饲料都可以利用，对粗纤维饲料（如青菜、菜叶、树叶、米糠）也有一定的利用能力（特别是我国许多地方品种）；二是对环境适应性强，各种气候条件和世界各地（除去宗教原因）都有猪的分布。

（四）猪种资源丰富

1. 地方品种多

1950年以来我国共发掘126个地方猪种，近年又发掘出贵州剑河白香猪、山东里岔黑猪（体长型）等，后经整理归纳，仍有76个猪种之多，列入“中国猪品种标志”的有48个。这些猪品种具有非常优良的种质特性，是世界猪品种特有的、丰富的基因库。

2. 育成和培育的品种多

从1949年至今，我国培育出猪的新品种、新品系达40个。这些猪的新品种、新品系分别经有关省、市、自治区科委和有关部门验收合格，如哈尔滨白猪、三江白猪、上海白猪、浙江中白猪、湖北白猪、湘白猪、北京黑猪等，先后应用于我国瘦肉猪商品生产，极大地推动了我国养猪生产的发展。

3. 引入品种多

1999～2006年，我国共引进3.6万头种猪，有长白猪、约克夏猪、杜洛克猪、汉普夏猪等品种。此种猪的引进主要集中在北京、天津和沿海的广东、福建、浙江，以及生猪主产省（如河南、山东等），这些品种的引入，加快了我国猪品种改良的速度，促进了瘦肉猪生产的发展。

（五）养猪技术配套成熟

一是我国是养猪大国，具有悠久的养猪历史和成熟的养殖技术。二是我国养猪行业组织健全，不断进行养猪新技术的推广和培训。三是种猪繁育体系逐渐完善。我国确定了24个全国重点种猪场，包括地方良种和引进品种。各个省、市、自治区也开展了种猪繁育体系建设，逐渐形成原种猪场、原种猪扩繁场和种猪生产场三级宝塔形的种猪繁育体系。从20世纪90年代初开始，发展了一批优良种猪，出现了存栏1000头以上的较大型的种猪繁育场，在发展优良种猪数量的基础上，推进种猪质量的提高，极大地促进了我国养猪科技的进步。1985年我国建立了第一个种猪测定机构——武汉种猪测定中心，现在北京、上海、浙江、广东、四川以及一些大型种猪场都建立有种猪测定站或相应的种猪测定设施，为我国种猪的遗传改良起到了较大的促进作用。四是饲料营养、饲养管理、环境控制、设施设备、疾病控制等科学的不断发展，使养猪技术更加配套完善。养猪技术的配套成熟为发展养猪业奠定了良好基础。

（六）养殖效益相对稳定

猪肉是我国人民餐桌上的主要的肉食品，养猪生产在畜牧业中占有很大的比重，同时，养猪业还担负着繁荣经济、富裕农民的重任。所以，我国政府对养猪业十分重视，出台了一系列稳定养猪生产的措施和扶持政策。尽管猪产品市场有较大波动，猪场养殖效益有好有坏，但从总体上来看，养猪业是畜牧业中养殖效益较好和较为稳定的产业之一。

二、猪场的类型

根据猪场的生产任务和经营性质的差异，可分为母猪专业场、商品肉猪专业场、自繁自养专业场、公猪专业场四类。不同类型的猪场有其不同的特点和要求。

（一）母猪专业场

母猪专业场以饲养种猪为主，除少数母猪专业场饲养地方猪种，达到保种目的外，一般饲养的都是外来良种母猪（如长白猪、大约克夏猪、杜洛克猪）以及培育品种或品系母猪。母猪专业场又包括两种类型，一是以繁殖推广优良种猪为主的专业场，当前全国各地的种猪场，多属于这种类型，它为我国猪种改良及养猪生产的发展作出了重大贡献。二是以繁殖出售商品仔猪为目的的母猪专业场，饲养的种猪应具有高的繁殖力，这种母猪多数为杂种一代，通过三元杂交生产出售仔猪供应育肥猪场和市场。目前，单纯以生产优质仔猪为目的的母猪专业场，在全国范围内还不多见。

母猪专业场具有如下特点。

1. 固定资产投入大

母猪专业场的猪舍主要有种公猪舍、配种舍、妊娠舍、产仔舍、仔猪保育舍和待售种猪和商品仔猪舍（由于不饲养生长育肥猪，不需修建肥猪舍）。母猪专业场对猪舍设计和建筑条件要求较高，如产仔舍、保育舍都要求有较好的猪舍建筑，因此需要投入大量的资金。

2. 技术条件要求高

在母猪规模化饲养过程中，需要每隔一定时间组织一群母猪进行配种，从而将繁殖母猪分成若干群，同群母猪集中饲养，采取比较一致的饲养方式，使其所产仔猪相对一致。在母猪发情配种、妊娠诊断、母猪妊娠、分娩、仔猪哺育和仔猪保育等生产环节上，对技术要求高。其技术工作的重点是提高母猪的配种率、产仔数、仔猪成活率和断奶重。

3. 母猪的繁殖能力直接影响猪场效益

母猪专业场的主要任务是出售仔猪或后备种猪，另有少量淘汰育肥母猪。其经济效益的高低，主要取决于仔猪或后备种猪的繁殖成活数量和市场价格。繁殖母猪和仔猪的饲养管理水平先进，市场对仔猪的需求量大，仔猪价格高，饲料价格低，对饲养繁殖母猪有利；相反，繁殖母猪和仔猪的饲养管理技术落后，仔猪单价低，饲料价格高，对饲养母猪专业场不利。

此外，母猪的淘汰比例是影响猪群生产水平和提高猪场收入的重要因素之一。母猪淘汰率高，猪群中青年母猪占的比例大，猪群生产水平低，同时由于淘汰母猪数量的增加，增加了后备种猪的培育费用；相反，母猪淘汰率过低，猪群老龄母猪数量增加，生产性能明显降低，尽管没有增加后备猪的培育费用，但由于生产水平低，猪场经济效益不高。为保证种猪群良好的年龄结构和生产性能水平，母猪淘汰率每年以25％～30％为宜。更新猪群所需的母猪来源于后备猪，繁殖或引进的后备猪群数量应适当高于淘汰母猪数量，以确保一定选择强度。但后备猪群不宜过大，后备猪群大，虽然增加了选择强度，却加大了培育费用。如后备猪群过小，则缺乏选留机会，难以保证猪群质量。

（二）商品肉猪专业场

商品肉猪专业场专门从事肉猪肥育，为市场提供猪肉。目前我国商品肉猪专业场包括两种形式：一种是以饲养户为代表的数量扩张型，此类型是规模化养殖的初级类型，在广大农村普遍存在。这种类型，仅仅是养猪数量的增加，而无真正具有规模经营的实质内涵。从本质上讲，饲养管理技术与我国传统养猪模式无多大差别，饲养的仍然是含地方猪种血缘的杂种一代肉猪，生产水平低，市场竞争力较弱，经济上较脆弱，生产者仅凭个人经验经营，只有朴素的市场观念和盈利思想，当市场行情好时，农户纷纷饲养，一旦价格回落，又纷纷停产，稳定性极差；另一种是通过资金、技术和设备武装的较大规模的养猪经营形式，是规模化养猪的最高形式，这种形式也被称为现代化密集型，它改变了传统的饲养方式，饲养的是优质瘦肉型猪，采用的是先进的饲养管理技术，具备现代营销手段，并能根据市场变化规律合理组织生产；猪场生产不仅规模扩大，而且产品质量也明显提高，并采用了一定机械设备；生产水平和生产效率高，生产稳定，竞争力强。商品肉猪专业场具有如下特点。

1. 固定资产投入少

商品肉猪专业场以饲养肉猪为主，由于不饲养种猪，不需修建种猪舍和仔猪培育舍，场地面积小，可节省征地或租地费用；育肥猪适应环境能力强，育肥舍设计和建筑比较简单，肉猪饲养密度大，基建投入小。

2. 技术要求简单

肉猪场存栏猪群单一，主要饲养育肥猪，育肥猪的适应能力强，生产环节少，好饲养，所以技术要求比较简单。肉猪专业场的主要任务是最大限度地增加产品的产量、提高产品的质量和降低每千克增重消耗的饲料费用。

3. 出售肥猪是肉猪场的主要收入来源

在肉猪生产费用中饲料费占70%～80%，可见，如何减少饲料消耗及饲料费用支出，降低每千克增重的饲料费，是提高肉猪经营收入的关键。

4. 要求仔猪来源稳定

商品肉猪专业场的仔猪应来源于以繁殖经营仔猪为目的的繁殖

场，仔猪来源应稳定，品种组合一致，规格整齐。肉猪场可从饲养繁殖母猪专业场成批购买体况相似的仔猪，不同批次的仔猪组成不同的猪群，分批分阶段进行集约化饲养，同一猪场内可同时饲养处于不同阶段的几批猪，同一批次的肉猪，在育肥结束时基本能成批上市，也有利于猪舍的定期消毒。但目前，专门从事仔猪生产的母猪场少，仔猪多来源于母猪分散饲养的广大农村，导致猪源不稳定，规格不整齐，产品质量差，疾病控制困难，直接影响到猪场的效益，甚至使一些猪场受到巨大损失而倒闭。

（三）自繁自养专业场

自繁自养专业场即母猪和肉猪在同一猪场集约饲养，自己饲养母猪繁殖仔猪，然后自己饲养至出栏为市场提供肉猪。目前我国大部分猪场都采取此种经营方式。种猪是繁殖性能优良、符合杂交方案要求的纯种或杂种，如培育品种（系）或外种猪及其杂种，来源于经过严格选育的种猪繁殖场；杂交用的种公猪，最好来源于育种场核心群或者种猪性能测定中心经性能测定的优秀个体。生产的优良仔猪本场饲养。自繁自养专业场具有如下特点。

1. 固定资金占用量大

自繁自养的专业场，占地面积大，需要征用和租用的土地多；猪舍的类型多，面积大，设计和建筑要求也高，基建投入大。所以，与饲养母猪的专业场和饲养肉猪的专业场相比，占用的固定资金数量最大。

2. 技术要求高

自繁自养专业场内存栏有各种类型的猪，生产的环节多，生产工艺复杂，技术要求高。要保证母猪多产仔、仔猪成活多、仔猪长得快，必须要求在品种、后备猪培育、各类母猪科学饲养管理、育肥猪科学饲养管理以及环境、疾病控制等方面有良好的技术支撑，否则，任何一个环节出现问题，都会影响到养殖效益。

自繁自养专业场要求按照猪不同生理生长阶段的要求和现代养猪生产科学管理方法的要求，把猪群分成若干工艺类群，然后分别置于相应的专门化猪舍，实行流水式生产作业。这样有利于提高猪舍、设备设施的利用率和劳动生产率，降低生产投入和单位产品的生产成本；同时又由于有专门化的猪舍，能较好地满足各类猪群对环境条件的要求，有利于猪遗传潜力的充分发挥。

3. 注重生产经营策略

自繁自养场能降低每头仔猪的生产成本，也能避免仔猪在出售过程中受到各种应激因素造成的损失，养母猪的效益和出售肥猪的收入均可增加。经营上要把繁殖场和肥育场的生产经营技术和经济效益的经验结合起来运用，以达到降低生产成本、提高生产力水平与经济效益的目标。

（四）公猪专业场

专门从事种公猪的饲养，目的在于为养猪生产提供量多质优的精液。公猪饲养场往往与人工授精站配套在一起，由于人工授精技术的推广与应用，进一步扩大了种公猪的影响面，种公猪精液质量的好坏，直接关系到养猪生产的水平，为此种公猪必须性能优良，必须来源于种猪性能测定站经性能测定的优秀个体或育种场种猪核心群（没有种猪性能测定站的地区）优秀个体。饲养的种公猪包括长白猪、大约克夏猪、杜洛克猪等主要引进品种和培育品种（品系），饲养数量取决于当地繁殖母猪的数量，如繁殖母猪数量为40000头，按每头公猪年承担400头母猪的配种任务，则需种公猪100头，公猪年淘汰更新率如为30%，还需饲养后备公猪33头，因此该地区公猪的饲养规模为133头。人工授精技术水平高的，饲养公猪数可酌减。建场数量既要考虑方便配种，又要避免种公猪饲养数量过多而导致浪费。

三、开办猪场的条件

（一）市场条件

投资猪场的目的是为了有较好的资金回报，获得较多的经济效益。只有通过市场才能体现其产品的价值和效益高低。市场猪产品价格高，销售渠道畅通，生产资料充足易得，同样的资金投入和管理就可以获得较高的投资回报，养猪生产有一定的周期，如果不了解市场和市场变化趋势，市场条件发生变化时，盲目上马或扩大猪场规模，就可能遭遇市场走低，导致资金回报差，甚至亏损。

（二）资金条件

养猪生产特别是规模化生产，前期需要不断的资金投入，资金的周转时间长，占用量大，如目前建设一个 50 头基础母猪的自繁自养专业猪场需要投入资金 70 万～80 万元，如果没有充足的资金保证或良好的筹资渠道，猪场就无法正常运转。

（三）技术条件

投资猪场，办好猪场，技术是关键。猪场的设计和建设、良种的引进选择、环境和疾病的控制、饲养管理和经营管理等都需要先进技术和掌握先进养猪技术的人才。否则，就不能进行科学的饲养管理，不能维持良好的生产环境，不能进行有效的疾病控制，会严重影响经营效果。

第二节 市场调查

养猪生产是商品生产，猪场的类型、规模、经营方式、管理水平以及市场价格不同，投资回报率也就不同，盲目生产可能会影响养殖效益。养猪前必须进行市场调查和分析，根据自己具备的条件，正确确定经营方向和规模大小，避免盲目行事，以便投产后取得较好的经济效果。

一、市场调查的内容

影响养猪业生产和效益提高的市场因素较多，都需要认真做好调查，获得第一手资料，才能进行分析、预测，最后进行正确决策。市场调查的内容主要有市场需求和价格调查、市场供给调查、市场营销活动调查和其他相关事项的调查。

（一）市场需求和价格调查

1. 市场容量调查

调查宏观和区域市场种猪、仔猪、肉猪总容量及其价格。宏观和区域市场总容量的调查，有利于猪场从整体战略上把握发展规模，是实现“以销定产”的最基本的策略。新建猪场应该在建场前进行调查，以市场情况确定规模和性质。正在生产的猪场一般一年左右进行一次，同时，还应调查企业产品所占市场比例，尚有哪些可占领的市场空间，这些情况需要调查清楚。

具体批发市场销量、销售价格变化调查需经常进行。这类调查对销售实际操作作用较大，帮助销售方及时发现哪些市场销量、价格发生了变化，查找原因，及时调整生产方向和销售策略。同时还要了解潜在市场，为项目的决策提供依据。

2. 适销品种调查

猪的经济类型和品种多种多样，不同的地区对产品的需求也有较大的差异。有的地方喜爱脂肪型，有的地方喜爱瘦肉型，有的消费者喜欢本地品种，而有的消费者喜欢外来品种，所以适销品种的调查在宏观上对品种的选择具有参考意义，在微观上可指导销售具体操作，满足不同市场的品种需求也很有价值。

3. 适销体重调查

与适销品种一样，各地市场对猪体重的要求也有所区别。如出口和外销的生猪的体重一般要求在90～100千克，而本地销售对猪体重没有严格的体重要求，可以根据市场价格确定获得最大经济效益的出栏体重；各地对仔猪销售也有不同的体重和月龄要求。对各地猪市场产品的适销体重需调查清楚，首先，在销售上可灵活调节，为不同市场提供不同体重的产品，做到适销对路；其次，弄清不同市场适销体重的特点，还可为深度开发潜在的市场，扩大市场空间提供依据。

（二）市场供给调查

对养殖企业来说，市场需要（养猪产品市场需要的产品种类主要有猪肉、仔猪和种猪等）由需求和供给组成，要想获得经营效益，仅调查需求方面的情况还不行，对供给方面的情况也要着力调查。

1. 当地区域产品供给量

当地主要养猪企业、散养户等的数量，本地母猪的存栏头数、生猪的存栏头数以及在下一阶段的产品预测上市量，这些内容的调查有利于做好阶段性的销售计划，实现有计划的均衡销售。

2. 外来产品的输入量

目前信息、交通都相当发达，跨区域销售的现象很普遍，这是一种不能人为控制的产品自然流通现象。在外来产品明显影响当地市场时，有必要对其价格、货源持续的时间等作充分的了解，作出较准确的评估，以便确定生产规模或调整生产规模。

3. 相关替代产品的情况

肉类食品中的鸡、鸭、鹅、牛、羊、鱼等产品等都会相互影响，因此有必要了解相关肉类产品的生产和销售情况。

（三）市场营销活动调查

1. 竞争对手的调查

调查内容包括竞争者产品的优势、竞争者所占的市场份额、竞争者的生产能力和市场计划、消费者对主要竞争者产品的认可程度、竞争者产品的缺陷以及未在竞争产品中体现出来的消费者要求。

2. 销售渠道调查

销售渠道是指商品从生产领域进入消费领域所经过的通道，目前猪产品的销售渠道主要有两种：生产企业—屠宰企业—零售商（或超市）—消费者和生产企业—大型肉品加工企业（加工成半熟品或熟品）—零售商（或超市）—消费者。

3. 销售市场调查

猪肉产品销售有国内、国外市场，国内市场又有本地市场和外地市场。调查销售市场，可以了解市场猪产品的需求情况和趋势，对于调整产品结构和产品产量具有重要意义。

（四）其他方面调查

其他方面调查：市场生产资料调查，如饲料、燃料等供应情况和价格，人力资源情况以及建筑材料供给情况等；国家、省、市和当地政府对养猪生产的方针政策；有关猪种、圈舍、饲料、饲养工艺、防疫和经营管理方面的先进经验等。

二、市场调查的方法

调查市场的方法很多，有实地调查、问卷调查和抽样调查等。

（一）访问法

访问法是将所拟调查事项，当面或书面向被调查者提出询问，以获得所需资料的调查方法。访问法的特点在于整个访谈过程是调查者与被调查者相互影响、相互作用的过程，也是人际沟通的过程。

个人访问法是指访问者通过面对面地询问和观察被访者而获得信息的方法。访问要事先设计好调查提纲或问卷，调查者可以根据问题顺序提问，也可以围绕调查问题自由交谈，在谈话中要注意做好记录，以便事后整理分析，一般来说，调查市场的访问对象有猪的产品批发商、零售商、消费者、养猪场（户）、市场管理部门等，调查的主要内容是市场销量、价格、品种比例、品种质量、货源、客户经营状况、市场状况等。

要想取得良好的效果，访问方式的选择是非常重要的，一般来讲，个人访问有如下三种方式。

1. 自由问答

自由问答指调查者与被调查者之间自由交谈，获取所需的市场资料。自由问答方式，可以不受时间、地点、场合的限制，被调查者能不受限制地回答问题，调查者则可以根据调查内容和时机，调查进程灵活地采取讨论，质疑等形式进行调查，对于不清楚的问题可采取讨论的方式解决。进行一般性、经常性的市场调查多采用这种方式，选择公司客户或一些相关市场人员作调查对象，自由问答，获取所需的市场信息。

2. 发问式调查

发问式调查指调查人员事先拟好调查提纲，面谈时按提纲进行询问（也称倾向性调查）。进行猪产品市场的专项调查时常用这种方法。这种方法目的性较强，有利于集中、系统地整理资料，也有利于提高效率，节省调查时间和费用，选择发问式调查，要注意选择调查对象，尽量选择较全面了解市场状况、行业状况的人。

3. 限定选择

限定选择指个人访问调查时列出某些调查内容选项，让调查对象选择（也称强制性选择，类似于问卷调查）。此方法多适用于专项调查。

（二）观察法

观察法是指调查者在现场对调查对象直接观察、记录，以取得市场信息的方法。观察法要凭调查人员的直观感觉或借助于某些摄录设备和仪器，跟踪、记录和考查对象，获取某些重要的信息。观察法有自然、客观、直接、全面的特点。

为提高观察调查法的效果，观察人员要在观察前做好计划，观察中注意运用技巧，观察后注意及时记录整理，以取得深入、有价值的信息，从而得出准确的调查结论。

在实际调查中，往往将访问、观察等调查方法综合运用，我们要根据调查目的、内容不同而灵活运用调查方法，才能取得良好效果。

第三节 猪场的生产工艺

猪场生产工艺是指养猪生产中采用的生产方式（猪群组成、周转方式、饲喂饮水方式、清粪方式和产品的采集等）和技术措施（饲养管理措施、卫生防疫制度、废弃物处理方法等）。生产工艺不仅决定了猪场技术的先进性程度，而且也决定猪场的投资和效益。

一、猪场的性质和规模

（一）性质

猪场从性质上分有种猪场和商品猪场。种猪场又可以分为原种场、祖代猪场、父母代猪场。目前我国多将父母代场和商品场合并。猪场性质不同，要求条件不同，饲养管理措施也有差异，生产效益也就不同。种猪场高投入、高风险、高效益，商品猪场低投入、低风险、低效益，要根据市场调查分析结果和自己具备的条件正确选择。刚刚创业的人员最好饲养父母代猪和商品代猪。

（二）规模

1. 猪场规模表示方法

（1）以存栏繁殖母猪数量来表示　如某猪场存栏繁殖母猪120头，年可出栏育肥猪2000头。

（2）以年出栏商品猪数量来表示　如某猪场年出栏商品猪2000头，一般需要存栏繁殖母猪120头。

（3）以常年存栏猪数量来表示　如某猪场常年存栏猪1100头。

2. 猪场的规模划分

养猪场的规模划分见表1-1。

表1-1　养猪场的规模划分

类型	小型猪场	中型猪场	大型猪场
年出栏商品猪头数	≤5000	5000～10000	＞10000
年饲养种母猪头数	≤300	300～600	＞600

3. 猪场规模的确定

猪场规模的大小受到资金、技术、市场需求、市场价格、经营管理水平以及环境等影响，所以确定饲养规模要充分考虑这些影响因素。资金、技术、市场和环境是制约规模大小的主要因素，不应该盲目追求数量。养殖数量再多，如果技术、资金和管理滞后，环境条件差，饲养管理不善，环境污染严重，疾病频繁发生，也不可能取得好的饲养效果，应该注重适度规模。

养猪生产的适度规模是指在一定的自然、经济、技术、社会等条件下，生产者所经营的猪群规模不仅与劳动力规模、生产工具规模等内环境相适应，而且与社会生产力发展水平、市场供需状况等外环境相一致，并能充分提高劳动生产率、猪群生产率、饲料利用率和资金使用效率，实现最佳经济效益目标的可行性规模水平。适度规模的确定方法如下：

(1) 适存法　根据适者生存这一原理，观察一定时期猪的生产规模水平变化和集中趋势，从而判断哪种规模为最佳规模。在某一地区，经过价值规律的调节作用，若某一规模水平出现的概率高或朝向某一规模变化的趋势明显，这一规模水平即为优选规模水平。所以只要考察一下一个地区不同经营规模场的变迁和集中趋势，就可粗略了解当地以哪一种经营规模最为合适。以某省 2012 年对 50 个县（市）规模猪场情况调查为例：10～100 头母猪的规模场（户）2012 年比 2006 年下降 10%，100～300 头母猪的场（户）上升 10%，300 头母猪以上的场（户）增加 3%。可以认为当地以 100～300 头规模较为适合。

按照适存法原则及养猪生产经营规模的优化方法，在猪粮比价正常的情况下，以农户为基础的规模养猪，在条件较差的地区以养 2～3 头母猪，年出栏 30～50 头肥猪的规模为宜；一般地区以饲养 5～10 头母猪，年出栏 100～200 头肥猪的规模为宜，在大中城市郊区，资金实力较雄厚，饲料及养猪技术等基础条件好，并且全年能均衡地消化掉所有猪粪、尿和污水，可以饲养 200～300 头母猪，年出栏 3000～5000 头，甚至万头规模的集约化猪场较为适宜。

(2) 综合评分法　此法是通过比较在不同经营规模条件下的劳动生产率、资金利用率、饲料转化率、猪群效率和猪的生产性能等项指标，评定不同规模间经济效益和综合效益，以确定最优规模。

具体作法是先确定评定指标并进行评分，其次合理地确定各指标的权重（重要性），然后采用加权平均的方法，计算出不同规模的综合指数，获得最高指数值的经营规模即为最优规模。

（3）投入产出分析法　此法是根据动物生产中普遍存在的报酬递减规律及边际平衡原理来确定最佳规模的重要方法。也就是通过产量、成本、价格和赢利的变化关系进行分析和预测，找到盈亏平衡点，再衡量规划多大的规模才能达到多赢利的目标。

养猪生产成本可以分为固定成本和变动成本两部分。猪舍占地、猪舍栏圈及附属建筑、设备设施等投入为固定成本，它与产量无关；仔猪购入成本、饲料费用、人工工资和福利、水电燃料费用、医药费、固定资产折旧费和维修费等为变动成本，与主产品产量呈某种关系。可以利用投入产出分析法求得盈亏平衡时的经营规模和计划一定盈利（或最大赢利）时的经营规模。利用成本、价格、产量之间的关系列出总成本的计算公式：

$$PQ=F+QV+PQx$$

$$Q=\frac{F}{[P(1-x)-V]}$$

式中　F——某种产品的固定成本；

x——单位销售额的税金；

V——单位产品的变动成本；

P——单位产品的价格；

Q——盈亏平衡时的产销量。

例：猪场固定资产投入 150 万元，计划 10 年收回投资；每千克生猪增重的变动成本为 15 元，生猪价格 17 元/千克，求盈亏平衡时的规模。

$$Q=150000/(17-15)=750000\text{ 千克}$$

每头生猪 100 千克，折合生猪头数为 750 头，即需要出栏生猪 750 头才能保持平衡。如果想获得利润，生猪出栏量必须超过 750 头。

如要赢利 10 万元，需要出栏生猪(150000+100000)/[(17-15)×100]=1250 头。

（4）成本函数法　通过建立单位产品成本与养猪生产经营规模变化的函数关系来确定最佳规模，单位产品成本达到最低的经营规模即为最佳规模。

就目前我国养猪管理水平和受环保法规的限制，以年出栏3000头至10000头商品猪的规模较为适宜，而专业户养猪时以100头至500头为宜。个别条件好的养猪场（户）则可在此基础上进一步扩大规模。

二、生产工艺流程

根据商品猪生长发育不同阶段饲养管理方式的差异，猪场的生产工艺主要有如下两种。

（一）两段式

仔猪断奶后直接进入生长肥育舍一直养到上市，饲养过程中只需转群一次，减少了应激；但由于较小的生长猪和较大的肥育猪养在同一类猪舍内，增加了疾病控制的难度，不利于机械化操作，需要的建筑面积较大。这种生产工艺适用于小型猪场。工艺流程见图1-1。

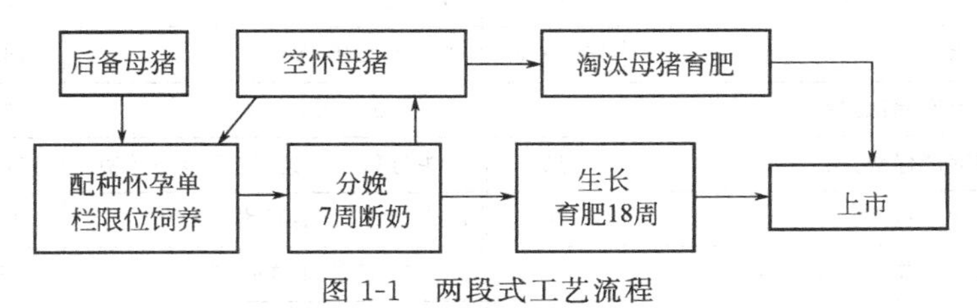

图1-1　两段式工艺流程

（二）三段式

仔猪断奶后转入保育舍，然后再转入育肥舍，两次转群，三个饲养阶段。此工艺可以根据仔猪不同阶段的生理需求采取相应的饲养管理措施，猪舍和设备的利用效率较高。目前猪场多采用此种生产工艺，工艺流程如图1-2。

三、生产指标

为了准确计算猪群结构，确定各类猪群的存栏数、猪舍及各类猪

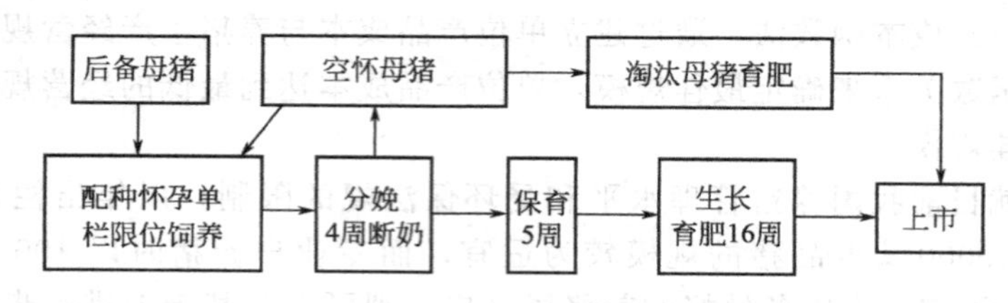

图 1-2　三段式工艺流程

舍所需的栏位数、饲料用量和产品数量，科学制定生产计划以及落实生产责任制，必须根据养猪的品种、生产力水平、经营管理水平和环境设施等，正确确定生产指标（生产工艺参数）。

（一）生产指标

目前猪场的生产指标见表 1-2。

表 1-2　猪场的生产指标

项　目	参　数	项　目	参　数
妊娠期/天	114	每头母猪年产活仔数	
哺乳期/天	35	出生时/头	19.8
断奶至受胎时间/天	7～14	35 日龄/头	17.8
繁殖周期/天	159～163	36～70 日龄/头	16.9
母猪年产胎次/次	2.24	71～170 日龄/头	16.5
母猪窝产仔数/头	10	每头母猪年产肉量(活重)/千克	1575.0
窝产活仔数/头	9	出生至 35 日龄日增重/克	194
母猪临产前进产房时间/天	7	36～70 日龄日增重/克	486
母猪配种后原圈观察时间/天	21	71～160 日龄日增重/克	722
哺乳仔猪成活率/%	90	公母猪年更新率/%	25～33
断奶仔猪成活率/%	95	母猪情期受胎率/%	85
生长肥育猪成活率/%	98	公母比例	1∶25
初生重/千克	1.2～1.4	圈舍冲洗消毒时间/天	7
35 日龄重/千克	8～8.5	生产节律/天	7
70 日龄重/千克	25～30	周配种次数/次	7
160～170 日龄重/千克	90～100		

（二）几个主要指标的计算方法

1. 繁殖周期

繁殖周期决定母猪的年产窝数，关系到养猪生产水平的高低。其计算公式如下：

繁殖周期＝母猪妊娠期（114)＋仔猪哺乳期＋母猪断奶至受胎时间

其中，仔猪哺乳期国内猪场一般35天，有的猪场早期断奶，有21天或28天；仔猪断奶至受胎时间包括两部分：一是断奶至发情时间7～10天；二是配种至受胎时间，决定于情期受胎率和分娩率的高低。假定分娩率100％，将返情的母猪多养的时间平均分配给每头猪，其时间是21×(1－情期受胎率）天。

繁殖周期＝114＋35＋10＋21×(1－情期受胎率)
＝159＋21×(1－情期受胎率)

当情期受胎率为70％、75％、80％、85％、90％、95％、100％时，繁殖周期为165、164、163、162、161、160天。情期受胎率每增加5％，繁殖周期减少1天。

2. 母猪年产窝数

计算公式如下：

母猪年产窝数＝(365÷繁殖周期)×分娩率
＝(365×分娩率)÷[114＋哺乳期＋21×(1－情期受胎率)]

由公式可以看出，母猪年产窝数受到情期受胎率、仔猪哺乳期影响（表1-3)。

表1-3 母猪年产窝数与情期受胎率和仔猪哺乳期关系

不同哺乳期下的年产窝数		情期受胎率/%						
		70	75	80	85	90	95	100
母猪年产窝数/(窝/年)	21天断奶	2.29	2.31	2.32	2.34	2.36	2.37	2.39
	28天断奶	2.19	2.21	2.22	2.24	2.25	2.27	2.28
	35天断奶	2.10	2.11	2.13	2.14	2.15	2.17	2.18

四、猪群的组成

根据猪场规模、生产条件和生产工艺流程，将生产过程划分为若干阶段，不同阶段组成不同类型的猪群，计算出每一类猪的存栏数量就形成了猪群结构。阶段划分是为了最大限度地利用猪群、猪舍和设备，提高生产效率。

（一）猪群组成

猪场的类型不同，猪群的组成不同。母猪专业场的猪群主要由基础母猪（空怀母猪、妊娠母猪、哺乳母猪）、种公猪、后备公母猪、哺乳仔猪、断奶仔猪和淘汰育肥猪组成；商品肉猪专业场主要是育肥猪组成；自繁自养专业场的猪群有基础母猪（空怀母猪、妊娠母猪、哺乳母猪）、种公猪、后备公母猪、哺乳仔猪、断奶仔猪、育肥猪和淘汰育肥猪组成；公猪专业场猪群由种公猪和后备公猪组成。

（二）猪群中各类猪存栏数的计算

1. 各类母猪存栏数

计算公式为：

各类母猪存栏数＝基础母猪×年产窝数×该类母猪的饲养天数/365 天

2. 各年龄段猪的存栏数

计算公式为：

各年龄段猪的存栏数＝基础母猪×年产窝数×窝产活仔数×各期成活率×该阶段饲养天数/365 天

3. 种公猪存栏数

计算公式为：

种公猪存栏数＝基础母猪×公母比例

4. 后备猪的存栏数

计算公式为：

后备猪的存栏数＝公猪或母猪数×公猪或母猪年淘汰率×系数（公猪按 1.5，母猪 1.2）

5. 每年上市肥猪数量

计算公式为：

每年上市肥猪数量＝基础母猪×年产窝数×窝产活仔数×各期成活率

五、饲养管理方式

（一）饲养方式

饲养方式是指为便于饲养管理而采用的不同设备、设施（栏圈、笼具等），或每圈（栏）容纳猪的多少，或管理的不同形式。如按饲养管理设备和设施的不同，可分为笼养、缝隙地板饲养、板条地面饲养或地面平养；按每圈（栏）饲养的头（只）数多少，可分为群养和单个饲养。饲养方式的确定，需考虑畜禽种类、投资能力和技术水平、劳动生产率、防疫卫生、当地气候和环境条件、饲养习惯等。

（二）饲喂方式

饲喂方式是指不同的投料方式或饲喂设备（例如采用链环式料槽等机械喂饲）或不同方式的人工喂饲（采用有槽喂饲、料箱和无槽饲喂等）。采用何种喂饲方式应根据投资能力、机械化程度等因素确定。

（三）饮水方式

饮水方式包括水槽饮水和各种饮水器（杯式、鸭嘴式）自动饮水。水槽饮水不够卫生，劳动量大，饮水器自动饮水清洁卫生，劳动效率高。

（四）清粪方式

传统的清粪方式一般为带坡度的畜床和与之配套的粪尿沟，尿和水由粪尿沟、地漏和地下排出管系统排至污水池，粪便则每天一次或几次以人工或刮粪板清除。采用厚垫料饲养工艺时，粪尿与垫料混合，一般在一个饲养周期结束后以人工或机械方式一次清除，此方式可提高劳动定额，减轻劳动强度，但因粪尿垫料发酵使舍内空气卫生状况差，也易发生下痢、球虫病及其他由垫料带来的传染病，且垫料来源一般也较困难。随着缝隙地板和网床饲养工艺的推广应用，水冲清粪、水泡粪工艺已被普遍采用，前种方式是利用水的流动将粪冲出舍外，可提高劳动效率，降低劳动强度，但却使粪污的无害化处理和合理利用难度加大，同时，由于粪中的可溶性营养物质溶于水中，降低了粪便的肥效，又加大了污水处理的有机负荷；水泡粪工艺虽用水量较小，但因粪水在沟中积存1～2个月才排放，除水冲粪的缺点外，常造成舍内潮湿和空气卫生状况恶化，冬季尤为严重。其实，采用网床和缝隙地板可以使尿和污水由地下排出系统排至污水处理场，固体粪便可用人工或机械方式清出舍外。采用何种清粪工艺，必须综合考虑畜禽种类、投资和能耗、舍内环境卫生状况、粪污的处理和利用等。

六、猪场环境参数

猪场环境参数和标准，包括温度、湿度、通风量和气流速度、光照强度和时间、有害气体浓度、空气含尘量和微生物含量等，以为建筑热工、供暖降温、通风排污和排湿、光照等设计提供依据。猪场环境参数标准参考表 1-4～表 1-7。

表 1-4 猪舍内空气温度和相对湿度

猪群类别	空气温度/℃	相对湿度/%
种公猪	10～25	40～80
成年母猪	10～27	40～80
哺乳母猪	16～27	40～80
哺乳仔猪	28～34	40～80
培育仔猪	16～30	40～80
育肥猪	10～27	40～85

表 1-5 猪舍空气卫生要求

猪群类别	氨/(毫克/立方米)	硫化氢/(毫克/立方米)	二氧化碳/%	细菌总数/(万个/立方米)	粉尘/(毫克/立方米)
种公猪	26	10	0.2	≤6	≤1.5
成年母猪	26	10	0.2	≤10	≤1.5
哺乳母猪	15	10	0.2	≤5	≤1.5
哺乳仔猪	15	10	0.2	≤5	≤1.5
培育仔猪	26	10	0.2	≤5	≤1.5
育肥猪	26	10	0.2	≤5	≤1.5

表 1-6　猪舍通风量参数

猪舍类别	换气量/(立方米/小时·千克)			气流速度/(米/秒)		
	冬季	过渡季	夏季	冬季	过渡季	夏季
空怀、怀孕前期母猪舍	0.35	0.45	0.60	0.3	0.3	1.0
公猪舍	0.45	0.60	0.70	0.2	0.2	1.0
怀孕后期母猪舍	0.35	0.45	0.60	0.2	0.2	1.0
哺乳母猪舍	0.35	0.45	0.60	0.15	0.15	0.4
哺乳仔猪舍	0.35	0.45	0.60	0.15	0.15	0.4
后备猪舍	0.45	0.55	0.65	0.30	0.3	1.0
断奶仔猪	0.35	0.45	0.60	0.20	0.2	0.6
165 日龄前育肥猪	0.35	0.45	0.60	0.20	0.2	1.0
165 日龄后育肥猪	0.35	0.45	0.60	0.20	0.2	1.0

表 1-7　猪舍采光标准

猪群类别	自然光照		人工照明	
	窗地比	辅助照明/勒克斯	光照强度/勒克斯	光照时间/小时
种公猪	1∶(10～12)	50～75	50～100	14～18
成年母猪	1∶(12～15)	50～75	50～100	14～18
哺乳母猪	1∶(10～12)	50～75	0～100	14～18
哺乳仔猪	1∶(10～12)	50～75	50～100	14～18
培育仔猪	1∶10	50～75	50～100	14～18
育肥猪	1∶(12～15)	50～75	30～50	8～12

注：窗地比是以猪舍门窗等透光构件的有效透光面积与舍内地面积之比；辅助照明是指自然光照猪舍设置人工照明以备夜晚工作照明用。人工照明一般用于无窗猪舍。

七、建设标准

猪场建设和畜舍建筑标准包括猪场占地面积、场址选择、建筑物布局、圈舍面积、采食位置、通道宽度、门窗尺寸、畜舍高度等，这些数据不仅是猪场建筑设计和技术设计的依据，也决定着猪场占地面积、畜舍建筑面积和土建投资多少。

（一）猪场占地面积

猪场占地面积参考表1-8。

表 1-8　猪场占地面积

建设规模/(头/年)	1000	3000	5000
占地指标/亩	10	22	34
生产建筑面积/米²	1200	3300	5300
辅助建筑面积/米²	300	600	700
管理生活建筑/米²	200	400	500

注：亩非法定计量单位，1亩＝666.7平方米。

（二）猪栏数量和规格

猪栏数量和规格与各种猪舍的数量直接相关。猪栏数量计算需要根据各类猪的占栏数和每栏容纳数来确定。

1. 占栏数

计算公式：

各类猪占栏数＝基础母猪×年产窝数×(该阶段饲养天数＋空舍清洁消毒天数)÷365

2. 猪栏的面积和容猪数量

猪栏的面积和容猪数量参考表1-9。

表 1-9　国内猪栏的常用面积

猪群类别	猪栏面积/米²	每栏头数/头	食槽长度/厘米	食槽宽度/厘米	食槽前缘高度/厘米	饮水器安装高度/厘米		
						鸭嘴式	杯式	乳头式
种公猪	6～8	1	50	35～45	160	50～60		
空怀及怀孕前期母猪	2～3	4	35～40		200			
怀孕后期母猪	4～6	1～2		35～40	200	50～60		
哺乳母猪	5～8	1	40～50	35～40	200	50～60		
后备公母猪	1.5～2	2～4	30～35	30～40		50～60	10～20	
育成猪	0.9	10	30～35	30～35	150～170	25～40	15～25	50～60
肥育猪	1～1.2	10	30～35	30～35	100～120	25～30	15～25	75～85
生长猪	1～1.2	10	35～40	35～40	100～120	35～40	15～25	50～60
仔猪						25～30	10～15	25～30

3. 猪栏的规格

猪栏的规格见表 1-10。

表 1-10　猪栏的基本参数

猪栏类别	每头猪占用面积/米^2	长×宽×高/厘米
公猪栏	5.5～7.5	240×300×120
配种栏	6.0～8.0	240×300×120
母猪单体栏	1.2～1.4	(200～210)×(55～60)×100
母猪小群栏	1.8～2.5	240×300×100
分娩栏	3.3～4.18	(200～210)×(170～180) (母猪栏宽 55～65)×(55～60)
保育栏	0.3～0.4	
育成栏	0.55～0.7	450×240×80
育肥栏	0.75～1.0	450×360×90

八、猪场用水标准

猪每天的需水量见表 1-11。

表 1-11　猪每天的需水量

日　龄	体重/千克	每天饮水量/升
1～4 周	2～7	0.4～0.8
5～8 周	7～20	0.8～2.5
9～18 周	20～60	2.5～10
19～26 周	60～100	8.0～15
怀孕母猪		12～20
哺乳母猪		15～30

九、卫生防疫制度

疫病是畜牧生产的最大威胁，积极有效的对策是贯彻“预防为主，防重于治”的方针，严格执行国务院发布的《家畜家禽防疫条例》和农业部制定的《家畜家禽防疫条例实施细则》。工艺设计应据此制定出严格的卫生防疫制度。此外，猪场还需从场址选择、场地规划、建筑物布局、绿化、生产工艺、环境管理、粪污处理利用等方面注重设计并详加说明，全面加强卫生防疫，在建筑设计图中详尽绘出与卫生防疫有关的设施和设备，如消毒更衣淋浴室、隔离舍、装车卸车台等。

十、猪舍样式、构造的选择和设备选型

猪舍样式、构造的选择，主要考虑当地气候和场地地方性小气候、猪场性质和规模、猪的种类以及对环境的不同要求、当地的建筑习惯和常用建材、投资能力等。

猪舍设备包括饲养设备（栏圈、笼具、网床、地板等）、饲喂及饮水设备、清粪设备、通风设备、供暖和降温设备、照明设备等。设备的选型需根据工艺设计确定的饲养管理方式（饲养、饲喂、饮水、清粪等方式）、畜禽对环境的要求、舍内环境调控方式（通风、供暖、降温、照明等方式）、设备厂家提供的有关参数和价格等进行选择，必要时应对设备进行实际考察。各种设备选型配套确定之后，还应分别算出全场的设备投资及电力和燃煤等的消耗量。

十一、管理定额及牧场人员组成

管理定额的确定主要取决于猪场性质和规模、不同猪群的要求、饲养管理方式、生产过程的集约化及机械化程度、生产人员的技术水平和工作熟练程度等。管理定额应明确规定工作内容和职责，以及工作的数量（如饲养猪的数量、猪应达到的生产力水平、死淘率、饲料消耗量等）和质量（如畜舍环境管理和卫生情况等）。管理定额是猪场实施岗位责任制和定额管理的依据，也是猪场设计的参数。一幢猪舍容纳猪的数量，宜恰为一人或数人的定额数，以便于分工和管理。由于影响管理定额的因素较多，而且其本身也并非严格固定的数值，故实践中需酌情确定并在执行中进行调整。

十二、猪舍种类、幢数和尺寸的确定

在完成了上述工艺设计步骤后，可根据畜群组成、占栏时间（天）和劳动定额，计算出各畜群所需栏圈数、各类畜舍的幢数；然后可按确定的饲养管理方式、设备选型、猪场建设标准和拟建场的场

地尺寸，徒手绘出各种畜舍的平面简图，从而初步确定每幢畜舍的内部布置和尺寸；最后可按畜舍间的功能关系、气象条件和场地情况，作出全场总体布局方案。

十三、粪污处理利用工艺及设备选型配套

我国尚无猪场排污标准，可根据猪场粪污拟排放的受纳体（农田、鱼塘、一般自然水体、城镇下水道等）的不同和利用方式（污水灌溉、肥塘养鱼等；粪便作肥料、培养料、饲料等）的不同，参考我国有关的排污标准和废弃物处理利用卫生标准或国外有关标准，作为粪污处理利用工艺和设备设计的依据。根据当地自然、社会和经济条件及无害化处理和资源化利用的原则，与环保工程技术人员共同研究确定粪污利用的方式和选择相应的排放标准，并据此提出粪污处理利用工艺，继而进行处理单元的设计和设备的选型配套。

第四节　猪场的投资概算和效益预测

一、投资概算

投资概算反映了项目的可行性，同时有利于资金的筹措和准备。

（一）投资概算的范围

投资概算可分为三部分：固定投资、流动资金、不可预见费用。

1. 固定投资

固定投资包括建筑工程的一切费用（设计费用、建筑费用、改造费用等）和购置设备发生的一切费用（设备费、运输费、安装费等）。

在猪场占地面积、猪舍及附属建筑种类和面积、猪的饲养管理和环境调控设备以及饲料、运输、供水、供暖、粪污处理利用设备的选型配套确定之后，可根据当地的土地、土建和设备价格，粗略估算固定资产投资额。

2. 流动资金

流动资金包括饲料、药品、水电、燃料、人工费等各种费用，并要求按生产周期计算铺底流动资金（产品产出前）。根据猪场规模、

猪的购置、人员组成及工资定额、饲料和能源及价格，可以粗略估算流动资金额。

3. 不可预见费用

不可预见费用主要考虑建筑材料、生产原料的涨价，其次是其他变故损失。

（二）计算方法

猪场总投资＝固定资产投资＋产出产品前所需要的流动资金＋不可预见费用。

二、效益预测

按照调查和估算的土建、设备投资以及引种费、饲料费、医药费、工资、管理费、其他生产开支、税金和固定资产折旧费，可估算出生产成本，并按本场产品销售量和售价，进行预期效益核算。

效益预测有静态分析法和动态分析法两种。一般常用静态分析法，就是用静态指标进行计算分析，主要指标公式如下：

投资利润率＝年利润/投资总额×100％；

投资回收期＝投资总额/平均年收入；

投资收益率＝(收入－经营费－税金)/总投资×100％。

三、举例

【例 1】年出栏 1200 头肥猪的商品猪场的投资概算和效益预测。

1. 生产工艺

（1）性质规模　肉猪专业场，购买杜长大三元杂交仔猪。年出栏商品肉猪 1200 头，月出栏肉猪 100 头。

（2）生产指标　外购仔猪体重 20～25 千克；饲养期 110～120 天；出栏体重 95 千克。

（3）周转方式　每月进猪，每月出猪。肉猪饲养期 110～120 天，出猪后，对空圈进行彻底清扫、冲洗、消毒，空置 1 周后再进猪，每栋猪舍年出栏肉猪 3 批。为实现每栋舍全进全出和完成生产任务，设计建筑 4 栋相对独立的猪舍，每栋猪舍饲养 100～120 头肉猪。

（4）饲养管理方式　每栋全进全出，每栏 10 头。猪苗进圈后训练定点排粪；自动料槽喂干料或颗粒料，自由采食；自动饮水器饮水；每天定时将粪由除粪口清至粪车上推走，不要堆在舍前清粪口下以免污染墙壁和地面。尿及污水由地漏流入舍前上有盖板的污水沟，污水沟在每栋舍的一端设沉淀池，上清液流入猪场总排污管道汇至污水池，经厌氧、好氧处理和沙滤或人工湿地后达标排放。

（5）环境控制措施　夏季猪舍南北开放部分用塑料网或遮阳网密封，既通风又挡蚊蝇；冬季上面覆盖塑料薄膜保温（包括南北格棱花墙），舍内污浊空气由屋顶通气孔排出。夏季利用凉亭效应，冬季利用温室效应基本可满足育肥猪的环境温度要求，夏季中午温度过高时，应在栏舍上方拉塑料管，每栏安装一个塑料喷头，进行喷雾降温。

2. 猪舍建筑要求

每栋猪舍10～12栏，每栏15.0(3×5)米^2，采用双列式，中间走道1米，猪舍一端留一间值班式。猪舍规格为21(12÷2×3+3)米×11米。南北栏墙为24厘米的砖砌水泥磨面的格棱花墙，墙壁光滑易于清洗消毒；中央走廊的通长栏墙为铁栏杆，以利通风，相邻两栏的隔栏为12厘米的砖砌水泥磨面实墙，以防相邻两栏猪接触性疫病的传播；舍内地面有5%的坡度，应不打滑，排粪区留有排尿沟；猪舍屋顶应有保温层，冬暖夏凉，易于环境控制。

3. 投资预算

（1）固定投资　合计65万元，具体计算如下。

建筑费用：4栋猪舍，每栋猪舍230米^2，建筑费920米^2×400元/米^2=368000元；围墙200米^2(场地长×宽为40米×50米)×300元/米^2=60000.0元；消毒更衣室、仓库、休息室、出猪台共计100米^2×300元/米^2=30000.0元，共计45.80万元。

打井、供电、道路等费用：10万元。

设备费：10万元。

（2）场地租金　场地4亩左右，年租金10000.0元。

（3）流动资金　合计46.8万元。

猪苗：每月110头（成活率90%计），仔猪费440头×400元/头=176000.00元（4个月可以出栏开始回收资金）。

饲料费：440头×625元/头（每头猪需要全价饲料约250千克，3.5元/千克）=275000.00元。

疫苗：2000元/四个月（疫苗选择需要先了解所购猪场的免疫程序，根据免疫程序进行选择，一般需3种：60日龄注射猪瘟疫苗4头份；90日龄注射伪狂犬病疫苗，1头份；95日龄注射口蹄疫疫苗2毫升）。

药品：4000元/四个月。生长育肥猪第一周，饲料中添加抗菌促生长药物，如土霉素钙盐预混剂、呼诺玢、呼肠舒、泰灭净、泰舒平（泰乐菌素）、喹乙醇、速大肥等，同时饲料中添加虫力黑进行驱虫一次。注意环境卫生控制，否则药费会成为很大支出。

水电费：1000.00元/四个月。

人工费用：1人×2500元/人·月×4月=10000.00元。

其他费用：10000.00元/四个月。

总投资112.8万元。

4. 效益估算

(1) 总收入（按2013年价格计算） 合计204.00万元。

出栏肉猪收入：1200头×1500元/头=180.00万元。

猪粪等副产品收入：抵消管理费用。

(2) 总成本

总成本=折旧费+租金+猪苗+饲料费+疫苗、药物费+水电费+人工费用+其他费用

=6.5(65.00万元÷10年)+1.0+(17.6+27.5+0.2+0.4+0.1+1.0+1.0)×3=150.9万元

(3) 总收益

总收益=总收入-总成本=180.00-150.9=29.1万元。

(4) 投资利润率（%） 29.1÷112.8×100%=25.79%。

(5) 投资回收期 112.8÷29.1=3.88年。

所以，按当前价格计算，正常经营，一年可盈利29.1万元。所以，收回投资需要3.88年。

【例2】 自繁自养专业场的工艺设计和投资分析（以100头繁殖母猪为例）。

1. 工艺设计

(1) 性质和规模 规模为100头母猪，向市场提供肉猪。引进长大二元母猪，用杜洛克公猪与之人工授精进行三元杂交猪繁育。杂交

模式见图 1-3。

大约克母猪×长白公猪
↓
长大二元杂交母猪×杜洛克公猪
↓
杜长大三元杂交猪 —直线育肥至 90～100 千克→ 出售

图 1-3 某自繁自养专业场杂交模式

(2) 主要生产指标 公母猪利用年限 4 年，年淘汰率为 25%，情期受胎率 85%；断奶后再次发情时间 10 天；哺乳时间 35 天；公母比例 1∶30。

繁殖周期＝114＋35＋10＋21×(1－情期受胎率)＝159＋21×(1－85%)＝162.15 天；

年产窝数＝365/162.15＝2.25 胎/年；

每胎活仔数 11 头，哺乳期成活率 90%，保育期成活率 95%。育肥期成活率 98%。

(3) 猪群组成 各类猪群分别如下计算。

① 种公猪 常年饲养存栏头数＝100×1/30＝3 头。

② 空怀母猪 饲养天数＝断奶再次发情的天数＋配种后观察 21 天＋平均返情天数＝34.15 天。则：存栏头数＝100×2.25×34.15/365≈21 头。

③ 妊娠母猪 确认妊娠到分娩前 1 周，饲养天数 86 天。则：存栏头数＝100×2.25×86/365≈53 头。

④ 哺乳母猪 产前 7 天至断奶，饲养天数 7 天＋断奶 35 天＝42 天。则：存栏头数＝100×2.25×42/365≈26 头。

⑤ 哺乳仔猪 出生至断奶，饲养天数 35 天，则：存栏头数＝100×2.25×11×0.9×35/365≈214 头。

⑥ 保育仔猪 断奶至 70 日龄，饲养天数 35 天。则：存栏头数＝100×2.25×11×0.9×0.95×35/365≈203 头。

⑦ 育肥猪 71 天至 180 天，饲养天数 110 天。则：存栏头数＝100×2.25×11×0.9×0.95×0.98×110/365≈625 头。

⑧ 后备公猪 4×25%×1.5＝1 头。

⑨ 后备母猪 100×25%×1.2＝30 头。

由上得出，全年全场各类猪常年存栏量＝1176 头；

每年出栏育肥猪：100×2.25×11×0.9×0.95×0.98≈2074 头。

出栏率=出栏头数/存栏头数×100%=2074/1177×100%=176.2%。

(4) 猪群周转　采用三段制生产工艺。妊娠母猪在分娩前7天转入哺乳育成猪舍，仔猪断奶后原窝转至保育舍养到70天，然后原窝转入育肥猪舍，180天上市。母猪断奶后转入空怀母猪舍，确定妊娠后转入妊娠猪舍。后备公猪可在公猪舍内设一个圈。后备母猪可单设圈舍。

(5) 饲养管理方式　具体如下。

① 饲养方式　哺乳母猪、保育仔猪网上饲养，每圈一窝；妊娠母猪定位栏饲养；空怀母猪、公猪和后备种猪为地面圈养，公猪每圈1头，后备公猪每圈1～2头，后备母猪每圈8头，空怀母猪每圈4头。育肥猪每圈一窝。

② 喂料方式　使用料槽人工喂料。

③ 饮水方式　各类猪群一律采用鸭嘴式饮水器饮水。

④ 清粪方式　各猪舍通长地沟盖铁篦子，地面有3%坡度，使粪尿污水分离，用手推车人工清除固体粪污，液体部分流入地沟。

(6) 各类猪的占栏数量　确定猪舍数量（猪舍的面积和规格）需要确定猪栏数量。猪栏数量根据各类猪的占栏头数和每圈容纳头数来确定所需圈数。

① 种公猪　常年饲养3头，每圈1头，需要3个栏；后备公猪1头，需1个栏，共4个栏。

② 后备母猪　共30头，每栏8头，需要4个栏。

③ 空怀母猪　占栏头数=100×2.25×(34.15+7)/365≈25头，每栏4头，需要6个栏。

④ 妊娠母猪　占栏头数=100×2.25×(86+7)/365≈62头，需要62个定位栏。

⑤ 哺乳母猪与哺乳仔猪　占栏头数=100×2.25×(42+7)/365≈30头，每栏1头，需要30个栏。

⑥ 保育仔猪　占栏头数=100×2.25×(35+7)/365≈26头，每栏1头，需要26个栏。

⑦ 育肥猪　占栏头数=100×2.25×(110+7)/365≈72头，每栏1头，需要72个栏。

(7) 猪舍数量　猪舍的类型有公猪舍（内含后备公猪圈）、后备母猪舍、空怀母猪舍、妊娠母猪舍、哺乳母猪舍和保育猪舍、育肥猪舍等。根据计算的栏数和各类猪栏的规格，结合场地、劳动定额等可以进行猪舍的设计，确定其规格。需要的猪舍建筑面积如下。

① 种公猪、后备公猪、后备母猪和空怀母猪　地面平养，需要14个栏，另外再加2个配种栏，共需要16个栏，可以安排在一栋内。每个规格为3米×4米，需要面积约250平方米。

② 妊娠母猪　需要62个定位栏。定位栏规格为0.65米×2.2米，约需要建筑面积250平方米。

③ 哺乳母猪与哺乳仔猪　需要30个栏。产床规格为1.8米×2.2米，需要面积约300平方米。

④ 保育仔猪　需要26个栏，保育栏规格为2米×3米，需要面积约240平方米。

⑤ 育肥猪　需要72个栏，规格为3米×4米，需要面积约1050平方米。

合计：猪舍面积2100平方米。其他附属用房200平方米。

(8) 猪舍的环境控制　夏季可以在猪舍一侧端墙安装风机，另一侧端墙安装湿帘进行负压通风。冬季可以利用窗户、通风口进行自然通风等。

(9) 设备配备　所需各种设备如下。

① 猪栏数量　猪栏96个，分娩栏30个，限位栏62个，保育栏26个。

② 饲喂饮水设备　饲槽220个，鸭嘴式饮水器300个，手推车10辆。

③ 清洗消毒设备　清洗机2台，喷雾器10个。

④ 控温、通风设备　按实际需要选用。

2. 投资预算

(1) 工程预算　计划征地7.5亩，选择在地势高燥的平整地。土建预算见表1-12。

(2) 设备投入　计划设备及预算见表1-13。

(3) 场地租金　10亩×1200.00元/亩・年=1.20万元。

(4) 种猪及流动资金预算　种猪和饲料等投入见表1-14。

表 1-12 土建工程预算汇总表

工程名称	数量	单价/万元	总价/万元
整地	2000 米^2	0.002	4.0
猪舍	2100 米^2	0.04	84.0
水泥路	200 米^2	0.01	2.00
办公加工间	120 米^2	0.05	6.0
围墙	200 米^2	0.02	4.0
化粪池	2 个	0.10	0.20
化粪沟	250 米	0.004	1.00
排水沟	100 米	0.004	0.40
猪舍木门	10 个	0.02	0.20
院墙铁门	1 个	0.3	0.30
合计			102.1

表 1-13 设备投入概算

设备名称	数量	单价/万元	总价/万元
饲料粉碎机	1 台	2.0	2.0
手推车	10 辆	0.05	0.50
自来水管	880 米	0.001	0.88
电路架设	880 米	0.0025	0.27
自动饮水器	400 个	0.001	0.4
猪栅栏	96 个	0.05	4.8
分娩栏	30 个	0.10	3.00
限位栏	62 个	0.05	3.1
保育栏	26 个	0.08	2.04
清洗机	2 台	0.050	0.10
合计			17.09

表 1-14　种猪和饲料等投入

项　目	规格	数量	单价/万元	总价/万元
种公猪	杜洛克	3 头	0.4	1.20
种母猪	长大	100 头	0.3	30.0
饲料	种猪全价料	72 吨	0.3	21.6(半年)
	肉猪全价料	250 吨	0.32	80.0(半年)
疾病防治		1200 头	0.002	2.4(半年)
人员工资		4 头	1.5	6.0(半年)
其他				2.0(半年)
合计				143.2

3. 效益分析

(1) 总投资　263.59 万元，具体如下：固定资产投资 119.19 万元；流动资金 143.2 万元（种猪投入 31.2 万元)；租金 1.2 万元。

(2) 总收入（按 2013 年平均价格计算）　出栏肉猪收入：2074 头×100 千克/头×14.0 元/千克＝290.36 万元；淘汰母猪收入用于后备猪培育，猪粪等副产品收入抵消管理费用。

(3) 盈利　计算如下：

① 总成本　10.21 万元(建筑物折旧费,利用时间 10 年)＋3.42 万元(设备折旧费，利用时间 5 年)＋7.8 万元(种猪分摊费,利用时间 4 年)＋203.2 万元(全年饲料费用)＋20.8 万元(人员、工资、药物等)＋1.2 万元(租金)＝246.63 万元。

② 盈利　290.36 万元（总收入）－246.63 万元（总支出）＝43.73 万元。

(4) 投资回报分析　从利润率和回收期两方面考虑。

① 投资利润率　43.73÷263.59×100%≈16.59%。

② 投资回收期　263.59÷43.73≈6.02 年。

第五节　办场手续和备案

规模化养殖不同于传统的庭院养殖，养殖数量多，占地面积大，产品产量和废弃物排放多，必须要有合适的场地，最好进行登记注册，这样可以享受国家有关养殖的优惠政策和资金扶持。登记注册需要一套手续，并在有关部门备案。

一、项目建设申请

（一）用地审批

近年来，传统农业向现代农业转变，农业生产经营规模不断扩大，农业设施不断增加，对于设施农用地的需求越来越强烈（设施农用地是指直接用于经营性养殖的畜禽舍、工厂化作物栽培或水产养殖的生产设施用地及其相应附属设施用地，农村宅基地以外的晾晒场等农业设施用地）。

《国土资源部、农业部关于完善设施农用地管理有关问题的通知》（国土资发〔2010〕155号）对设施农用地的管理和使用作出了明确规定，将设施农用地具体分为生产设施用地和附属设施用地，认为它们直接用于或者服务于农业生产，其性质不同于非农业建设项目用地，依据《土地利用现状分类》（GB/T 21010—2007），按农用地进行管理。因此，对于兴建养殖场等农业设施占用农用地的，不需办理农用地转用审批手续，但要求规模化畜禽养殖的附属设施用地规模原则上控制在项目用地规模的7%以内（其中，规模化养牛、养羊的附属设施用地规模比例控制在10%以内），最多不超过15亩。养殖场等农业设施的申报与审核用地按以下程序和要求办理。

1. 经营者申请

设施农业经营者应拟定设施建设方案，方案内容包括项目名称、建设地点、用地面积，拟建设施类型、数量、标准和用地规模等；并与有关农村集体经济组织协商土地使用年限、土地用途、补充耕地、土地复垦、交还和违约责任等有关土地使用条件。协商一致后，双方签订用地协议。经营者持设施建设方案、用地协议向乡镇政府提出用地申请。

2. 乡镇申报

乡镇政府依据设施农用地管理的有关规定，对经营者提交的设施建设方案、用地协议等进行审查。符合要求的，乡镇政府应及时将有关材料呈报县级政府审核；不符合要求的，乡镇政府及时通知经营者，并说明理由。涉及土地承包经营权流转的，经营者应依法先行与农村集体经济组织和承包农户签订土地承包经营权流转合同。

3. 县级审核

县级政府组织农业部门和国土资源部门进行审核。农业部门重点就设施建设的必要性与可行性，承包土地用途调整的必要性与合理性，以及经营者农业经营能力和流转合同进行审核。国土资源部门依据农业部门审核意见，重点审核设施用地的合理性、合规性以及用地协议，涉及补充耕地的，要审核经营者落实补充耕地情况，做到先补后占。符合规定要求的，由县级政府批复同意。

（二）环保审批

由本人向项目拟建所在设乡镇提出申请并选定养殖场拟建地点，报县环保局申请办理环保手续（出具环境评估报告）。

【注意】环保审批需要附项目的可行性报告，与工艺设计相似，但应包含建场地点和废弃物处理工艺等内容。

二、养殖场建设

按照县国土资源局、环保局、县发改经信局批复进行项目建设。开工建设前向县农业局或畜牧局申领“动物防疫合格证申请表”、“动物饲养场、养殖小区动物防疫条件审核表”，按照审核表内容要求施工建设。

三、动物防疫合格证办理

养殖场修建完工后，向县农业局或畜牧局申请验收，县农业局派专人按照审核表内容到现场逐项审核验收，验收合格后办理动物防疫合格证。

四、工商营业执照办理

凭动物防疫合格证到县工商局按相关要求办理工商营业执照。

五、备案

养殖场建成后需到当地县畜牧部门进行备案。备案是畜牧兽医行政主管部门对畜禽养殖场（指建设布局科学规范、隔离相对严格、主体明确单一、生产经营统一的畜禽养殖单元）、养殖小区（指布局符合乡镇土地利用总体规划，建设相对规范、畜禽分户饲养，经营统一进行的畜禽养殖区域）的建场选址、规模标准、养殖条件予以核查确认，并进行信息收集管理的行为。

（一）备案的规模标准

养猪场设计存栏规模 300 头以上应当备案。

各类畜禽养殖小区内的养殖户达到 5 户以上。生猪养殖小区设计存栏 300 头以上应当备案。

（二）备案具备的条件

申请备案的畜禽养殖场、养殖小区应当具备下列条件。

一是建设选址符合城乡建设总体规划，不在法律法规规定的禁养区，地势平坦干燥，水源、土壤、空气符合相关标准，距村庄、居民区、公共场所、交通干线 500 米以上，距离畜禽屠宰加工厂、活畜禽交易市场及其他畜禽养殖场或养殖小区 1000 米以上。

二是建设布局符合有关标准规范，畜禽舍建设科学合理，动物防疫消毒、畜禽污物和病死畜禽无害化处理等配套设施齐全。

三是建立畜禽养殖档案，载明法律法规规定的有关内容；制定并实施完善的兽医卫生防疫制度，获得《动物防疫合格证》；不得使用国家禁止的兽药、饲料、饲料添加剂等投入品，严格遵守休药期规定。

四是有为其服务的畜牧兽医技术人员，饲养畜禽实行全进全出模式，同一养殖场和养殖小区内不得饲养两种（含两种）以上畜禽。

第三章

猪场建设

核心提示

猪场建设直接影响猪场的环境条件，从而影响猪的健康、繁殖和生产。猪场建设必须注意：一要科学选择场地和规划布局；二要加强猪舍的保温隔热、通风采光设计；三要加强防疫设施的建设。

第一节　场址选择及规划布局

一、场址选择

猪场场址的选择，主要是对场地的地势、地形、土质、水源和运动场，以及周围环境、交通、电力、青绿饲料供应和放牧条件进行全面的考察。猪场场址的选择必须在养猪之前作好周密计划，选择最合适的地点建场。

（一）地势、地形

场地地势应高燥，地面应有坡度。场地高燥，这样排水良好，地面干燥，阳光充足，不利于微生物和寄生虫的孳生繁殖；否则，地势低洼，场地容易积水，潮湿泥泞，夏季通风不良，空气闷热，有利于蚊蝇等昆虫的孳生，冬季则阴冷；地形要开阔整齐，向阳、避风，特别是要避开西北方向的山口和长形谷地，保持场区小气候状况相对稳定，减少冬季寒风的侵袭。猪场应充分利用自然的地形、地物，如树林、河流等作为场界的天然屏障。既要考虑猪场避免其他周围环境的污染，远离污染源（如化工厂、屠宰场等），又要注意猪场是否污染周围环境（如对周围居民生活区的污染等）。

（二）土质

猪场内的土壤，应该是透气性强、毛细管作用弱、吸湿性和导热性小、质地均匀、抗压性强的土壤，以沙质土壤最适合，便于雨水迅速下渗。愈是贫瘠的沙性土地，愈适于建造猪舍。这种土地渗水性强。如果找不到贫瘠的沙土地，至少要找排水良好、暴雨后不积水的土地，保证在多雨季节不潮湿和泥泞，有利于保持猪舍内外干燥；土质要洁净而未被污染（表 2-1）。

表 2-1　土壤的生物学指标

污染情况	每千克土寄生虫卵数/个	每千克土细菌总数/万个	每克土大肠杆菌值/个
清洁	0	1	0.001
轻度污染	1～10	—	—
中等污染	10～100	10	0.0
严重污染	＞100	100	0.5～1

注：清洁和轻度污染的土壤适宜作场址。

（三）水源

在生产过程中，猪的饮食、饲料的调制、猪舍和用具的清洗，以及饲养管理人员的生活，都需要使用大量的水，因此，猪场必须有充足的水源。水源应符合下列要求：一是水量要充足，既要能满足猪场内的人、猪用水和其他生产、生活用水，还要能满足防火以及以后发展等的需要（水量按每头猪每日 30～70 千克计，万头猪场日用水 50 米^3）。二是水质要求良好（见表 2-2），不经处理即能符合饮用标准的水最为理想。此外，在选择时要调查当地是否因水质而出现过某些地方性疾病等。三是便于保护，以保证水源经常处于清洁状态，不受周围环境的污染。四是要求取用方便，设备投资少，处理技术简便易行。

当畜禽饮用水中含有农药时，农药含量不能超过表 2-3 的规定。

（四）面积

猪场面积应充足（饲养 200～600 头基础母猪，每头母猪需要占地面积为 75～100 米^2；按年出栏肥猪，每头需要占地面积 2.5～4 米^2），周围有足够的农田、果园或鱼塘，便于污水粪便处理。要有足够面积和设施充分消化猪场的粪便污水，减少猪场排出的粪便污水对周边环境的污染。

表 2-2 水的质量标准

指标	项目	标准
感官性状及一般化学指标	色度	≤30
	浑浊度	≤20
	臭和味	不得有异臭异味
	肉眼可见物	不得含有
	总硬度($CaCO_3$ 计)/(毫克/升)	≤1500
	pH 值	5.0～5.9
	溶解性总固体/(毫克/升)	≤1000
	氯化物(Cl^- 计)/(毫克/升)	≤1000
	硫酸盐(SO_4^{2-} 计)/(毫克/升)	≤500
细菌学指标	总大肠杆菌群数/(个/100mL)	成畜≤10;幼畜≤1
毒理学指标	氟化物(F^- 计)/(毫克/升)	≤2.0
	氰化物/(毫克/升)	≤0.2
	总砷/(毫克/升)	≤0.2
	总汞/(毫克/升)	≤0.01
	铅/(毫克/升)	≤0.1
	铬/(六价)/(毫克/升)	≤0.1
	镉/(毫克/升)	≤0.05
	硝酸盐(N 计)/(毫克/升)	≤30

表 2-3 无公害生猪饲养场猪饮用水农药限量

项　　目	限量标准/(毫升/升)	项　　目	限量标准/(毫升/升)
马拉硫磷	0.25	林丹	0.004
内吸磷	0.03	百菌清	0.01
甲基对硫磷	0.02	甲奈威	0.05
对硫磷	0.003	2,4-D	0.1
乐果	0.08		

（五）位置

猪场是污染源，也容易受到污染。猪场在生产大量产品的同时，也需要大量的饲料，所以，猪场场地要兼顾交通和隔离防疫，既要便于交通，又要便于隔离防疫。猪场距居民点或村庄、主要道路要有300～500米距离，大型猪场要有3000米距离。猪场要远离屠宰场、畜产品加工场、兽医院、医院、造纸场、化工厂等污染源，远离噪声大的工矿企业，远离其他养殖企业；猪场要有充足稳定的电源，周边环境要安全。

标准化安全猪场的选址标准及要求见图2-1。

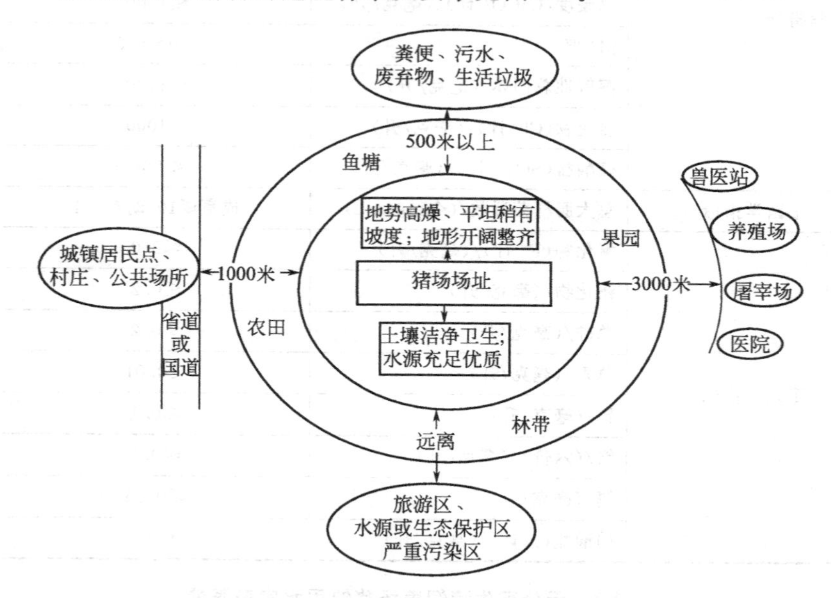

图2-1　标准化安全猪场的选址标准及要求示意

二、猪场的规划布局

猪场的规划布局就是根据猪场的近期和远景规划和拟建场地的环境条件（包括：场内的主要地形、水源、风向等自然条件），科学确定各区的位置，合理确定各类屋舍建筑物、道路、供排水和供电等管线、绿化带等的相对位置及场内防疫卫生的安排。场区布局要符合兽医防疫和环境保护要求，便于进行现代化生产操作。场内各种建筑物的安排，要做到土地利用经济，建筑物间联系方便，布局整齐紧凑，尽量缩短供应距离。猪场的规划布局是否合理，直接影响到猪场的环境控制和卫生防疫。集约化、规模化程度越高，规划布局对其生产的影响越明显。场址选定以后，要进行合理的规划布局。因猪场的性质、规模不同，建筑物的种类和数量亦不同，规划布局也不同。科学合理的规划布局可以有效利用土地面积，减少建场投资，保持良好的环境条件和管理的高效方便。

（一）分区规划

分区规划就是从人猪保健角度出发，考虑猪场地势和主风向，将猪场分成不同的功能区，合理安排各区位置。同时，在生产区内，根据猪的品种、日龄、用途等不同，再分为不同的小区，如仔猪区、保育区或后备区、种猪区、育肥猪区等，并安排在合适的位置。

1. 分区规划的原则

猪场的分区规划应遵循下列几项基本原则：一是应体现建场方针、任务，在满足生产要求的前提下，做到节约用地，尽量少占或不占耕地；二是在建设一定规模的猪场时，应当全面考虑猪粪的处理和利用；三是应因地制宜，合理利用地形地物，以创造最有利的猪场环境、减少投资、提高劳动生产率；四是应充分考虑今后的发展，在规划时应留有余地，尤其是生产区。

2. 分区规划的方法

场区内根据地势高低和常年主风向，依次划分为生活管理区、饲养生产区和污染物处理区三部分（图 2-2），各区之间也要设围墙进行隔离。场区周围设围栏、绿化带或防护沟。

（1）生活管理区　位于上风向和地势最高处，该区要求单独设立，包括办公室、职工宿舍等，既要照顾工作方便，又一定要与猪舍隔离开来。该区区内设办公室、生活用房、饲料加工仓储用房及水、电、暖供应设施等各类猪舍、人工授精室、防疫卫生室（防疫、检疫、消毒、猪疫病监测用）及检疫舍（进场和出栏猪检疫用）。

（2）饲养生产区　这是猪场中的最主要职能区，这个区要求地势较高且有 3%坡度，以利于水流排污。饲养生产区内也要分小区规划，并进行隔离，如种猪舍要与其他猪舍分隔开，形成种猪生产区

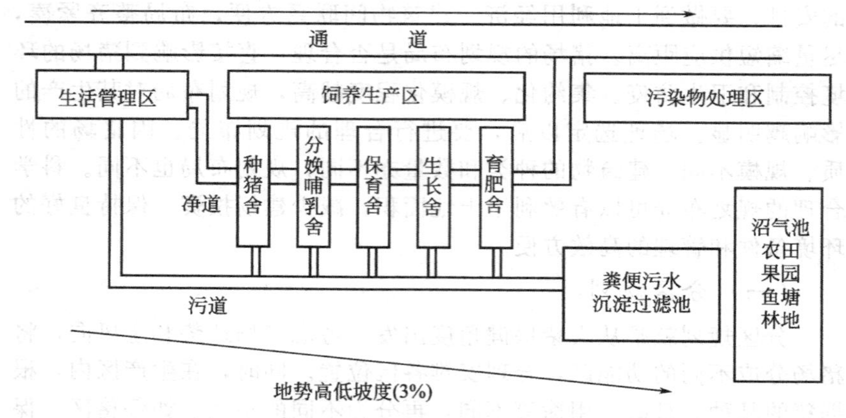

图 2-2　猪场场区布局及地势、风向关系示意

域。种猪生产区域应设在人流较少的猪场上风向，种公猪放在较僻静的地方可以避免影响母猪的生产。商品猪生产区域的布置要区别对待，如妊娠猪舍、分娩猪舍（或繁殖猪舍）应该放在较好的位置；分娩猪舍既要靠近妊娠猪舍，又要接近育成猪舍，以便猪的转圈；育成猪舍最好离猪场入口处近些，有的猪场还需出售仔猪；育肥猪舍应设在下风向，并有独立的出猪大门。大门外设置装猪台，以便于生猪的出场销售；如有条件，规模化企业可以分场规划（图 2-3）。饲养生产区还要设置生产所必需的附属建筑，如饲料加工车间、饲料仓库、修理车间、变电所、锅炉房、水泵房等。

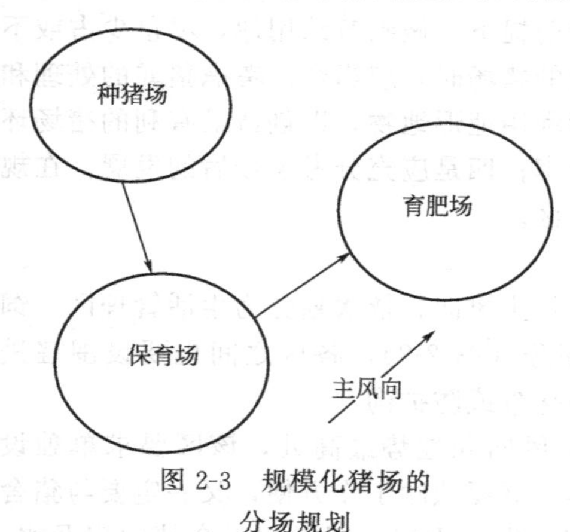

图 2-3　规模化猪场的分场规划

【提示】 饲养生产区必须设在生活管理区的下风或侧风向处。

（3）污染物处理区　此区设在距饲养生产区 50 米的下风向和地

势较低处，包括兽医室、病猪隔离室、解剖室、粪便堆肥储粪场和污水处理氧化池等无害化处理设施。这些建筑都应设在下风向，地势较低的地方。

粪场靠近道路，有利于粪便的清理和运输。储粪场（池）设置注意：储粪场应设在生产区和猪舍的下风处，与住宅、猪舍之间保持有一定的卫生间距（距储舍30～50米）。并应便于运往农田或作其他处理；储粪池的深度以不受地下水浸渍为宜，底部应较结实，储粪场和污水池要进行防渗处理，以防粪液渗漏流失污染水源和土壤；储粪场底部应有坡度，使粪水能可流向一侧或集液井，以便取用；储粪池的大小应根据每天牧场家畜排粪量多少及储藏时间长短而定。

（4）绿化带　绿化有利于遮阳、防暑、防寒、防风沙、防噪声、防疫病传播，能够美化环境、净化空气、促进猪健康成长。在猪场周围、各区域之间，猪舍之间、道路两旁等所有空闲地上栽植树木、花草，使绿化率达到40%左右。

（二）猪舍朝向

猪舍朝向是指猪舍长轴与地球经线是水平还是垂直。猪舍朝向的选择与通风换气、防暑降温、防寒保暖以及猪舍采光等密切相关。朝向选择应考虑当地的主导风向、地理位置、采光和通风排污等情况。猪舍朝南，即猪舍的纵轴方向为东西向，对我国大部分地区的开放舍来说是较为适宜的。这样的朝向，在冬季可以充分利用太阳辐射的温热效应和射入舍内的阳光防寒保温；夏季辐射面积较少，阳光不易直射舍内，有利于猪舍防暑降温。

（三）猪舍间距

猪舍间距影响猪舍的通风、采光、卫生和防火。猪舍密集，间距离过小，场区的空气环境容易恶化，微粒、有害气体和微生物含量过高，增加病原含量和传播机会，容易引起猪群发病。为了保持场区和猪舍环境良好，猪舍之间应保持适宜的距离。适宜间距为猪舍高度的3～5倍。

（四）道路

猪场道路在保证各生产环节联系方便的前提下，应尽量保持直而短。同时还要注意下面几点。

1. 设置两条道路

猪场设置清洁道和污染道，并且要分开不交叉。清洁道供饲养管理人员、清洁的设备用具、饲料和猪产品等清洁物品等使用；污染道供清粪、污浊的设备用具、病猪等污染物使用。清洁道和污染道不能交叉，否则对卫生防疫不利。

2. 道路要求

路面要结实，排水良好，不能太光滑，向两侧有10%的坡度。主干道宽度为5.5～6.5米。一般支道2～3.5米。

（五）储粪场

猪场设置粪尿处理区。粪场靠近道路，有利于粪便的清理和运输。储粪场（池）设置注意事项：储粪场应设在生产区和猪舍的下风处，与住宅、猪舍之间保持有一定的卫生间距（距储舍30～50米）。并应便于运往农田或作其他处理；储粪池的深度以不受地下水浸渍为宜，底部应较结实，储粪场和污水池要进行防渗处理，以防粪液渗漏流失污染水源和土壤；储粪场底部应有坡度，使粪水可流向一侧或集液井，以便取用；储粪池的大小应根据每天牧场家畜排粪量多少及储藏时间长短而定。

（六）绿化

绿化不仅有利于场区和猪舍温热环境的维持和空气洁净，而且可以美化环境，猪场建设必须注重绿化。搞好道路绿化、猪舍之间的绿化和场区周围以及各小区之间的隔离林带，搞好场区北面防风林带和南面、西面的遮阳林带等。

（七）消毒设施

区门口必须设置消毒池和消毒更衣室。大门口设置与门等宽、与一周半大型机动车轮等长、25～30厘米深、水泥结构的消毒池及供人员出入消毒用的消毒室。生活管理区与饲养生产区通道口也应该设置消毒池和消毒间，消毒间内设消毒池和紫外线消毒灯进行双重消毒，条件好的猪场还应设置沐浴更衣间。生产区内各猪舍净道入口处要设1米长的水泥消毒池（盆），供进入猪舍的运料车和人员消毒用。

三、不同规模猪场的规划布局举例

（一）专业户猪场规划布局

1. 规模和工艺

规模为 50 头基础母猪，采用三段制饲养工艺（哺乳仔猪、保育猪、育肥猪）。

2. 猪群结构

基础群有 35～40 头猪，包括空怀待配母猪、妊娠母猪和种用公猪；分娩哺育群有临产和哺乳母猪 10～15 头；后备群有 25～90 千克的后备猪 5 头；哺乳和刚断奶仔猪 100～150 头；保育仔猪 100～150 头（体重在 20～25 千克）；育肥群有 180～220 头（体重 25～95 千克），总存栏 450～550 头。

3. 建筑面积

饲料工具库房及办公用房 60 米^2；基础群及后备群猪舍 200 米^2；分娩及哺育群猪舍 120 米^2，保育舍 80 米^2，育肥舍 360 米^2，辅助建筑 40 米^2，总面积 860 米^2。

4. 猪场的平面布局

如图 2-4 所示。

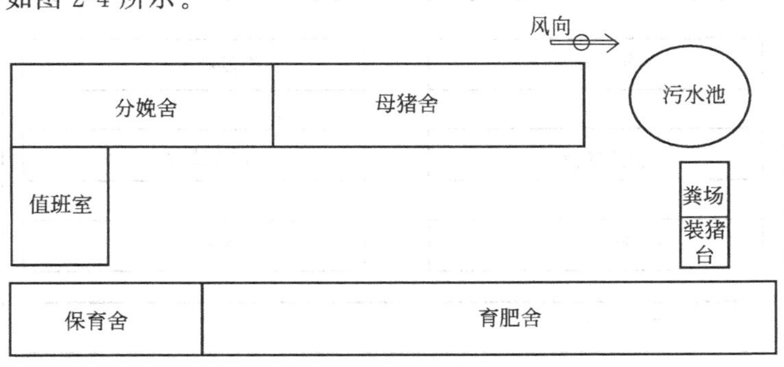

图 2-4 猪场平面布局

（二）规模猪场的规划布局

1. 规模和工艺

基础母猪 300 头，年出栏商品肉猪 5000 头以上的规模。采用四段育肥工艺（哺乳仔猪、保育猪、育成猪、育肥猪）。

2. 猪群结构

基础母猪 300 头（空怀 75 头、妊娠 165 头、分娩 78 头），后备母猪 90 头，种公猪及后备公猪 17 头，哺乳仔猪 582 头，保育猪 553 头，育肥猪 1704 头，总存栏 3246 头，全年上市 5655 头猪（注：母猪年产 2.25 窝，窝产仔猪 10 头，35 日龄断奶，保育猪饲养到 70 日龄，育肥猪 180 日龄出栏）。

3. 建筑和场地面积

（1）总建筑面积 4260 米^2 其中，后备猪舍 320 米^2，空怀和怀孕母猪舍 640 米^2；分娩舍 640 米^2；保育舍 360 米^2；育成舍 360 米^2；育肥舍 1280 米^2，附属用房 660 米^2。

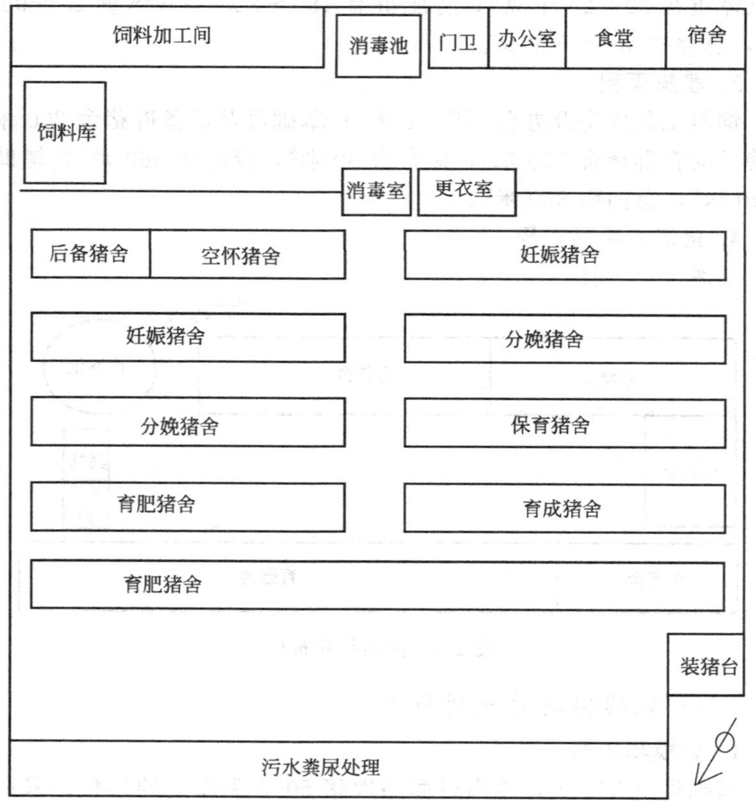

图 2-5　300 头基础母猪猪场平面布局

（2）场地总面积 19000 米^2　其中每栋猪舍间隔 9 米，净道宽 4 米，污道宽 3 米，围墙外留 3 米，生活区与生产区距离 20 米。排污区与生产区留 20 米距离，占地面积 300 米^2。

4. 平面布局

平面布局见图 2-5。

第二节　猪舍建设

一、猪舍类型

（一）按屋顶形式分类

常见的有单坡式、双坡式、平顶式和拱形式屋顶等（图 2-6）。单坡式一般跨度小，结构简单，造价低，光照和通风好，适合小规模猪场。双坡式一般跨度大，双列猪舍和多列猪舍常用该形式，其保温效果好，但投资较多；平顶式跨度小，建设方便，但隔热效果差；拱形式屋顶跨度可大可小，材料可采用钢筋混凝土或砖。

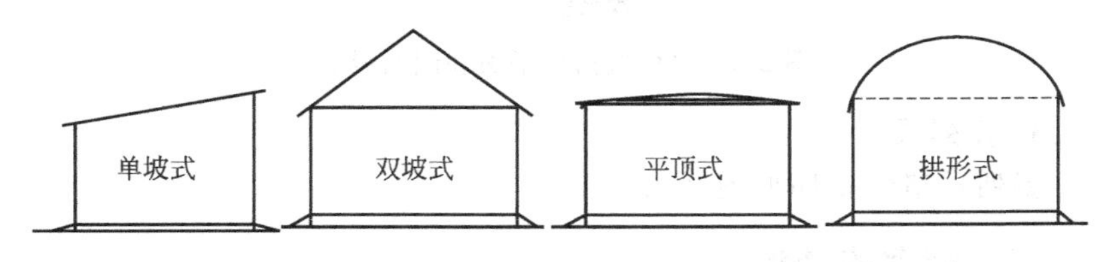

图 2-6　猪舍的屋顶形式

（二）按墙的结构和有无窗户分类

常见的有开放式、半开放式和封闭式。开放式是三面有墙一面无墙，通风透光好，保温性差，造价低。半开放式是三面有墙一面半截墙，保温性能稍优于开放式。封闭式是四面有墙，又可分有窗和无窗两种。

（三）按猪栏排列分类

1. 单列式

单列式猪舍布局见图 2-7。

2. 双列式

双列式猪舍布局见图 2-8。

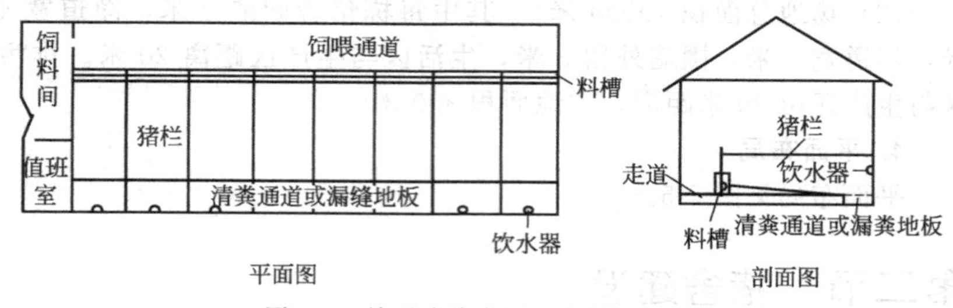

图 2-7 单列式猪舍平面和剖面展示

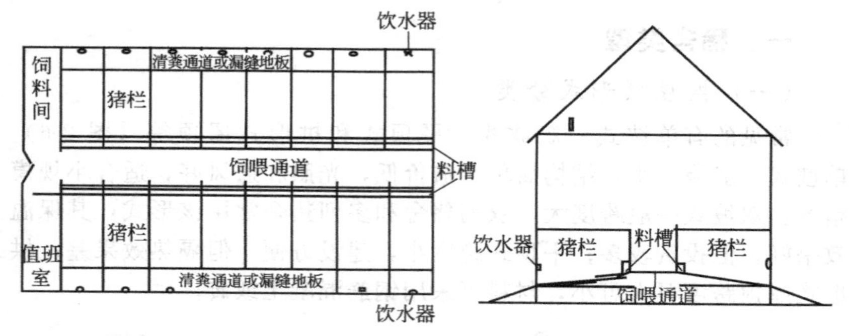

图 2-8 双列式猪舍平面和剖面展示

3. 多列式

多列式猪舍布局见图 2-9。

二、猪舍的结构

（一）基础

基础是指墙突入土层的部分，是墙的延续和支撑，决定了墙和猪舍的坚固和稳定性。其主要作用是承载重量。要求基础要坚固、防潮、抗震、抗冻、耐久，应比墙宽 10～15 厘米，具有一定的深度，根据猪舍的总荷重、地基的承载力、土层的冻胀程度及地下水情况确定基础的深度。基础材料多用石料、混凝土预制或砖。如地基属于黏土类，由于黏土的承重能力差，抗压性不强，应加强基础处理，基础应设置得深和宽一些。

（二）地面

地面要求保暖、坚实、平整、不透水，易于清扫消毒。传统土质

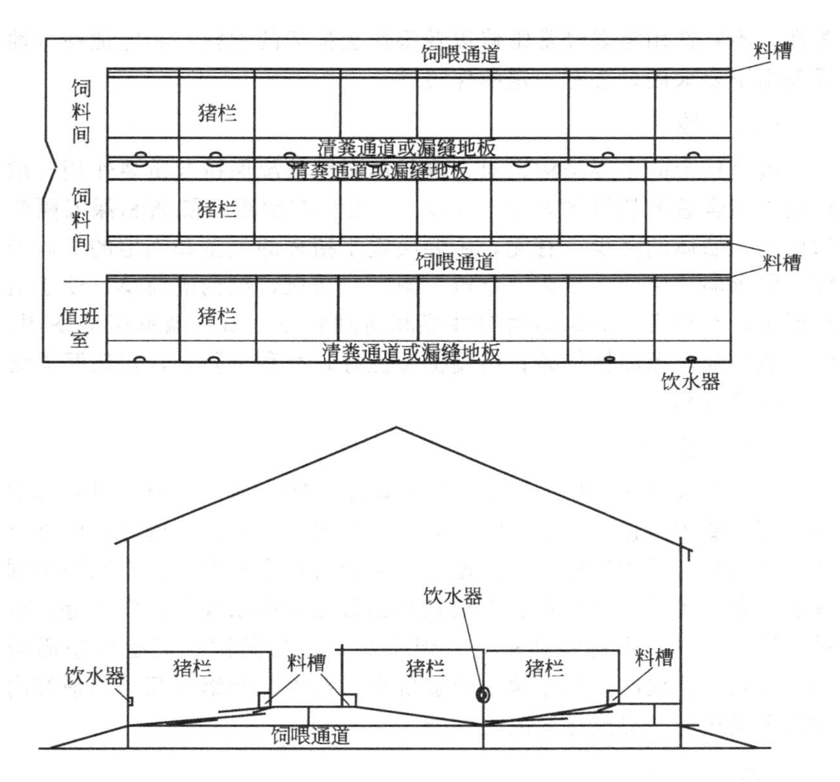

图 2-9　多列式猪舍平面和剖面展示

地面保温性能好，柔软、造价低，但不坚实，易渗透尿水，清扫不便，不易于保持清洁卫生和消毒；现代水泥地面坚固、平整，易于清扫、消毒，但质地太硬，容易造成猪的蹄伤、腿跛和风湿症等，对猪的保健不利；砖砌地面的结构性能介于前两者之间。为了便于冲洗清扫，清除粪便，保持猪栏的卫生与干燥，有的猪场部分或全部采用漏缝地板。常用的漏缝地板材料有水泥、金属、塑料等，一般是预制成块，然后拼装。选用不同材料与不同结构的漏缝地板，应注意其经济性（地板的价格与安装费要经济合理）、安全性（过于光滑或过于粗糙以及具有锋锐边角的地板会损伤猪蹄与乳头。应根据猪的不同体重来选择合适的缝隙宽度）、保洁性（劣质地板容易藏污纳垢，需要经常清洁。同时脏污的地板容易打滑，还隐藏着多种病原微生物）、耐久性（不宜选用需要经常维修以及很快会损坏的地板）和舒适性（地板表面不要太硬，要有一定的保暖性）。

（三）墙

墙是猪舍的主要结构，对舍内的温湿度状况保持起重要作用（散热量占猪舍总散热量的35%～40%）。墙具有承重、隔离和保温隔热的作用。墙体的多少、有无，主要决定于猪舍的类型和当地的气候条件。要求墙体坚固、耐久、抗震、耐水、防火，结构应简单，便于清扫消毒，要有良好的保温隔热性能和防潮能力。石料墙壁坚固耐用，但导热性强，保温性能差；砖墙保温性好，有利于防潮，也较坚固耐久，但造价高。

（四）屋顶

屋顶是猪舍最上层的屋盖，具有防水、防风沙，保温隔热和承重的作用。要求屋顶防水、保温、耐久、耐火、光滑、不透气，能够承受一定重量，结构简便，造价便宜。屋顶材料多种多样，有水泥预制屋顶、有瓦屋顶、砖屋顶、石棉瓦和钢板瓦屋顶以及草料屋顶等。草料屋顶造价低，保温性能最好，但不耐用，易漏雨；瓦屋顶坚固耐用，保温性能仅次于草屋顶，但造价高；石棉瓦和钢板瓦屋顶最好内面铺设隔热层，提高保温隔热性能。

（五）门窗

双列式猪舍中间过道为双扇门，要求宽度不小于1.5米，高度2米。单列式猪舍走道门要求宽度不少于1米，高度1.8～2.0米。猪舍门一律要向外开。寒冷地区设置门斗。

窗户的大小以采光面积与地面面积之比来计算，种猪舍要求1∶8～1∶10；育肥猪舍为1∶15～1∶20。窗户距地面1.1～1.3米，窗顶距屋檐0.4米，两窗间隔距离为其宽度的2倍，后窗的大小无一定标准。为增加通风效果，可增设地窗。

三、不同猪舍的建筑要求

（一）公猪舍

公猪舍一般为单列半开放式，舍内温度要求15～20℃，风速为0.2米/秒，内设饲喂通道，外有小运动场，以增加种公猪的运动量，一圈一头。

(二) 空怀母猪舍

应靠近种公猪舍，设在种公猪舍的下风向，使母猪的气味不干扰公猪，公猪的气味可以刺激母猪发情。栏圈布置多为双列式，面积一般为 7～9 米^2，一般每栏饲养空怀母猪 4～8 头，使其相互刺激促进发情。猪圈地面坡度 25%，地表面不要太光滑，以防母猪跌倒。也有用单圈饲养，一圈一头。舍温要求 15～20℃，风速 0.2 米/秒。也可将种公猪舍和空怀母猪舍合为一栋，中间设置配种间隔开。

(三) 妊娠母猪舍

妊娠母猪可采用小群和单体栏两种饲养方式，各有利弊。小群饲养可以增加怀孕母猪的活动量，降低难产的比例，延长利用年限，但看膘情饲喂难度大，相互咬架有造成流产的危险；单体栏可以使怀孕母猪的膘情适度，但活动量小，肢蹄不健壮，难产的比例较高。群养舍内为中间留走廊的双列式，每栏的面积 10 米^2，一栏 3～4 头；单体栏双列和多列均可。配种后的前 4 周内易流产，最好使用单体栏饲养。

(四) 分娩哺乳舍

舍内设有分娩栏，布置多为两列或三列式。舍内温度要求 15～20℃，风速为 0.2 米/秒。

1. 地面分娩栏

采用单体栏，中间部分是母猪限位架，两侧是仔猪采食、饮水、取暖等活动的地方。母猪限位架的前方是前门，前门上设有槽和饮水器，供母猪采食、饮水，限位架后部有后门，供母猪进入及清粪操作。可在栏位后部设漏缝地板，以便排除栏内的粪便和污物。

2. 网上分娩栏

网上分娩栏主要由分娩栏、仔猪围栏、钢筋编织的漏缝地板网、保温箱、支腿等组成。钢筋编织的漏缝地板网通过支腿架在粪沟上面，母猪分娩栏再安架到漏缝地板网上，粪便很快就通过漏缝地板网掉入粪沟，防止了粪尿污染，保持了网面上的干燥，大大减少了仔猪下痢等疾病，从而提高仔猪的成活率、生长速度和饲料利用率。

（五）仔猪保育舍

舍内温度要求 26～30℃，风速为 0.2 米/秒。可采用网上保育栏，1～2 窝一栏网上饲养，用自动落料食槽，自由采食。网上培育，减少了仔猪疾病的发生，有利于仔猪健康，提高了仔猪成活率。

仔猪保育栏主要由钢筋编织的漏缝地板网、围栏、自动落料食槽、连接卡等组成。猪栏由支腿支撑架设在粪沟上面。猪栏的布置多为双列或多列式，底网有全漏缝和半漏缝两种。

（六）生长舍、育肥舍和后备母猪舍

这三种猪舍均采用大栏地面群养方式，自由采食，其结构形式基本相同，只是在外形尺寸上因饲养数和猪体大小的不同而有所变化。

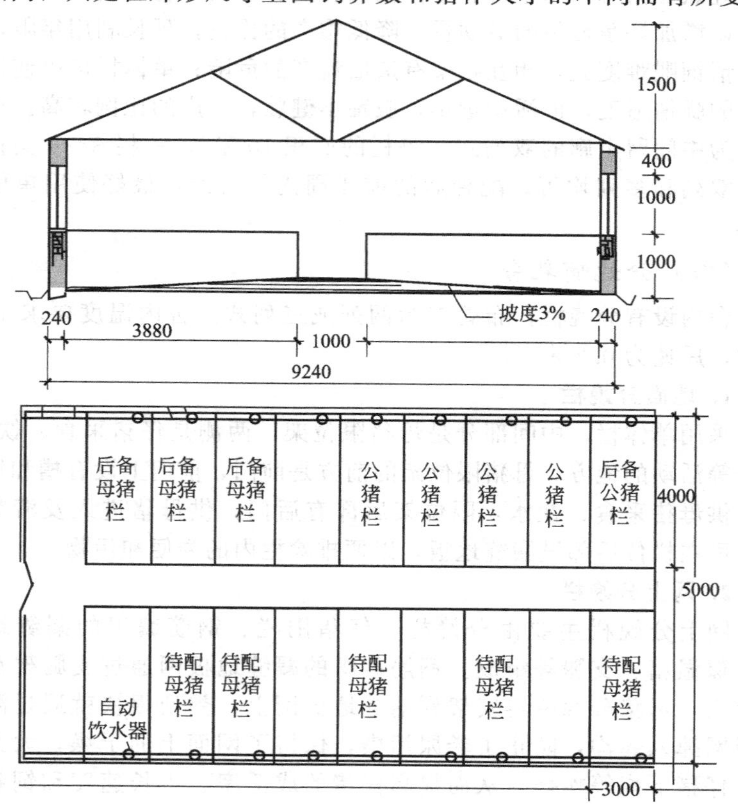

图 2-10　后备配种猪舍建筑剖面和平面展示（单位：毫米）

生长栏和育肥栏提倡原窝饲养，故每栏养猪 8～12 头，每头占栏面积 1～1.2 平方米，内配食槽和饮水器；后备母猪栏一般每栏饲养 4～5 头，内配食槽。

四、各类猪舍建筑示意

（一）后备配种猪舍

后备配种猪舍建筑剖面图和平面图见图 2-10。

（二）妊娠母猪舍

妊娠母猪舍建筑剖面图和平面图见图 2-11。

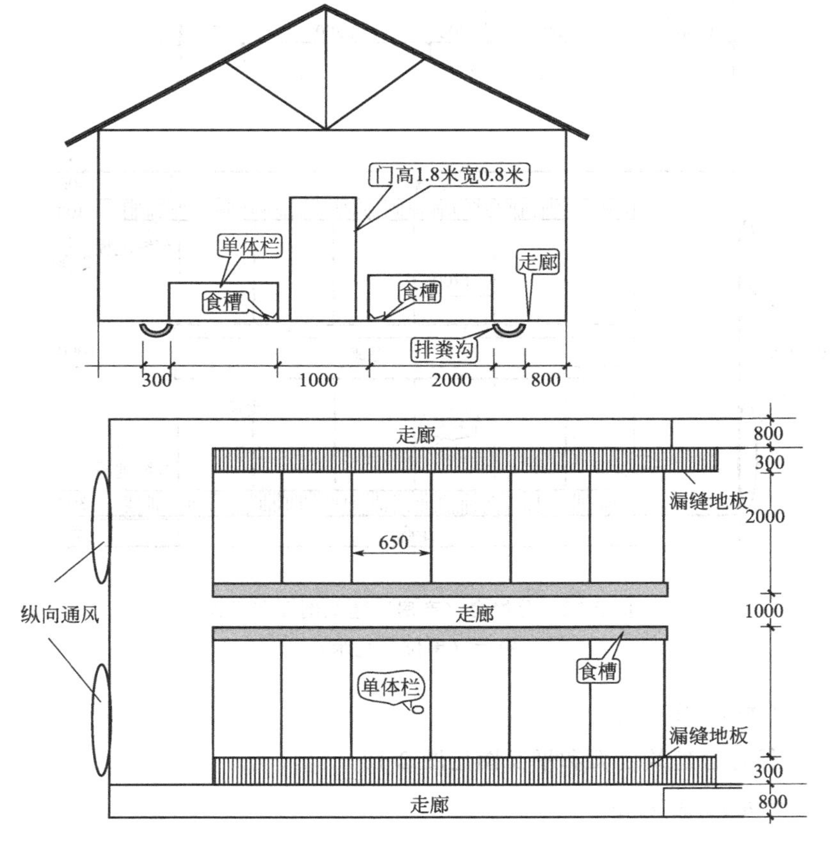

图 2-11 妊娠母猪舍建筑剖面和平面展示（单位：毫米）

（三）分娩舍

分娩舍建筑剖面图和平面图见图 2-12。

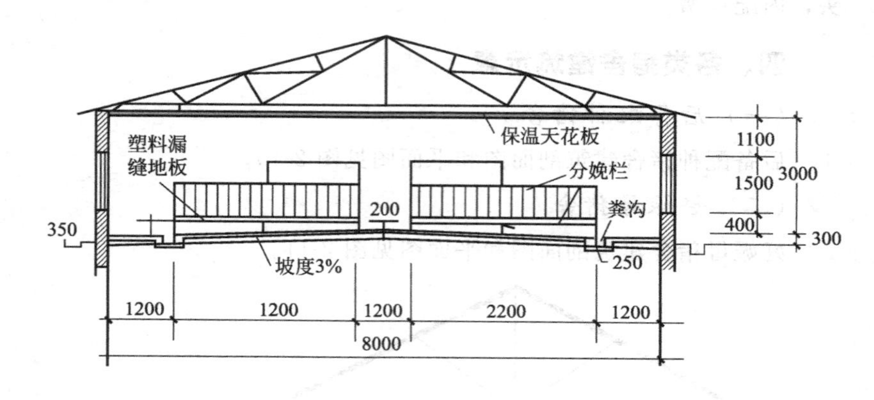

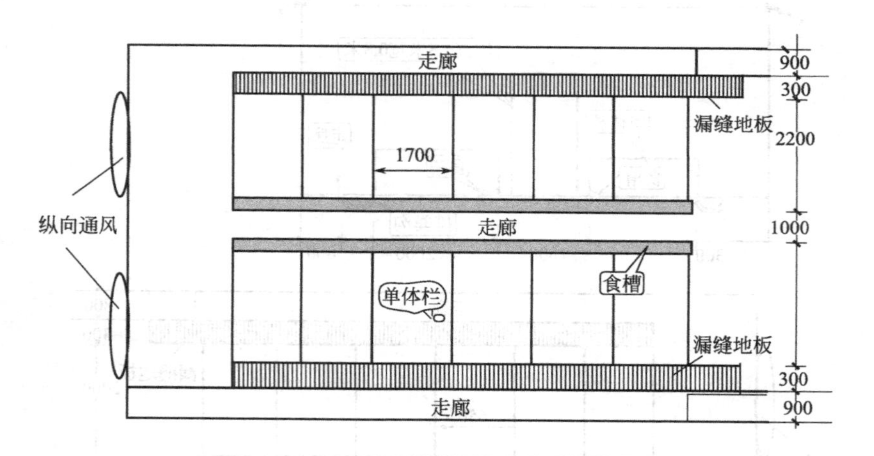

图 2-12 分娩舍（产房）建筑剖面和平面展示（单位：毫米）

（四）保育舍

保育舍建筑剖面和平面图见图 2-13。

（五）育肥舍

育肥舍的建筑剖面和平面图见图 2-14。

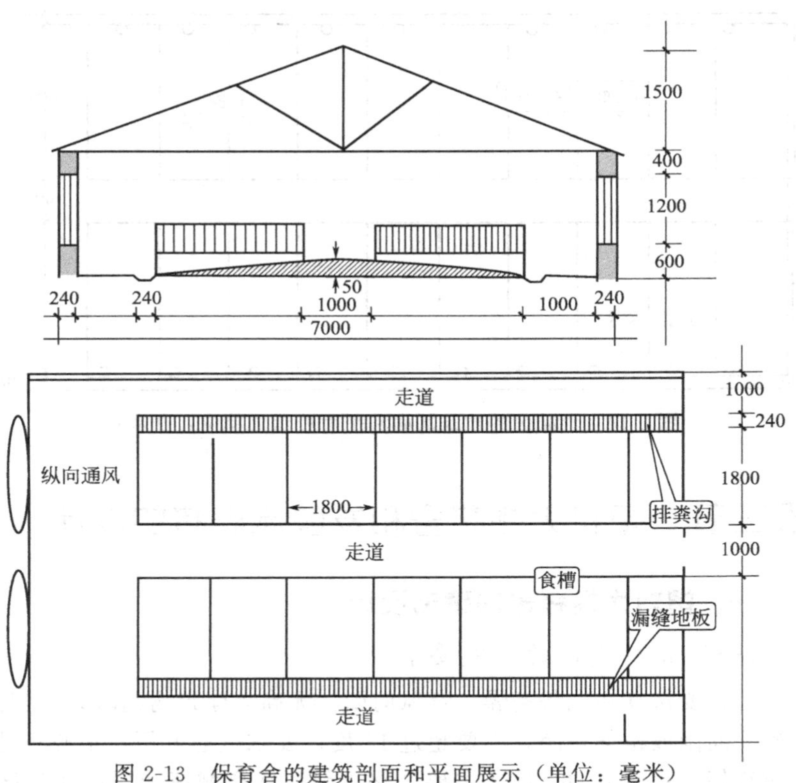

图 2-13　保育舍的建筑剖面和平面展示（单位：毫米）

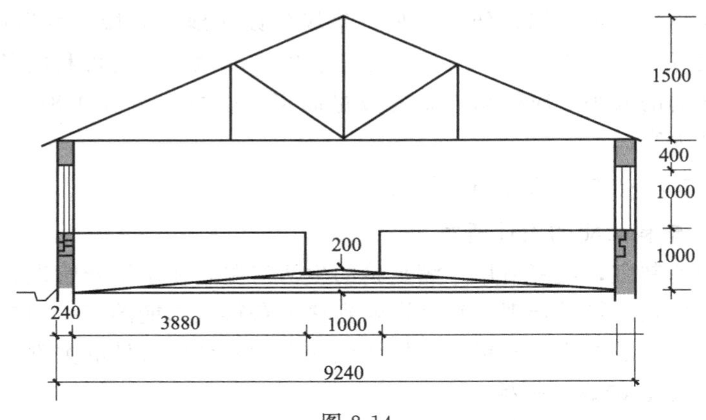

图 2-14

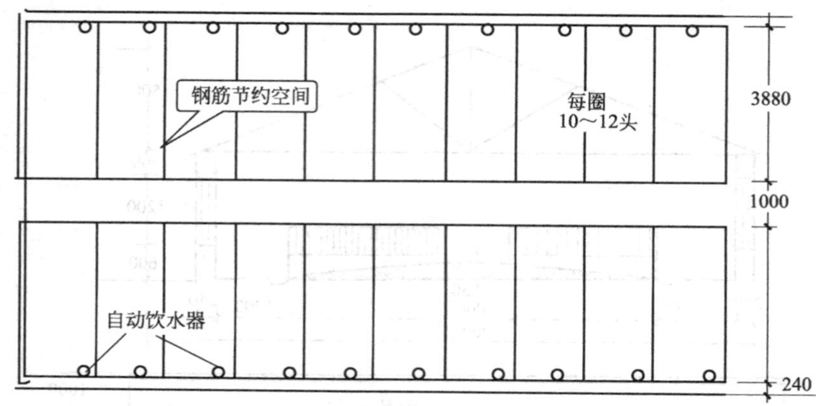

图 2-14 育肥舍的建筑剖面和平面展示（单位：毫米）

第三节 塑料大棚猪舍和发酵床养猪的设计

一、塑料大棚猪舍的建筑设计

（一）猪场建设的一般要求

地址要选择在地势高燥、背风向阳，无高大建筑物遮蔽处。朝向宜坐北向南或稍偏东南，不要超过15度，要求交通方便，水源充足，水质良好，用电方便，远离主要公路干线，远离城镇和居民居住区，远离畜禽屠宰加工场，便于防疫。猪场建设在地势高燥、背风向阳、通风良好、地下水位低、给排水方便、安静的地方，也可利用老场改造。猪场的大小，应根据养猪的数量而定，以每头猪占0.8～1平方米地面为宜。

（二）猪舍建筑设计要求

1. 塑料大棚的设计要求

因地制宜，经济适用，满足猪的生活需要，便于饲养管理。塑料大棚设计是否科学合理，直接影响到猪舍获得太阳能的多少和热能的散失情况，是否能为养猪生长发提供一个适宜环境条件的关键。

2. 棚舍的建筑指标

猪舍应采用砖木结构，片石地基，水泥硬化地面。舍顶为联合式，后坡长，为草泥瓦顶即硬棚，前坡可用钢筋或木材做支架，冬季用塑膜覆盖（最好为双层），夏季揭去塑膜用以通风采光；建筑面积根据养猪数量而定，密度为1～1.2 米^2/头、每圈以养 8～10 头为宜。猪床要高出地面 0.1 米，用砖砌一层做成砖床或用木板制成木板猪床，隔栏高 1.0 米，每圈设有喂食及饮水设施，采用干粉料饲喂，自然通风，人工辅助照明。

棚舍的入射角及塑膜的坡度是建塑料大棚的关键指标。塑膜大棚的入射角是指塑料薄膜的顶端与地面中央一点的连线和地面间的夹角，要大于或等于当地冬至正午时的太阳高度角。猪舍的入射要求大于 35～40 度；塑膜的坡度是指塑膜与地面之间的夹角，应控制在 55～60 度，这样可以获得较高的透光率。

猪舍通常为半拱形。跨度 5～6 米，脊高 2.5 米，前墙高 0.7 米，后墙高 1.7～1.8 米，前墙到脊垂直距离 1.75 米，棚面弧度 25°～30°，横杆间距 60～80 厘米，双膜间距 5～8 厘米。保温顶棚，砖混结构。

每圈深 3.5 米，走道 1～1.2 米，工作通道中央下设宽 0.4 米、深 0.4 米，水泥砌成的 U 形暗粪尿沟（上面覆盖），在粪尿沟的一端或中央设置 1 米×1 米×1 米的集粪池，集粪池上铺钢筋水泥板。定时揭去集粪池上的水泥盖板，清除其中的粪尿污水。在猪圈隔墙顶部硬棚上设 0.3 米×0.3 米的气孔（两舍共用一个排气孔），并能随时启闭。圈内设水槽或饮水器和自动喂料槽。猪舍地面及粪尿沟坡度为 3%～5%。大棚猪舍剖面展示见图 2-15。

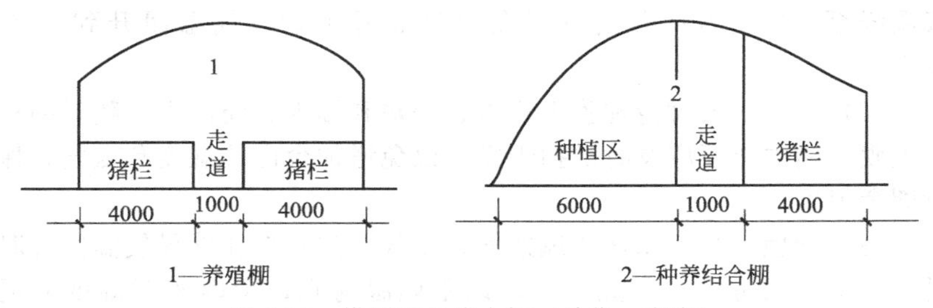

1—养殖棚　　2—种养结合棚

图 2-15　拱圆形塑膜大棚（单位：毫米）

3. 棚舍的建筑

建棚时，应根据上述指标要求，因地制宜建设，在薄膜与墙、地面和前后坡的接触处要用泥土压实封严，确保棚舍的密闭性，在棚舍顶部的背风面要设置排气口，排气口上应安有风帽，在南墙或圈门处设置进气口，进气口面积为排气口面积的一半。一般养 10 头育肥猪可设置 2 个面积为 25 米×5 米的排气口，无论排气口还是进气口都具有可调性，可以随时打开和关闭。

（1）猪床　猪床要有 8°左右坡度，向出粪口倾斜。猪床用水泥或石块建成，便于清除粪尿和冲洗。

（2）食槽　食槽靠近工作走道与猪隔墙，2/3 在隔墙之下，1/3 在圈内。

（3）出粪口　出粪口设在靠近沿墙猪床地面最低处，每栏设一个，并在棚外装有小门，要求启闭方便。

（4）排气装置　应在硬棚最高处，用砖砌成排气管道或用塑料材料制作排气管，上安风帽。排气管道要求启闭方便。

4. 塑料大棚的管理

（1）备有纸被和草帘　夜晚将纸被和草帘覆盖在薄膜表面以利保温，白天卷起固定在顶部。

（2）要保持薄膜的清洁　及时擦净薄膜表面附着的灰尘、水滴，以免影响透光率。

（3）适时通风换气　通风换气一般在中午前后进行，每次至少6～20 分钟。如果饲养猪数量多，跨度大，每日可通风换气 2～3 次。

5. 使用注意事项

（1）时间　塑料大棚施工在冻结前进行，扣棚时间在 10 月下旬，气温降至 5℃左右；拆棚时间在翌年 3 月下旬，气温回升到 10℃以上。

（2）卫生　及时清理膜上积雪、积霜和棚内粪便污水，随时粘补破损膜。棚内粪便应及时清扫干净，以免增加舍内的湿度和氨气，保持圈舍卫生。

（3）管理　合理掌握通风换气，换气时间掌握在外界气温回升时进行。保持圈舍内空气无污染，以不刺眼为宜，舍内相对湿度应适宜；天气较冷时，夜间要在塑棚上面覆盖草帘以利保温，等次日升温时将帘子卷起。

（4）其他　拆棚以后进入炎热季节可采取遮荫措施，最高温度不超过 32℃为宜。

二、发酵床养猪的设计

发酵床零排放生态养猪就是用锯末、秸秆、稻壳、米糠、树叶等农林业生产下脚料配以专门的微生态制剂——益生菌来垫圈养猪，猪在垫料上生活，垫料里的特殊有益微生物能够迅速降解猪的粪尿排泄物。这样，不需要冲洗猪舍，从而没有任何废弃物排出猪场，猪出栏后，垫料清出圈舍就是优质有机肥。从而创造出一种零排放、无污染的生态养猪模式。

1. 发酵床生态养猪特点

（1）降低基建成本，提高土地利用率　此种方法省去了传统养猪模式中不可或缺的粪污处理系统（如沼气池等）投资，提高了土地的利用效率。

（2）降低运营成本　节省人工，无需每天冲洗圈舍，清扫工作也大为减少；节约用水，因无须冲洗圈舍，可节约用水 90%以上；节省饲料，猪的粪便在发酵床上一般只需三天就会被微生物分解，粪便给微生物提供了丰富营养，促使有益菌不断繁殖，形成菌体蛋白，猪吃了这些菌体蛋白不但补充了营养，还能提高免疫力。另外，由于猪的饲料和饮水中也加配套添加微生态制剂，在胃肠道内存在大量有益菌，这些有益菌中的一些纤维素酶、半纤维素酶类能够分解秸秆中的纤维素、半纤维素等，采用这种方法养殖，可以增加粗饲料的比例，减少精料用量，从而降低饲养成本。加之猪生活环境舒适，生长速度快，一般可提前 10 天出栏。根据生产实践，节省饲料在一般都在10%以上；降低药费成本。猪生活在发酵床上，更健康，不易生病，减少医药成本；节省能源，发酵床养猪冬暖夏凉。不用采用地暖、空调等采暖设备，大大节约了能源。冬天发酵产生的热量可以让地表温度达到 20℃左右，解决了圈舍保温问题；夏天，只需通过简单的圈舍通风和遮荫，就能解决圈舍炎热的问题。

（3）额外产出有机肥　垫料和猪的粪尿混合发酵后，直接变成优质的有机肥。

（4）提高了猪肉品质，更有市场竞争优势　目前用该方式养猪的企业，生猪收购价格比普通方式每公斤高出 0.4～1.0 元，而在消费市场上，猪肝的价格是普通养殖方式的数倍。

2. 发酵床生态养猪的技术路线

发酵床生态养猪技术路线见图 2-16。

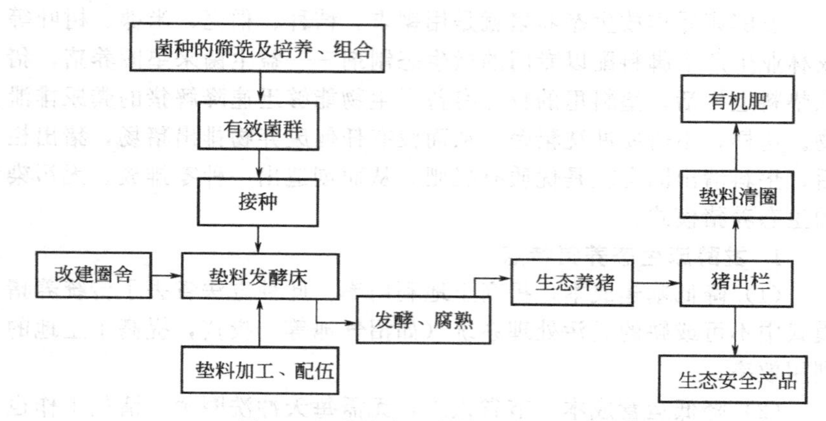

图 2-16　发酵床生态养猪技术路线

3. 发酵床生态养猪的操作要点

（1）猪舍的建设　发酵床养猪的猪舍可以在原建猪舍的基础上稍加改造，也可以用温室大棚。一般要求猪舍东西走向、坐北朝南，充分采光，通风良好。

（2）发酵床类型　发酵床分地下式发酵床和地上式发酵床两种。南方地下水位较高，一般采用地上式发酵床，地上式发酵床在地面上砌成，要求有一定深度，再填入已经制成的有机垫料。北方地下水位较低，一般采用地下式发酵床，地下式发酵床要求向地面以下深挖 90～100 厘米，填满制成的有机垫料。

（3）垫料制作　发酵床主要由有机垫料组成，垫料主要成分是稻壳、锯末、树皮木屑碎片、豆腐渣、酒糟、粉碎秸秆、干牛粪等，占 90%，其他 10%是土和少量的粗盐。猪舍填垫总厚度约 90 厘米。条件好的可先铺 30～40 厘米深的木段、竹片，然后铺上锯屑、秸秆和稻壳等。秸秆可放在下面，然后再铺上锯末。土的用量为总材料的 10%左右，要求是没有用过化肥农药的干净泥土；盐用量为总材料的 0.3%；益生菌菌液每平方米用 2～10 千克。

将菌液、稻壳、锯末等按一定比例混合，使总含水量达到 60%，保证有益菌大量繁殖。用手紧握材料，手指缝隙湿润，但不至于滴水。加入少量酒糟、稻壳焦炭等发酵也很理想。材料准备好后，在猪进圈之前要预先发酵，使材料的温度达 50℃，以杀死病原菌。而 50℃的高温不会伤害、而且有利于乳酸菌、酵母菌以及参与光合作用细菌等益生菌的繁殖。猪进圈前要把床面材料搅翻以便使其散热。材料不同，发酵温度不一样。

（4）育肥猪的导入和发酵床管理　一般肥育猪导入时体重为 20 千克以上，导入后不需特殊管理。同一猪舍内的猪尽量体重接近，这样可以保证集中出栏，效率高。发酵床养猪总体来讲与常规养猪的日常管理相似，但也有些不同，其管理要点如下：

① 猪的饲养密度　根据发酵床的情况和季节，饲养密度不同。一般以每头猪占地 1.2～1.5 米^2 为宜，小猪可适当增加饲养密度。如果管理细致，更高的密度也能维持发酵床的良好状态。

② 发酵床面的干湿　发酵床面不能过于干燥，一定的湿度有利于微生物繁殖，如果过于干燥还可能会导致猪发生呼吸系统疾病，可定期在床面喷洒益生菌扩大液。床面湿度必须控制在 60%左右，水分过多应打开通风口调节湿度，并将过湿部分及时清除。

③ 驱虫　导入前一定要用相应的药物驱除寄生虫，防止将寄生虫带入发酵床，以免猪在啃食菌丝时将虫卵再次带入体内而发病。

④ 密切注意益生菌的活性　必要时要再加入益生菌液调节益生菌的活性，以保证发酵能正常进行。猪舍要定期喷洒益生菌液。

⑤ 控制饲喂量　为利于猪拱翻地面，猪的饲料喂量应控制在正常量的 80%。猪一般在固定的地方排粪、撒尿，当粪尿成堆时挖坑埋上即可。

⑥ 禁止使用化学药物　猪舍内禁止使用化学药品和抗生素类药物，防止杀灭和抑制益生菌，使得益生菌的活性降低。

⑦ 通风换气　圈舍内湿气大，必须注意通风换气。

第四节　猪场设备

选择与猪场饲养规模和工艺相适应的先进的、经济的设备是提高生产水平和经济效益的重措施。如果资金和技术力量都很雄厚，则应配备齐全各种机械设备；规模稍小的猪场则可以以半机械化为主，凡是人工可替代的工作，均实施手工劳动。一般规模猪场的主要设备有猪栏、饮水设备、饲喂设备、清粪设备、通风设备、升温降温设备、运输设备和卫生防疫设备等。

一、猪栏

（一）公猪栏和配种栏

公猪一般采用个体散养，以避免打斗，并使有一定空间。猪栏规格为2.4米×3米×1.2米（见图2-17）。其结构有两种：一是全金属栅栏，这种结构便于观察猪群，容易消毒清洁，但造价高，相互易干扰；二是砖墙间隔加全金属栏门，这种结构的通风性能差，但造价低。

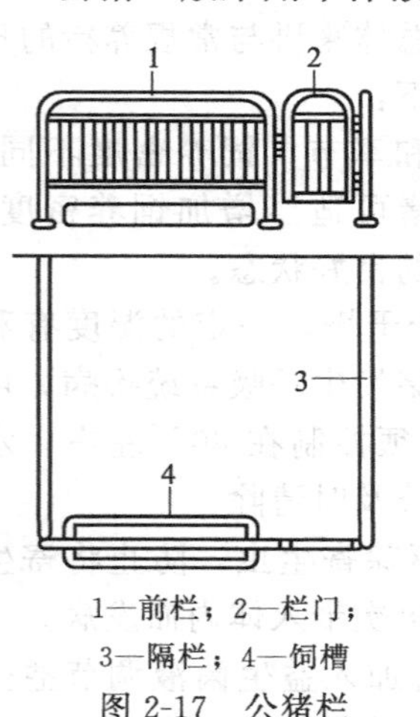

1—前栏；2—栏门；
3—隔栏；4—饲槽
图2-17　公猪栏

配种栏的规格与公猪栏相同，围栏最好用砖墙。栏内可以设置配种架，供配种使用。地面不应太光滑，可用粗绳制成5×5的小方格，以免配种时打滑。

（二）母猪栏

母猪的饲养方式有三种。第一种是空怀和妊娠期全期都是单体限位栏饲养。这种方式具有占地面积少，便于观察母猪发情和及时配种，母猪不争食、不打架，避免互相干扰，减少机械性流产，但个体小栏投资大，母猪运动量少，不利于延长繁殖母猪使用寿命；第二种是空怀或空怀、妊娠前期小群栏养（每栏3～5头），妊娠后期单体限位栏饲养；第三种是空怀和妊娠全期都采用小群饲养。中小型猪场多采用第二种方式，既能延长母猪利用年限，减少流产，又可适当降低猪舍面积。

单体母猪限位栏的规格为（1.8～2.1）米×（0.6～0.65）米×1米（长×宽×高）。栅结构可以是金属的，也可以是水泥结构，但栏门应采用金属的。单体母猪有后进前出和后进后出两种形式。

母猪小群栏的结构有两种，即全金属栅栏或砖墙间隔加金属栏门。猪栏大小主要根据每栏饲养的动物数和占栏面积确定，平均每头猪占栏面积为1.8～2.5米^2。其长宽尺寸可根据猪舍规格和栏架布置来确定，而高一般为0.9～1米。

（三）母猪分娩栏

母猪分娩栏是猪场最重要的栏具，对提高仔猪成活率、断奶窝重和猪场效益有重大影响，目前猪场普遍采用母猪分娩栏（图2-18）。母猪分娩栏采用高床全漏缝地板，栏中间设置母猪限位栏，两侧是仔猪的采食、饮水、取暖和活动区。其长度一般为2.2～2.3米，宽度为1.7～2.0米，离地高度15～30厘米，母猪限位栏的宽度为0.6～0.65米，高度为1米。

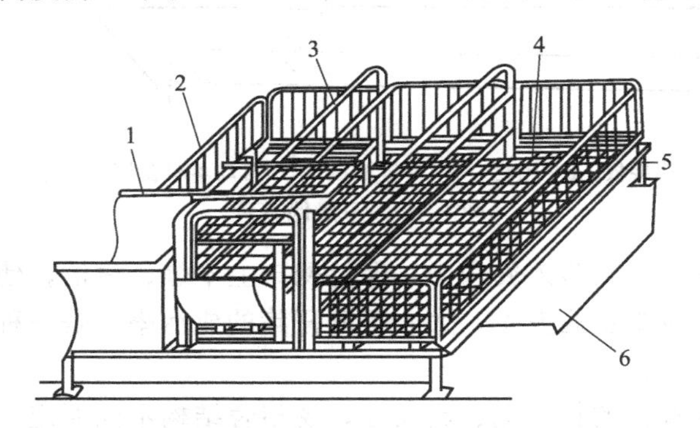

1—保温箱；2—仔猪围栏；3—分娩栏；4—钢筋编制板网；5—支腿；6—粪沟

图2-18 母猪分娩栏

（四）仔猪保育栏

刚断奶转入仔猪保育栏的仔猪，生活上是一个大的转变，由依赖母猪生活过渡到完全独立生活，对环境的适应能力差，对疾病的抵抗力较弱，而这段时间又是仔猪生长最快的时期。因此，保育期间一定要为仔猪提供一个清洁、干燥、温暖、空气新鲜的生长环境。

我国现代化猪场多采用高床网上保育栏（图2-19），主要用金属编织漏缝地板网、围栏、自动食槽、连接卡、支腿等组成，金属编织网通过支架设在粪尿沟上（或实体水泥地面上），围栏由连接卡固定在金属漏缝地板网上，相邻两栏在间隔处设有一个双面自动食槽，供两栏仔猪自由采食，每栏安装一个自动饮水器。网上饲养仔猪，粪尿

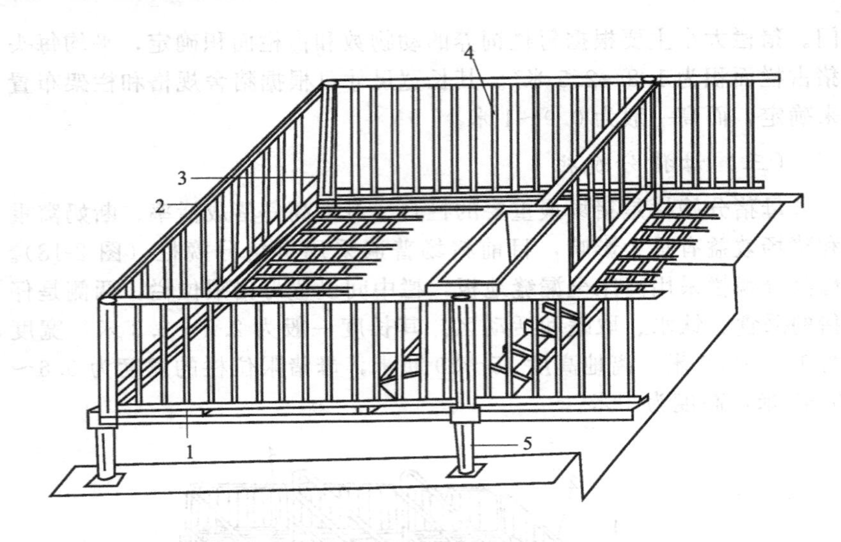

1—连接板；2—围栏；3—漏缝地板；4—自动落料食槽；5—支腿

图 2-19 仔猪保育栏

随时通过漏缝地板落入粪沟中，保持网床上干燥、清洁，使仔猪避免粪便污染，减少疾病发生，大大提高仔猪的成活率，是一种较为理想的仔猪保育设备。

仔猪保育栏的长、宽、高尺寸，视猪舍结构不同而定。常用的仔猪保育栏栏长 2 米，栏宽 1.7 米，栏高 0.6 米，侧栏间隙 6 厘米，离地面高度为 0.25～0.30 厘米，可养体重 10～25 千克的仔猪 10～12 头，实用效果很好。

在生产中，因地制宜，保育栏也可采用金属和水泥混合结构，东西面隔栏用水泥结构，南北面栅栏仍用金属，这样既可节省一些金属材料，又可保持良好通风。

保育栏也可以全部采用水泥结构，既可节省金属材料，又可降低造价。

（五）生长猪栏与肥育猪栏

目前猪场的生长猪栏和肥育猪栏均采用大栏饲养，其结构类似，只是面积大小稍有差异，有的猪场为了减少猪群转群麻烦，给猪带来应激，常把这两个阶段并为一个阶段，采用一种形式的栏。生长猪栏与肥育猪栏有实体、栅栏和综合 3 种结构方式。

常用的有以下两种：一种是采用全金属栅栏和全水泥漏缝地板条，也就是全金属栅栏架安装在钢筋混凝土板条地面上，相邻两栏在间隔栏处设有一个双面自动饲槽。供两栏内的生长猪或肥育猪自由采食，每栏安装一个自动饮水器供自由饮水。另一种是采用水泥隔墙及金属大栏门，地面为水泥地面，后部有 0.8～1.0 米宽的水泥漏缝地板，下面为粪尿沟。生长肥育猪栏的栏栅也可以全部采用水泥结构，只留一金属小门。常用规格（长×宽×高）为，生长栏 4.5 米×2.4 米×0.8 米，肥育栏 4.5 米×3.6 米×0.9 米。

二、喂料设备

（一）饲槽

在养猪生产中，无论采用机械化送料饲喂还是人工饲喂，都要选配好饲槽。

1. 限量饲槽

对于限量饲喂的公猪、母猪、分娩母猪一般都采用钢板饲槽或混凝土地面饲槽；限量饲槽采用金属或水泥制成，每头猪喂饲时所需饲槽的长度大约等于猪肩宽（图 2-20）。

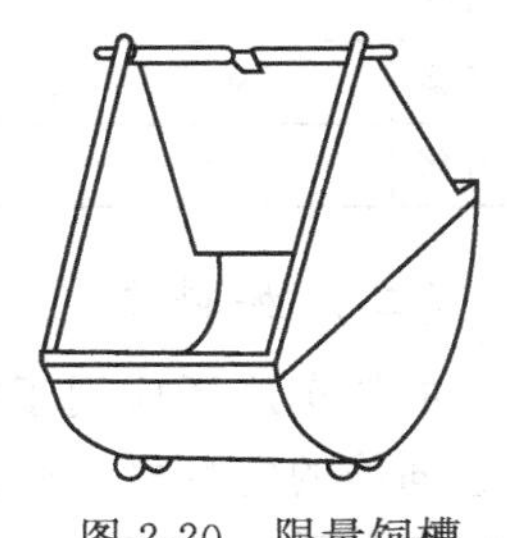

图 2-20　限量饲槽（铸铁材造）

2. 自动饲槽

在保育、生长、肥育猪群中，一般采用自动饲槽让猪自由采食。自动饲槽就是在食槽的顶部装有饲料储存箱，储存一定量的饲料。随着猪的吃食，饲料在重力的作用下不断落入饲槽内。因此，自动饲槽可以间隔较长时间加一次料，大大减少了饲喂工作量，提高劳动生产率，同时也便于实现机械化、自动化喂饲。

自动饲槽有用钢板制造，或水泥预制板拼装，或聚乙烯塑料制造。自动饲槽有长方形、圆形等多种形状，长方形自动饲槽又可分为双面、单面两种形式（图 2-21）。长方形自动饲槽的主要结构参数见表 2-4。

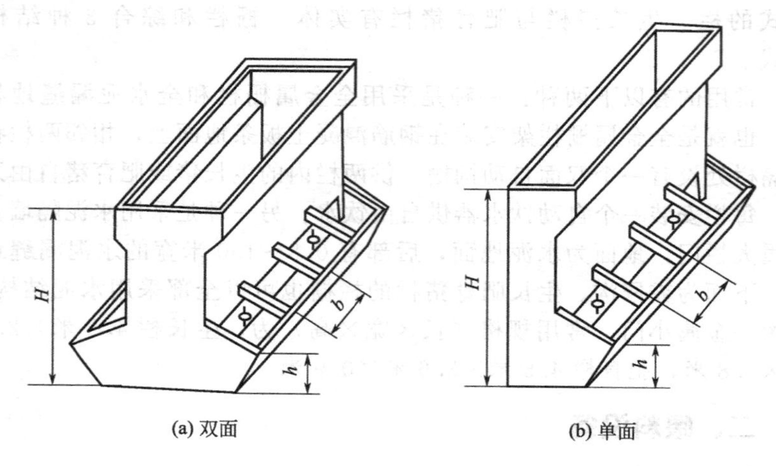

(a) 双面

(b) 单面

图 2-21 长方形自动饲槽（双面、单面）

表 2-4 钢板制自动饲槽主要结构参数

类别	高度(H)/毫米	前缘高度(h)/毫米	最大宽度(B)/毫米		采食间隔(b)/毫米
			双面	单面	
保育猪	700	120	520	270	150
生长猪	800	150	650	330	200
肥育猪	800	180	690	350	250

（二）加料车

加料车广泛应用于将饲料由饲料仓出口装送至各种猪的食槽。如定量饲养的配种栏、妊娠母猪栏和分娩栏的食槽。加料车有手推机动加料车和手推人工加料车两种。

三、饮水设备

猪场生产过程中需要大量的水。供水饮水设备是猪场不可缺少的设备。

（一）供水设备

猪场供水设备包括水的提取、储存、调节、输送分配等设备，从过程上说即水井取水、水塔储存和管道输送等。供水可分为自流式供水和压力供水。猪场一般采用压力供水，供水系统包括供水管道、过滤器、减压阀（或补水箱）和自动饮水器等部分。

（二）饮水设备

猪场的饮水设备主要有自动饮水器和水槽。水槽有水泥槽和石槽等，投资少，但卫生条件差，且浪费水。有些专业户使用。目前猪场最常用的是鸭嘴式自动饮水器或乳头式自动饮水器（见图 2-22），既能保证饮水卫生和减少水的浪费，又能提高劳动效率，管理方便。自动饮水器的离地高度，仔猪为 25～30 厘米，中猪为 50～60 厘米，成年猪为 75～85 厘米。乳头式饮水器安装时一般应使其与地面成 45°～75°倾角。

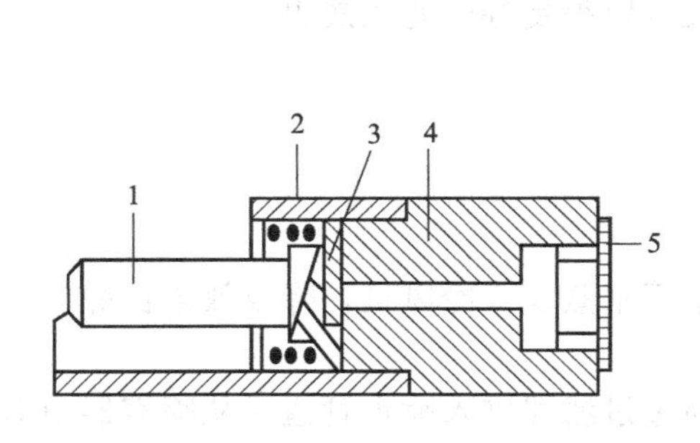

(A) 鸭嘴式自动饮水器

1—阀门;2—弹簧;3—胶垫;4—阀体;5—栅盖

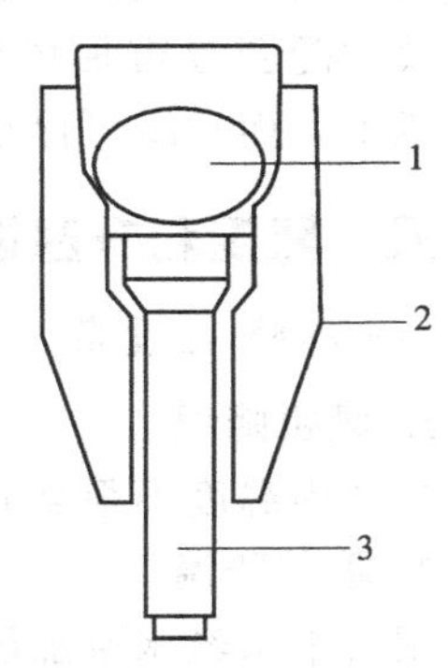

(B) 乳头式自动饮水器

1—钢球;2—饮水器体;3—阀杆

图 2-22　饮水设备

四、通风设备

（一）自然通风

自然通风即不借助任何动力使猪舍内外的空气进行流通。为此在建造猪舍时，应把猪场（舍）建在地势开阔、无风障、空气流通较好的地方；猪舍之间的距离不要太小，一般为猪舍屋檐高度的 3～5 倍为宜；猪舍要有足够大的进风口和排风口，以利于形成穿堂风；猪舍应有天窗和地窗，有利于增加通风量。在炎热的夏季，可利用昼夜温差进行自然通风，夜深后将所有通风口开启，直至第二天上午气温上升时再关闭所有通风口，停止自然通风。通风依靠门窗及进出气口的开启来完成。

（二）机械通风

机械通风是以风机为动力迫使空气流动的通风方式。机械通风换气是封闭式猪舍环境调节控制的重要措施之一。在炎热季节利用风机强行把猪舍内污浊的空气排出舍外，使舍内形成负压区，舍外新鲜空气在内外压差的作用下通过进气口进入猪舍。

传统的设备有窗户、通风口、排气扇等，但是这些设备不足以适应现代集约化、规模化的生产形式。现代的设备是“可调式墙体卷帘”及“配套湿帘抽风机”。卷帘的优点在于它可以代替房舍墙体，节约成本，而且既可保暖，又可取得良好的通风效果。

五、降温和升温设备

（一）降温设备

1. 风机降温

当舍内温度不很高时，采用水蒸发式冷风机，降温效果良好。

2. 喷雾降温

用自来水经水泵加压，通过过滤器进入喷水管道后从喷雾器中喷出，在舍内空间蒸发吸热，降低舍内温度。

（二）升温设备

1. 整体供热

猪舍用热和生活用热都由中心锅炉提供，各类猪舍的温差靠散热片的多少来调节。国内许多养猪场都采用热风炉供热，可保持较高的温度，升温迅速，便于管理。

2. 分散局部供热

分散局部供热可采用红外线灯供热，主要用于分娩舍仔猪箱内保温培育和仔猪舍内补充温度。红外线灯供热简单、方便、灵活。

六、消毒设备

为做好猪场的卫生防疫工作，保证家畜健康，猪场必须有完善的清洗消毒设施。设施包括消毒室（内设消毒池、紫外线等）、车辆消毒池和消毒用具（高压冲洗机、喷雾器和火焰消毒器等）。

七、粪尿处理设备

粪污处理关系到猪场和周边的环境，也关系到猪群的健康和生产性能的发挥。设计和管理猪场必须考虑粪污的处理方式和设备配置，以便于对猪的粪尿进行处理，使其对环境的污染降低到最低限度。

（一）水冲粪

粪尿污水混合进入缝隙地板下的粪沟，每天数次从粪沟一端的水喷头放水冲洗。粪水顺粪沟流入粪便主干沟，进入地下储粪池或用泵抽吸到地面储粪池。水泥地面，每天用清水冲洗猪圈，猪圈内干净，但是水资源浪费严重。

（二）干清粪

干清粪工艺的主要方法是，粪便一经产生便与尿和水分流，干粪由机械或人工收集、清扫、运走，尿及冲洗水则从下水道流出，分别进行处理。干清粪工艺分为人工清粪和机械清粪两种。

人工清粪只需用一些清扫工具、人工清粪车等。其优点是设备简单，不用电力，一次性投资少，还可以做到粪尿分离，便于后续的粪尿处理。其缺点是劳动量大，生产效率低。

机械清粪包括铲式清粪和刮板清粪。机械清粪的优点是可以减轻劳动强度，节约劳动力，提高工效。缺点是一次性投资较大，还要花费一定的运行维护费用。而且中国目前生产的清粪机在使用可靠性方面还存在欠缺，故障发生率较高，由于工作部件上粘满粪便，因而维修困难。此外，清粪机工作时噪声较大，不利于畜禽生长，因此中国的养猪场很少使用机械清粪。

（三）水泡粪

猪栏下方设置不渗漏的水池，深度0.8～1米，池中放入水，粪尿直接落入池中，待出转群后或出栏后将粪水排入沼气池中或其他处理设施处理排放。

猪的品种及引进

核心提示

猪的品种多种多样，各具特点，为选择优良品种和进行经济杂交提供了充足的素材。按照良种繁育体系的要求进行杂交制种，可以获得高产配套杂交猪，为高产和高效益奠定的基础。

第一节 猪的品种

我国猪的品种资源极为丰富，多种多样，有地方品种、培育品种，也有引进品种，各具特点，为选择优良品种和进行经济杂交提供了充足的素材。

一、国内地方品种

地方品种猪多属于脂肪型。外形特征是体短而宽，胸深腰粗，体长和胸围大致相等，四肢短小，大腿和臀部肌肉不丰满，皮下脂肪厚（背膘厚 4～5 厘米，最厚处可达 6～7 厘米），性成熟较早，繁殖力高，母性好，适应性强。胴体脂肪含量高，瘦肉率低，平均为35%～44%。

（一）太湖猪

【产地与分布】太湖猪产于江苏、浙江的太湖地区，由二花脸、梅山、枫泾、米猪等地方类型猪组成。该品种主要分布在长江下游的江苏、浙江和上海交界的太湖流域，故统称“太湖猪”。

品种内类群结构丰富，有广泛的遗传基础。肌肉脂肪较多，肉质较好。

【外貌特征】头大额宽，额部皱纹多、深，耳特大、软而下垂，耳尖同嘴角齐或超过嘴角，形如大蒲扇。全身被毛黑色或青灰色，毛稀。腹部皮肤呈紫红色，也有鼻吻或尾尖呈白色的。梅山猪的四肢末端为白色，米猪骨骼较细致。

【生产性能】成年公猪体重150～200千克，成年母猪体重150～180千克。太湖猪性成熟早。公猪4～5月龄时，精液品质已基本达到成年公猪的水平。母猪在一个发情期内排卵较多。太湖猪生长速度较慢，如梅山猪在体重25～90千克阶段，日增重439克；枫泾猪在体重15～75千克阶段，日增重332克。太湖猪屠宰率65%～70%，胴体瘦肉率较低，宰前体重75千克的枫泾猪，胴体瘦肉率39.2%。

太湖猪初产母猪平均每胎产仔数12头以上，活仔数11头以上；3胎及3胎以上母猪平均产仔数16头，活仔数14头以上。最高窝产仔数达到36头。

【提示】太湖猪是世界上猪品种中产仔数最高的。用苏白猪、长白猪和约克夏猪作父本与太湖猪母猪杂交，或用长白猪作父本，与梅二（梅山公猪配二花脸母猪）杂种猪母猪进行杂交，后代增重效果良好，日增重可以达到480～500克。用杜洛克猪作父本，与长×二（长白公猪配二花脸母猪）杂种猪母猪进行三品种杂交，其杂种猪的瘦肉率较高，在体重87千克时屠宰，胴体瘦肉率53.5%。

（二）民猪

【产地与分布】民猪原产于东北和华北部分地区。

【外貌特征】民猪体躯扁平，背腰狭窄，臀部倾斜。头部中等大，面直长，耳大、下垂。四肢粗壮。全身被毛黑色、密而长，鬃毛较多，冬季密生绒毛。

【生产性能】性成熟早，母猪4月龄左右出现初情，体重60千克时卵泡已成熟并能排卵。母猪发情征候明显，配种受胎率高。公猪一般于9月龄、体重90千克左右时配种；母猪8月龄、体重80千克左右时初配。初产母猪每胎产仔数11头左右，3胎及3胎以上母猪产仔数13头左右；体重在18～90千克的肥育期内，日增重458克左右；体重60千克和90千克时屠宰，屠宰率分别为69%和72%左右，胴体瘦肉率分别为52%和45%左右。民猪的胴体瘦肉率在我国地方猪种中是较高的，但体重90千克以后，脂肪沉积增加，瘦肉率下降。

【提示】民猪体质健壮，耐寒，产仔数多，脂肪沉积能力强，肉质好，适于放牧粗放管理。用民猪作父本，分别与东北花猪、哈白猪和长白猪母猪杂交，一代杂种猪肥育期日增重分别为615克、642克和555克。以民猪作母本产生的一代杂种猪母猪，再与第三品种公猪杂交所得后代，育肥期日增重比二品种杂交又有提高。

（三）内江猪

【产地与分布】内江猪产于四川省的内江地区。该品种主要分布于内江、资中、简阳等市、县。

【外貌特征】内江猪体型较大，体躯宽深，背腰微凹，腹大，四肢较粗壮。皮厚，全身被毛黑色，鬃毛粗长。头大嘴短，颜面横纹深陷成沟，额皮中部隆起成块。耳中等大、下垂。根据头型可分为“狮子头”、“二方头”和“毫杆嘴”3种类型。

【生产性能】成年公猪体重约169千克，母猪体重约155千克；公猪一般5～8月龄初次配种，6～8月龄初次配种。初产母猪平均每胎产仔数9.5头，3胎及3胎以上母猪平均产仔数10.5头。在中等营养水平下限量饲养，体重13～91千克阶段，饲养期193天，日增重404克。体重90千克屠宰，屠宰率67%，胴体瘦肉率37%。

【提示】内江猪对外界刺激反应迟钝，对逆境适应性好（对高温和寒冷都能适应）。内江猪与地方品种或培育品种猪杂交，杂交优势明显。用长白公猪与内江母猪杂交，一代杂种猪日增重杂种优势率为36.2%，每千克增重消耗配合饲料比双亲平均值低67%～71%。胴体瘦肉率45%～50%。

（四）荣昌猪

【产地与分布】荣昌猪产于四川省荣昌和隆昌两县，主要分布在荣昌县和隆昌县。

【外貌特征】荣昌猪体型较大。头大小适中，面微凹，耳中等大、下垂，颌面皱纹横行、有旋毛。背腰微凹，腹大而深，臀稍倾斜。四肢细小、结实。除两眼四周或头部有大小不等的黑斑外，被毛均为白色。

【生产性能】成年公猪体重平均158千克，成年母猪平均体重144千克；荣昌公猪4月龄性成熟，5～6月龄可用于配种。母猪初情期为71～113天，初配以7～8月龄、体重50～60千克较为适宜。在选育群中，初产母猪平均每胎产仔数8.5头，经产母猪平均产仔数11.7头。在较好营养条件下，14.7～90千克体重生长阶段，日增重633克。体重87千克时屠宰，屠宰率69%，瘦肉率39%～46%。

长白公猪与荣昌母猪的配合力较好，日增重杂种优势率为14%～18%，饲料利用率的杂种优势率为8%～14%；用汉普夏、杜洛克公猪与荣昌母猪杂交，一代杂种猪胴体瘦肉率可达49%～54%。

【提示】荣昌猪适应性强，瘦肉率较高，配合力较好，鬃质优良。

（五）金华猪

【产地与分布】金华猪产于浙江省金华地区，主要分布在东阳市、浦江县、义乌市、永康县和金华县。

【外貌特征】金华猪体型中等偏小，背微凹，腹大微下垂，臀较倾斜。四肢细短，蹄坚实呈玉色。毛色以中间白、两头黑为特征，即头颈和臀尾部为黑皮黑毛，体躯中间为白皮白毛，故又称“两头乌”或“金华两头乌猪”。金华猪头型有寿字头、老鼠头和中间型。耳中等大、下垂。

【生产性能】成年公猪平均体重112千克，体长127厘米；成年母猪平均体重97千克，体长122厘米。公猪100日龄时已能采得精液，其质量已近似成年公猪。母猪110日龄、体重28千克时开始排卵。初产母猪平均每胎产仔数10.5头，活仔数10.2头；3胎以上母猪平均产仔数13.8头，活仔数13.4头。金华猪在体重17～76千克阶段，平均饲养期127天，日增重464克；体重67千克屠宰，屠宰率72%，胴体瘦肉率43%。

用丹麦长白公猪与金华猪母猪杂交，一代杂种猪体重13～76千克阶段，日增重362克，胴体瘦肉率51%。用丹麦长白猪作第一父本，与约×金（约克夏猪公猪配金华猪母猪）杂种猪母猪杂交，其后代日增重和胴体瘦肉率又有提高。

【提示】金华猪具有性情温驯，母性好，性成熟早和产仔多等优良特性，皮薄骨细，肉质好，是优质火腿原料。

（六）大花白猪

【产地与分布】大花白猪产于广东省珠江三角洲一带，主要分布在广东省的乐昌、仁化、顺德和连平等42个县、市。

【外貌特征】体型中等大小。背部较宽、微凹，腹较大。耳稍大、下垂，额部多有横皱纹。被毛稀疏，毛色为黑白花，头臀部有大块黑斑，腹部、四肢为白色，背腰部及体侧有大小不等的黑斑，在黑白色的交界处有黑皮白毛形成的“晕”。

【生产性能】成年公猪体重130～140千克，体长135厘米左右；成年母猪体重105～120千克，体长125厘米左右；大花白公猪6～7月龄开始配种，母猪90日龄出现第一次发情。初产母猪平均每胎产仔数12头。3胎以上经产母猪平均产仔数13.5头；在较好的饲养条件下，大花白猪体重20～90千克阶段，需饲养135天，日增重519克。体重70千克屠宰，屠宰率70%，胴体瘦肉率43%。用长白猪、杜洛克猪作父本，与大花白猪的母猪杂交，一代杂种日增重可以达到580克以上，屠宰率69%以上。

【提示】大花白猪耐热耐湿，繁殖力较高，早熟易肥，脂肪沉积能力强。

二、国内培育品种

改革开放以来，为了适应形势的变化，我国畜牧科技工作者根据市场需求，培育出几十个品种。

（一）三江白猪

【产地与分布】三江白猪产于东北三江平原，是由长白猪和东北民猪杂交培育而成的我国第一个瘦肉型猪种。

【外貌特征】背腰宽平，腿臀丰满，四肢粗壮，蹄坚实。头轻嘴直，耳下垂。被毛全白，毛丛稍密。该品种具有瘦肉型猪的体躯结构。

【生产性能】成年公猪体重250～300千克，母猪体重200～250千克。性成熟较早，初情期约在4月龄，发情征兆明显，配种受胎率高，极少发生繁殖疾患。初产母猪每胎产仔数9～10头，经产母猪产仔数11～13头。60日龄断奶仔猪窝重160千克。6月龄肥育猪体重可达 90 千克，每千克增重消耗配合饲料 3.5 千克。在农场条件下饲养，190 日龄体重可达 85 千克。体重 90 千克屠宰，胴体瘦肉率 58%。眼肌面积为 28～30 平方厘米，腿臀比例 29%～30%。

与哈白猪、苏白猪或大约克猪正反交，日增重提高。用杜洛克猪作父本与三江白猪母猪杂交，子代日增重为 650 克。体重 90 千克屠宰，胴体瘦肉率 62%左右。

【提示】三江白猪具有生长快，省料，抗寒，胴体瘦肉多，肉质良好等特点。

（二）湖北白猪

【产地与分布】湖北白猪产于湖北省武汉市及华中地区，是由大白猪、长白猪与本地通城猪、监利猪和荣昌猪杂交培育而成的瘦肉型猪品种。

【外貌特征】背腰平直，中躯较长，腹小，腿臀丰满，肢、蹄结实。头稍轻直长，两耳前倾稍下垂。全身被毛白色。

【生产性能】成年公猪体重 250～300 千克，母猪体重 200～250 千克；小公猪 3 月龄、体重 40 千克时出现性行为。小母猪初情期在 3～3.5 月龄，性成熟期在 4～4.5 月龄，初配的适宜年龄 7.5～8 月龄。母猪发情周期 20 天左右，发情持续期 3～5 天。初产母猪每胎产仔数 9.5～10.5 头，3 胎以上经产母猪产仔数 12 头以上。

在良好的饲养条件下，6 月龄体重可达 90 千克。消化能 12.56～12.98 兆焦/千克、粗蛋白质 14%～16%时，体重 20～90 千克阶段，日增重为 600～650 克，每千克增重消耗配合饲料 3.5 千克以下。体重 90 千克屠宰，屠宰率 75%。腿臀比例 30%～33%，胴体瘦肉率 58%～62%。

用杜洛克公猪与湖北白猪母猪进行杂交效果最好，日增重为 611 克，胴体瘦肉率 64%。

【提示】湖北白猪胴体瘦肉率高，肉质好，生长发育较快，繁殖性能优良，能耐受长江中游地区夏季高温、冬季湿冷等气候条件。

（三）上海白猪

【产地与分布】上海白猪产于上海，是由约克夏猪、苏白猪和太湖猪杂交培育而成。现有生产母猪两万头左右，主要分布在上海市郊的上海县和宝山县。

【外貌特征】体型中等偏大，体质结实。背宽，腹稍大，腿臀较丰满。头面平直或微凹，耳中等大小略向前倾。全身被毛为白色。

【生产性能】成年公猪体重250千克左右，体长167厘米左右；母猪体重177千克左右，体长150厘米左右；公猪多在8～9月龄、体重100千克以上开始配种。母猪初情期为6～7月龄，发情周期19～23天，发情持续期2～3天。母猪多在8～9月龄配种。初产母猪每胎产仔数9头左右，3胎及3胎以上母猪产仔数11～13头。上海白猪体重在20～90千克阶段，日增重615克左右；体重90千克屠宰，平均屠宰率70%。眼肌面积26厘米^2，腿臀比例27%，胴体瘦肉率平均52%。

用杜洛克猪或大约克夏猪作父本与上海白猪母猪杂交，一代杂种日增重为700～750克；杂种猪体重90千克屠宰，胴体瘦肉率60%以上。

【提示】上海白猪生长较快，产仔较多，适应性强，胴体瘦肉率较高。

（四）北京黑猪

【产地与分布】北京黑猪由北京市双桥农场、北郊农场用巴克夏猪、约克夏猪、苏白猪及河北定县黑猪杂交培育而成。

【外貌特征】颈肩结合良好，背腰宽且平直。四肢健壮，腿臀部较丰满，体质结实，结构匀称。头大小适中，两耳向前上方直立或平伸，面微凹，额较宽。全身被毛呈黑色。

【生产性能】成年公猪体重260千克左右，体长150厘米左右；成年母猪体重220千克左右，体长145厘米左右。母猪初情期为6～7月龄，发情周期为21天，发情持续期2～3天。小公猪6～7月龄、体重70～75千克时可用于配种。初产母猪每胎产仔数9～10头，经产母猪平均每胎产仔数11.5头，活仔数10头。

北京黑猪在体重20～90千克阶段，日增重达600克以上；体重90千克屠宰，屠宰率72%～73%，胴体瘦肉率49%～54%。与长白猪、大约克夏猪和杜洛克猪杂交效果较好。用长白猪作父本与北京黑猪母猪杂交，一代杂种猪日增重650～700克，胴体瘦肉率54%～56%。

【提示】 北京黑猪体型较大，生长速度较快，母猪母性好。

（五）新淮猪

【产地与分布】新淮猪产于江苏省淮阴地区，用约克夏和淮阴猪杂交培育而成，分布在江苏省淮阴和淮河下游地区。

【外貌特征】背腰平直，腹稍大但不下垂。臀略斜，四肢健壮。头稍长，嘴平直微凹，耳中等大小，向前下方倾垂。除体躯末端有少量白斑外，其他被毛呈黑色。

【生产性能】成年公猪体重230～250千克，体长150～160厘米。成年母猪体重180～190千克，体长140～145厘米；公猪于103日龄、体重24千克时即开始有性行为；母猪于93日龄、体重21千克时初次发情。初产母猪每胎产仔数10头以上，产活仔数9头；3胎及3胎以上经产母猪产仔数13头以上，产活仔数11头以上。

新淮猪从2月龄到8月龄，肥育期日增重490克。肥育猪最适屠宰体重80～90千克。体重87千克时屠宰，屠宰率71%，膘厚3.5厘米，眼肌面积25平方厘米，腿臀重占胴体重25%。胴体瘦肉率45%左右。

用内江猪与新淮猪进行两品种杂交，60～180日龄日增重560克。用杜洛克猪公猪配二花脸猪母猪的一代公猪与新淮母猪杂交，杂种猪日增重590～700克，屠宰率72%以上，腿臀占胴体重27%。胴体瘦肉率50%以上。

【提示】 新淮猪具有适应性强，产仔数较多，生长发育较快，杂交效果较好和在以青绿饲料为主搭配少量配合饲料的饲养条件下饲料利用率较高等特点。

（六）山西黑猪

【产地与分布】山西黑猪产于山西，系用巴克夏猪、内江猪、山西本地猪杂交培育而成。该品种主要分布在大同、忻县、原平、五台和太谷等市、县。

【外貌特征】臀宽、稍倾斜。四肢健壮，体型结构匀称。全身被毛呈黑色。头大小适中，额宽有皱纹，嘴中等长而粗，面微凹，耳中等大、稍向前倾、下垂。

【生产性能】成年公猪平均体重197千克、体长157厘米；成年母猪平均体重188千克、体长155厘米；公猪一般在8月龄、体重80千克时开始配种。母猪初情期平均为156日龄，发情周期19～21天，发情持续期3～5天。初产母猪每胎产仔数10头左右，产活仔数9头左右；3胎以上经产母猪平均产仔数11.5头，平均产活仔数10.3头。体重20～90千克阶段，日增重611克；体重90千克，屠宰率72%，胴体瘦肉率42%～45%。与长白公猪和大约克夏母猪杂交效果较好。

【提示】 山西黑猪具有繁殖力较高，抗逆性强，生长速度较快等优点。

（七）汉中白猪

【产地与分布】汉中白猪产于陕西省汉中地区，用苏白猪、巴克夏猪和汉江黑猪杂交培育而成。现有种猪1万头左右，主要分布于汉中市、南郑县和城固县等地。

【外貌特征】背腰平直，腿臀较丰满，四肢健壮。体质结实，结构匀称，被毛全白。头中等大，面微凹，耳中等大小、向上向外伸展。

【生产性能】成年公猪体重210～220千克，体长145～165厘米；成年母猪体重145～190千克，体长140～150厘米；小公猪体重40千克左右时出现性行为，小母猪体重35～40千克时初次发情。公猪体重100千克、10月龄，母猪体重90千克、8月龄时开始配种。母猪发情周期一般为21天，发情持续期初产母猪4～5天，经产母猪2～3天。初产母猪平均产仔数9.8头，经产母猪平均产仔数11.4头。在体重20～90千克阶段，日增重520克。体重90千克屠宰，屠宰率71%～73%，胴体瘦肉率47%。与荣昌猪进行正反杂交，其杂种猪日增重610～690克。体重90千克屠宰，屠宰率70%以上。用杜洛克猪作父本与汉中白猪母猪杂交，其杂种猪日增重642克，胴体瘦肉率55%左右。

【提示】 汉中白猪具有适应性强，生长较快，耐粗饲和胴体品质好等特点。

（八）浙江中白猪

【产地与分布】浙江中白猪产于浙江，是由长肉猪、约克夏猪和金华猪杂交培育而成的瘦肉型品种。

【外貌特征】体型中等，背腰较长，腹线较平直，腿臀肌肉丰满。全身被毛白色。头颈较轻，面部平直或微凹，耳中等大呈前倾或稍下垂。

【生产性能】青年母猪初情期5.5～6月龄，8月龄可配种。初产母猪平均产仔9头，经产母猪平均产仔12头。生长肥育期平均日增重520～600克，190日龄左右体重达90千克。90千克体重时屠宰，屠宰率73%，胴体瘦肉率57%。用杜洛克猪作父本，一代杂种猪平均日增重700克。

【提示】浙江中白猪具有体质健壮，繁殖力较高，杂交利用效果显著和对高温、高湿气候条件有较好适应能力等良好特性，是生产商品瘦肉猪的良好母本。

（九）甘肃白猪

【产地与分布】甘肃白猪是以长白猪和苏联大白猪为父本，以八眉猪与河西猪为母本，通过育成杂交的方法培育而成。

【外貌特征】头中等大小，睑面平直，耳中等大略向前倾。背平直，体躯较长，体质结实。后躯较丰满，四肢坚实。全身被毛呈白色。

【生产性能】成年公猪体重242千克，体长155厘米；成年母猪体重176千克，体长146厘米；公母猪适宜配种时间为7～8月龄，体重85千克左右，发情周期17～25天，发情持续期2～5天。平均每胎产仔数9.59头，产活仔数8.84头。体重20～90千克期间，平均日增重648克。体重90千克屠宰，屠宰率74%，胴体瘦肉率52.5%。作为母系与引入瘦肉型猪种公猪杂交，其杂种猪生长快，省饲料。

【提示】甘肃白猪具有遗传性稳定，生长发育快，适应性强，肉质品质优良等特点。

（十）广西白猪

【产地与分布】广西白猪产于广西，用长白猪、大约克夏猪的公猪与当地陆川猪、东山猪的母猪杂交培育而成。

【外貌特征】肩宽胸深，背腰平直稍弓，身躯中等长。胸部及腹部肌肉较少。头中等长，面侧微凹，耳向前伸。全身被毛呈白色。

【生产性能】成年公猪平均体重270千克，体长174厘米；成年母猪平均体重223千克，体长155厘米；据经产母猪215窝的统计，平均每胎产仔数11头左右，初生窝重13.3千克，20日龄窝重44.1千克，60日龄窝重103.2千克。生后173～184日龄体重达90千克。体重25～90千克肥育期，日增重675克以上。体重95千克屠宰，屠宰率75%以上，胴体瘦肉率55%以上。

广西白猪作为母系与杜洛克公猪杂交，其杂种猪生长发育快，省饲料，杂种优势率明显。用广西白猪母猪先与长白猪公猪杂交，再用杜洛克猪为终端父本杂交，其三品种杂种猪日增重平均为646克。体重90千克屠宰，屠宰率76%，瘦肉率56%以上。

【提示】广西白猪的体型比当地猪高、长，肌肉丰满，繁殖力好，生长发育快，饲料利用率好。

三、引进品种

近几十年来，我国先后从国外引入了大批的瘦肉型猪品种，这些品种的共同特点是生长速度快，胴体瘦肉率高。

（一）长白猪（兰德瑞斯猪）

【产地与分布】长白猪产于丹麦，是丹麦本地猪与英国大约克夏猪杂交后经长期选育而成的。现在，长白猪已分布于我国南北各地。按引入先后，长白猪可分为英瑞系（即老三系）和丹麦系（新三系）。英瑞系长白猪适应性较强，体质较粗壮，产仔数较多，但胴体瘦肉率较低；丹麦系长白猪适应性较差，体质较弱，产仔数不如英瑞系，但胴体瘦肉率较高。

【外貌特征】头小、清秀，颜面平直。耳向前倾、平伸、略下耷。大腿和整个后躯肌肉丰满，体躯前窄后宽呈流线型。体躯长，有16对肋骨，乳头6～7对。全身被毛白色。

【生产性能】成年公猪体重400～500千克，母猪300千克左右；成熟较晚，公猪一般在出生后6月龄时性成熟，8月龄时开始配种。母猪发情周期为21～23天，发情持续期2～3天，妊娠期为112～116天。初产母猪每胎产仔数8～10头，经产母猪产仔数9～13头。在良好的饲养条件下，长白猪生长发育迅速，6月龄体重可达90千克以上，日增重500～800克。体重90千克时屠宰，屠宰率为69%～

75%，胴体瘦肉率为53%～65%。

长白猪作父本进行经济杂交，一代杂种猪可得到较高的生长速度、饲料利用率和较多的瘦肉。

【提示】长白猪产仔数较多，生长发育较快，省饲料，胴体瘦肉率高，但抗逆性差，对饲料营养要求较高。

（二）大约克夏猪（大白猪）

【产地与分布】大约克夏猪18世纪在英国育成，是世界上著名的瘦肉型猪品种。引入我国后，经过多年培育驯化，已经有了较好的适应性。目前，我国已经引入了英系（英国）、法系（法国）、加系（加拿大）和美系（美国）等大约克夏猪。

【外貌特征】大约克夏猪毛色全白，头颈较长，面宽微凹，耳中等大，直立，体躯长，胸深广，背平直稍呈弓形，四肢和后躯较高，成年公猪体重250～300千克，成年母猪体重230～250千克。

【生产性能】性成熟较晚，出生后5月龄的母猪出现第一次发情，发情周期18～22天，发情持续期3～4天。母猪妊娠期平均115天。初产母猪每胎产仔数9～10头，经产母猪每胎产仔数10～12头，产活仔数10头左右。6月龄体重可达100千克左右。消化能13.4兆焦/千克、粗蛋白质16%，自由采食时，从断奶至90千克阶段日增重为700克左右，每千克增重消耗配合饲料3千克左右。体重90千克时屠宰，屠宰率71%～73%。眼肌面积30～37平方厘米，胴体瘦肉率60%～65%。

作为父本与地方品种或培育品种杂交，增重率和胴体瘦肉率都有很大提高。在与外来品种猪杂交中常作为母本利用。

【提示】大约克夏猪生长快，饲料利用率高，产仔较多，胴体瘦肉率高。

（三）杜洛克猪

【产地与分布】杜洛克猪原产于美国东北部的新泽西州等地，俗称红毛猪。前些年从美国、匈牙利和日本等国引入我国，现已遍布全国。

【外貌特征】被毛为棕红色，但深浅不一，有的为金黄色，有的为深褐色，都是纯种，耳中等大小且前倾，面微凹，体躯深广，背平直或略呈弓形，后躯发育好，腿部肌肉丰满，四肢长。

【生产性能】性成熟较晚，母猪一般在6～7月龄、体重90～110千克开始第一次发情，发情周期21天左右，发情持续期2～3天，妊娠期115天左右。初产母猪产仔数9头左右，经产母猪产仔数10头左右。

在良好的饲养条件下，180日龄体重达90千克。在体重25～100千克阶段，平均日增重650克。在体重100千克屠宰，屠宰率75%，胴体瘦肉率63%～64%。背膘厚2.65厘米，眼肌面积37平方厘米，肌肉内脂肪含量3.1%，肉色良好。在杂交利用中一般作为父本。

【提示】杜洛克猪体质健壮，抗逆性强，饲养条件比其他瘦肉型猪要求低。生长速度快，饲料利用率高，胴体瘦肉率高，肉质较好。

（四）皮特兰猪

【产地与分布】皮特兰猪原产于比利时，这个品种比其他瘦肉猪品种形成晚，是由法国的贝叶杂交猪与英国的巴克夏猪进行回交，然后再与英国大白猪杂交育成的。

【外貌特征】毛色呈灰白色并带有不规则的深黑色斑点，偶尔出现少量棕色毛。头部清秀，颜面平直，嘴大且直，双耳略微向前。体躯呈圆柱形，腹部平行于背部，肩部肌肉丰满，背直而宽大。体长1.5～1.6米。

【生产性能】公猪一旦达到性成熟就有较强的性欲，采精调教一般一次就会成功，射精量250～300毫升，精子数每毫升达3亿个。母猪母性不亚于我国地方猪品种，仔猪育成率在92%～98%。母猪的初情期一般在190日龄，发情周期18～21天。产仔数10头左右，产活仔数9头左右。

生长速度快，6月龄体重可达90～100千克。日增重750克左右，每千克增重消耗配合饲料2.5～2.6千克，屠宰率76%，瘦肉率可高达70%。由于皮特兰猪产肉性能好，多用作父本进行二元或三元杂交。

【提示】皮特兰猪瘦肉率高，后躯和双肩肌肉丰满。但瘦肉的肌纤维比较粗。皮特兰猪对外界环境非常敏感，在运动、运输、角斗时，有时会突然死亡（也称应激症）。这种猪的肉质很差，多为灰白水样肉，即瘦肉呈灰白颜色，肉质松软，渗水。

（五）波中猪

【产地与分布】波中猪于1950年左右在美国俄亥俄州的西南部育成。

【外貌特征】被毛黑色，“六点白”即四肢下端，嘴和尾尖有白毛，体躯宽深而长，四肢结实，肌肉特别发达，瘦肉比例高，是国外大型猪种之一。

【生产性能】成年公猪体重390～450千克，母猪体重300～400千克，原先的波中猪是美国著名的脂肪型品种，近十年来经过几次类型上的大杂交已育成瘦肉型品种。

（六）PIC配套系猪

【产地与分布】PIC配套系猪是英国种猪改良公司培育的配套系猪种。该种猪采用分子数量遗传学原理，应用分子标记辅助选择技术、BLUP（最佳线性无偏预测）技术、胚胎移植和人工授精技术培育出具有不同特点的专门化父、母本品系。

【外貌特征】外貌相似于长白猪，后腿、臀部肌肉发达。

【生产性能】父系突出生长速度、饲料利用率和产肉性状的选择，母系突出哺乳力、年产胎次、窝产仔数、优良肉质和适应性的选择，充分利用杂种优势和性状互补原理，进行五系优化配置，达到当今世界养猪生产的最高水平。母猪年产胎次2.2～2.4胎，窝平均产活仔数10.5～12头；商品猪达90～100千克体重日龄155天；每千克增重耗饲料2.6～2.8千克；商品猪屠宰率78%以上，商品猪胴体瘦肉率66%以上，腿臀丰满，结构匀称，体型紧凑，一致性好，可适应国内外不同市场需求。

（七）拉康伯猪

【产地与分布】这种猪是在加拿大拉康伯地区的一个试验场，于1942年开始用巴克夏与柴斯特白杂交后，再与长白猪杂交选育而成的肉用型新品种。

【外貌特征】毛色全白，体躯长，头、耳、嘴与长白猪相似。

【生产性能】长得快，肉猪肥育期短。目前拉康伯猪已成为加拿大主要品种之一，它的良种登记数量仅次于约克夏、汉普夏和长白猪，而属第四位。

第二节　猪种的杂交利用

杂交指不同品种、品系或品群间的相互交配，其后代为杂种。经济杂交可以最大限度地挖掘猪种的遗传基因，有效地提高养猪的经济效益。杂种猪往往集中了双亲的优点，表现出生命力强，繁殖力高，体质健壮，生长快，饲料利用率高，抗病力强等特点。

一、猪的经济杂交原理

经济杂交的基本原理是利用杂种优势，即猪的不同品种、品系或其他种用类群杂交后所产的后代在生产力、生活力等方面优于其纯种亲本，这种现象称为杂种优势。

杂种优势的产生，主要是由于优良显性基因的互补和群体中杂合频率的增加，从而抑制或减弱了更多的不良基因的作用，提高了整个群体的平均显性效应和上位效应。杂交的遗传效应是使后代群体基因型杂合化。群体基因型杂合的两方面含义：一方面在群体内的个体间在基因型杂合的基础上趋于一致，即个体间的遗传结构相同。由于个体的性能表现是由基因型和环境共同作用的结果，即表现型＝基因型＋环境条件，所以，将这样的杂种群饲养在相同的环境条件下，可以有相同的表现型，其生产习性表现一致。另一方面，由杂交生产的杂种后代具有在生活力、抗逆性、生长势等方面优于纯种亲本，在主要经济性状上，能超过父、母双亲同一性状的平均值，从而表现出比纯种更优的生产性能。

但是，并非所有的“杂种”都有“优势”。如果亲本间缺乏优良基因，或亲本间的纯度很差，或两亲本群体在主要经济性状上基因频率没有太大的差异，或在主要性状上两亲本群体所具有的基因的显性与上位效应都很小，或杂种缺乏充分发挥杂种优势的环境条件，都不能表现出理想的杂种优势。

二、猪的经济杂交方式

（一）亲本选择

猪的经济杂交目的是通过杂交提高母猪的繁殖成绩和商品

肉猪的生长速度和饲料利用率等经济性状，这就要求亲本种群在这几项性能上具有良好的表现。但是，作为杂交的父本、母本由于各自担任的角色不同，因而在性状选择方面的要求亦有差异。

1. 父本品种的选择

父本品种群直接影响杂种后代的生产性能，因而要求父本种群具有生长速度快、饲料利用率高、胴体品质好、性成熟早、精液品质好、性欲强；能适应当地环境条件；符合市场对商品肉猪的要求。在我国推广的“二元杂交”中，根据各地进行配合力测定结果，引入的长白猪、大约克夏猪、杜洛克猪、皮特兰猪等品种，均可供作父本选择的对象。在“三元杂交”中，除母本种群外，还涉及两个父本种群，由于在第二次杂交中所用的母本为 F_1 代种母猪，为使 F_1 代种母猪具有较好的繁殖性能，因此在第一父本选择时，应选用与纯种母本在生长肥育和胴体品质上能够互补的，而且繁殖性能较好的引入品种。第二父本亦应着重从生长速度、饲料利用率和胴体品质等性能上选择。研究表明，在三元杂交中以引入的大约克夏猪、长白猪等品种作第一父本较好，而第二父本宜选用杜洛克猪、汉普夏猪、皮特兰猪等。

2. 母本品种的选择

由于母本需要的数量多，应选择在当地分布广、适应性强的本地猪种、培育猪种或现有的杂种猪作母本，这样猪源易解决，便于在本地区推广。同时注意所选母本应具有繁殖力强、母性好、泌乳力高等优点，体格不要太大。我国绝大多数地方猪种和培育猪种都具备作为母本品种的条件。

（二）杂交方式

生产中，杂交的方式多种多样。比较简便实用的方式主要有二元杂交、三元杂交和双杂交。

1. 二元杂交

二元杂交即利用两个不同品种（品系）的公母猪进行固定不变的杂交，利用一代杂种的杂种优势生产商品肥育猪。如用长白猪公猪与太湖猪母猪交配，生产的长太二元杂种猪作为商品肥育猪；用杜洛克猪公猪与湖北白猪母猪交配，生产的杜湖杂种猪作为商品肥育猪。其杂交模式如下：

杜洛克猪(♂)×湖北白猪(♀)

↓

杜湖二元杂交猪(商品生产)

【提示】二元杂交是生产中最简单、应用最广泛的一种杂交方式，杂交后能获得最高的后代杂种优势率。

2. 三元杂交

三元杂交是从两品种杂交的杂种一代母猪中选留优良的个体，再与第三品种交配，所生后代全部作为商品肥育猪。其杂交模式如下：

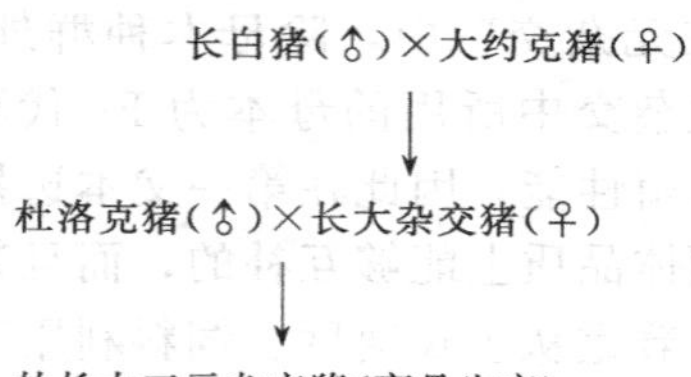

【提示】由于进行两次杂交，可望得到更高的杂种优势，所以三品种杂交的总杂种优势要超过两品种。目前生产中使用较为广泛。

3. 双杂交

以两个二元杂交为基础，由其中一个二元杂交后代中的公猪作父本，另一个二元杂交后代中的母猪作母本，再进行一次简单杂交，所得的四元杂交猪作为商品猪育肥。杂交模式如下：

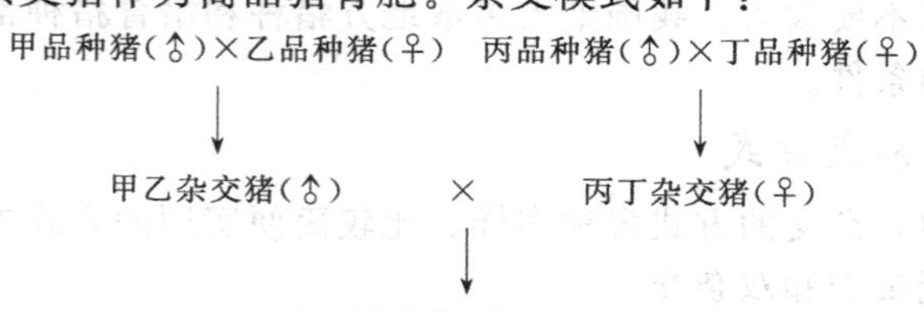

【提示】这种方式杂种优势更明显，但程序复杂，需要较高的物质和技术条件。

(三) 猪的不同杂交组合模式

生产中常见猪的不同杂交组合模式见表 3-1。

表 3-1　猪的不同杂交组合模式

杂交方式	组合模式
二元杂交	引进品种(♂)×地方品种(♀)
	引进品种(♂)×培育品种(♀)
	引进品种(♂)×引进品种(♀)
三元杂交	引进品种(♂)×[引进品种(♂)×地方品种(♀)]
	引进品种(♂)×[引进品种(♂)×培育品种(♀)]
	引进品种(♂)×[引进品种(♂)×引进品种(♀)]
四元杂交	[引进品种(♂)×引进品种(♀)](♂)×[引进品种(♂)×引进品种(♀)](♀)
	[引进品种(♂)×引进品种(♀)](♂)×[引进品种(♂)×地方品种(♀)](♀)

三、猪的良种繁育体系

猪的良种繁育体系是将纯种选育、良种扩繁和商品肉猪生产有机结合而形成一套体系。在体系中，将育种工作和杂交扩繁任务划分给相对独立而又密切配合的育种场和各级猪场来完成，使各个环节专门化，是现代化养猪业的系统工程。原种猪群、种猪群、商品猪繁殖群和肥猪群分别由原种场、纯种繁殖场、商品猪繁殖场和育肥场饲养，父母代不应自繁，商品代不应留种，这样才能保证整个生产系统的稳产、高产和高效益。良种繁育体系的构成和比例关系介绍如下。

（一）原种猪场（群）

原种猪场饲养经过高度选育的种猪群，包括基础母猪的原种群和杂交父本选育群。原种猪场的任务主要是强化原种猪品种，不断提高原种猪生产性能，为下一级种猪群提供高质量的更新猪。

猪群必须健康无病，每头猪的各项生产指标均应有详细记录，技术档案齐全。饲养条件要相对稳定，定期进行疫病检疫和监测，定期进行环境卫生消毒等。原种猪场一般配有种猪性能测定站和种公猪站，测定规模应依原种猪数量而定。种猪性能测定站可以和种猪生产相结合，如果性能测定站是多个原种场共用的，则这种公共测定站不能与原种场建在一起，以防疫病传播。为了充分利用这些优良种公猪，可以通过建立种公猪站，以人工授精的形式提高利用效率，减少种公猪的饲养数量。

原种猪场猪群的公母比例为 1∶5，生产 10 万头商品猪的配套比例为 50 头母本母猪。

（二）种猪繁育场

饲养原种猪场提供的父本和母本猪，进行种母猪扩大繁殖，同时研究适宜的饲养管理方法和良好的繁殖技术，提高母猪的活仔率和健仔率。

种猪场的公母比例为 1∶50（人工授精），生产 10 万头商品猪的配套比例是 800 头母本母猪。

（三）商品猪繁育场

饲养种猪繁育场提供的父本公猪和母本母猪，然后进行杂交，生产商品杂交猪，提供给商品猪场。杂种母猪应进行严格选育，选择重点应放在繁育性能上，注意猪群年龄结构，合理组成猪群，注意猪群的更新，以提高猪群的生产力。

商品猪繁育场的公母比例为 1∶100（人工授精），生产 10 万头商品猪的配套比例是 6000 头基础母猪。

（四）商品猪场

饲养商品猪繁育场提供的商品仔猪，进行肥猪生产，重点放在提高猪群的生长速度和改进肥育技术上。提高饲养管理水平，降低肥育成本，达到提高生产量之目的。

在一个完整的繁育体系中，上述各个猪场的比例应适宜，层次分明，结构合理。各场分工明确，重点任务突出，将猪的育种、制种和商品生产整合于一体，真正从整体上提高养猪的生产效益。

第三节　猪种的选择和引进

一、优良猪种的选择

种猪质量不仅影响肉猪的生长速度和饲料转化率，而且还影响肉猪的品质。只有选择具有高产潜力，体型良好，健康无病的优质种猪，并进行良好的饲养管理，才能获得优质的商品仔猪，才能为快速育肥奠定一个坚实的基础。

（一）品种选择

根据生产目的和要求确定杂交模式，选择需要的优良品种。如生产中，为提高肉猪的生长速度和胴体瘦肉率，人们常用引进品种进行杂交生产三元杂交商品猪。因为引进品种生长速度快，饲料利用率高，胴体瘦肉率高，屠宰率较高，并且经过多年的改良，它们的平均窝产仔数也有所提高，而且肉猪市场价格高。我国近年引进数量较多、分布较广的有长白猪、大约克猪、杜洛克猪、皮特兰猪等（表 3-2）。

表 3-2 几种主要引进瘦肉型品种猪的比较

品种名称	原产地	特 性	缺 陷
长白猪	丹麦	母性较好，产仔多，瘦肉率高，生长快，是优良的杂交母本	饲养条件要求高，易患肢蹄病
大约克（大白猪）	美国	繁殖性能好，产仔多，作母本较好	眼肌面积小，后腿比重小
杜洛克	美国	瘦肉率高，生长快，饲料利用率高，是理想的杂交终端父本	胴体短，眼肌面积小
皮特兰	比利时	后腿和腰特别丰满，瘦肉率极高	生长速度较慢，易产生劣质肉

（二）体型外貌选择

种猪的外貌要求是体型匀称、膘情适中、胸宽体健、腿臀肌肉发达、肢蹄发育良好、个体性征明显、具有种用价值且无任何遗传患疾。种公猪还要求睾丸发育良好、轮廓明显、左右大小一致。不允许有单睾、隐睾或阴囊疝，包皮积尿不明显。乳头数不少于 12 个，排列整齐均匀，发育正常；种母猪还要求外生殖器发育正常，乳房形质良好、排列整齐均匀、无瞎乳头、翻乳头或无效乳头，大小适中且不少于 12 个。

（三）种猪场的选择

要尽可能从规模较大、历史较长、信誉度较高的大型良种猪场购进良种猪。购猪时要注意查看或索取种猪卡片及种猪系谱档案，确保其为优良品种的后裔并具有较高的生产水平。

二、猪场种猪的引进

为提高猪群总体质量和保持较高的生产水平，达到优质、高产、高效的目的、猪场和养殖户都要经常向质量较好的种猪场引进种猪和仔猪。

（一）引种前做好准备工作

1. 制定引种计划

新建猪场应从生产规模、产品市场和猪场未来发展方向等方面进行计划，确定所引进种猪的数量、品种和级别，是外来品种（如大约克、杜洛克或长白）还是地方品种，是原种、祖代还是父母代。根据引种计划，选择质量高、信誉好的大型种猪场引种；已建猪场和养猪户应结合自身的实际情况，根据种群更新计划确定所需品种和数量，有选择性地购进能提高本场种猪某种性能，并只购买与自己的猪群健康状况相同的优良个体；如果是加入核心群进行育种的，则应购买经过生产性能测定的种公猪或种母猪。

2. 了解实际问题

（1）种猪场种猪选育标准　种猪场引种最好能结合种猪综合选择指数进行选种，特别是从国外引种时更应重视该项工作。母猪要了解其繁殖性能（如产仔数、受胎率、初配月龄等）；公猪需了解其生长速度（日增重）、饲料转化率（料肉比）、背膘厚（瘦肉率）等指标。

（2）疫病情况　调查各地疫病流行情况和各种种猪质量情况，必须从没有危害严重的疫病流行地区引种，并从经过详细了解的健康种猪场引进，同时了解该种猪场和免疫程序及其具体措施。

（3）隔离舍的准备工作　猪场应设隔离舍，要求距离生产区最好有300米以上距离，在种猪到场前的30天（至少7天），应对隔离栏及其用具进行严格消毒，可选择质量好的消毒剂，如中山“腾俊”有机氯消毒剂，进行多次严格消毒。

（二）选种时注意的问题

1. 健壮无病

种猪要求健康、无任何临床病征和遗传疾患（如脐疝、瞎乳头等），营养状况良好，发育正常，四肢要求结构合理、强健有力，体型外貌符合品种特征和本场自身要求，耳号清晰，纯种猪应打上耳牌，以便标示。种公猪要求活泼好动，睾丸发育匀称，包皮没有较多积液，成年公猪最好选择见到母猪能主动爬跨、猪嘴含有大量白沫、性欲旺盛的公猪。种母猪生殖器官要求发育正常，阴户不能过小和上翘，应选择阴户较大且松弛下垂的个体，有效乳头应不低于6对，分布均匀对称，四肢要求有力且结构良好。

2. 认真挑选

在专用销售观察室认真挑选，选择优质的、符合要求的猪，确保种猪质量。

3. 确切免疫

要求供种场提供该场免疫程序及所购买的种猪免疫接情况，并注明各种疫苗的注射日期。种公猪最好能经测定后出售，并附测定资料和种猪三代系谱。

4. 严格检疫

销售种猪必须经本场兽医临床检查，要求无猪瘟（HC）、传染性萎缩性鼻炎（AR）、布氏杆菌病（Rr）等病症，并由兽医检疫部门出具检疫合格证方能准予出售。

（三）种猪运输时的注意事项

1. 车辆卫生

不要使用运输商品猪的外来车辆装运种猪。在运种猪前24小时，使用高效消毒剂对车辆和用具进行2次以上的严格消毒，然后空置1天装猪。装猪前再用刺激性较小的消毒剂（如双链季铵盐络合碘）彻底消毒一次，并开具消毒证。

2. 减少应激

运输过程中应想方设法减少种猪应激和肢蹄损伤，避免在运输途中死亡和感染疾病。要求供种场提前2～3小时对准备运输的种猪停止投喂饲料。赶猪上车时不能赶得太急，注意保护种猪的肢蹄，装猪后应固定好车门。

长途运输的车辆，车厢最好能铺上垫料，冬天可铺上稻草、稻壳、木屑，夏天铺上细沙，以降低种猪肢蹄损伤；所装载的猪数量不要过多，装得太密会引起挤压而导致种猪死亡；运载种猪的车厢面积应为猪纵向表面积的1.5倍；最好将车厢隔成若干个隔栏，安排4～6头猪为一个隔栏，隔栏最好用光滑的水管制成，避免刮伤种猪，达到性成熟的公猪应单独隔开，并喷洒带有较浓气味的消毒药（如复合酚），以免公猪间相互打架。

3. 疫苗接种

长途运输的种猪，应对每头种猪按 1 毫升/10 千克注射长效抗生素（如辉瑞“得米先”或腾俊“爱富达”），以防止猪群途中感染细菌性疾病；对临床表现特别兴奋的种猪，可注射适量氯丙嗪等镇静剂。

4. 快速平稳

长途运输的运猪车应尽量行驶高速公路，避免堵车，每辆车应配备两名驾驶员交替开车，行驶过程中应尽量避免急刹车；途中应注意选择没有停放其他运载动物车辆的地点就餐，决不能与其他装运猪的车辆一起停放；大量运输时最好能准备一辆备用车，以免运输途中出现故障，停留时间太长而造成不必要的损失。

5. 环境适宜

冬季要注意保暖，夏天要重视降温防暑，尽量避免在酷暑期装运种猪，夏天运种猪应避免在炎热的中午装猪，可在早晨和傍晚装运；途中应注意经常供给充足的饮水，有条件时可准备西瓜供种猪采食，防止种猪中暑，并寻找可靠的水源为种猪淋水降温，一般日淋水 3～6 次。

运猪车辆应备有帆布，若遇到烈日或暴雨时，应将帆布遮盖在车顶上面，防止烈日直射和暴风雨袭击种猪，车厢两边的帆布应挂起，以便通风散热；冬季帆布应挂在车厢前上方以便挡风取暖。

6. 适当补液

长途运输时可先配制一些电解质溶液，用时加上奶粉，在路上供种猪饮用。运输途中要适时停车，检查有无病猪。随车应准备一些必要的工具和药品，如绳子、铁丝、钳子、抗生素、镇痛退热以及镇静剂等。

7. 经常检查

经常注意观察猪群，如出现呼吸急促、体温升高等异常情况，应及时采取有效的措施，可注射抗生素和镇痛退热针剂，并用温度较低的清水冲洗猪身降温，必要时可采用耳尖放血疗法。

（四）种猪到场后的管理

1. 隔离

新引进的种猪，应先饲养在隔离舍，而不能直接转入猪场生产区，因为这样做极可能带来新的疾病，或者由不同菌株引发相同的疾病。

2. 分群

种猪到达目的地后，立即对卸猪台、车辆、猪体及卸车周围地面进行消毒，然后将种猪卸下，按大小、公母进行分群饲养，有损伤、脱肛等情况的种猪应立即隔开单栏饲养，并及时治疗处理。

3. 饮水

先给种猪提供饮水，休息 6～12 小时方可供给少量饲料，第 2 天开始可逐渐增加饲喂量，5 天后才能恢复正常饲喂量。种猪到场后的前二周，由于疲劳加上环境的变化，机体对疫病的抵抗力会降低，饲养管理上应注意尽量减少应激，可在饲料中添加抗生素（可用泰妙菌素 50 毫克/千克，金霉素 150 毫克/千克）和多种维生素，使种猪尽快恢复正常状态。

4. 检疫

种猪到场后必须在隔离舍隔离饲养 30～45 天，严格检疫，特别是对布氏杆菌病、伪狂犬等疫病要特别重视，必须采血经有关兽医检疫部门检测，确认为没有细菌感染阳性和病毒野毒感染，并检测猪瘟、口蹄疫等抗体情况。

5. 免疫

种猪到场一周开始，应按本场的免疫程序接种猪瘟等各类疫苗，7 月龄的后备猪在此期间可做一些可引起繁殖障碍疾病的防疫注射，如注射细小病毒苗、乙型脑炎疫苗等。

6. 驱虫

种猪在隔离期内，接种各种疫苗后，应进行一次全面驱虫，可使用多拉菌素（如辉瑞的通灭）或长效伊维菌素等广谱驱虫剂按 33 千克体重 1 毫克的剂量皮下注射进行驱虫，以使其能充分发挥生长潜能。

7. 合群

隔离期结束后，对该批种猪进行体表消毒，再转入生产区投入生产。

第四章

<<<<<<

猪的饲料和营养

核心提示

根据不同阶段猪的生理和消化特点科学设计日粮配方，选择优质的、无污染的饲料原料，正确运用饲料添加剂，满足猪对能量、蛋白质（特别是氨基酸）、纤维素、维生素、矿物质以及水等营养素的需要，保证猪体健康，最大限度发挥猪的生产潜力。

第一节　猪的营养需要

猪的生存、生长和繁衍后代等生命活动都离不开营养物质。营养物质必须从外界饲料中摄取。饲料中凡能被猪用来维持生命、生产产品、繁衍后代的物质，均称为营养物质，简称为营养素。饲料中含有各种各样的营养素，不同的营养素具有不同的营养作用。不同类型、不同阶段、不同生产水平的猪对营养素的需求也是不同的。

一、猪需要的营养物质

（一）蛋白质

蛋白质主要由碳、氢、氧、氮四种元素组成。此外，有的蛋白质尚含有硫、磷、铁、铜和碘等。动物体内所含的氮元素绝大部分存在于蛋白质中，不同蛋白质的含氮量虽有所差异，但皆接近于16%。

蛋白质是动物体内胶质状态的含氮有机物，是构成猪体组织、各种产品的重要营养物质之一，是组成生命活动所必需的各种酶、激素、抗体以及其他许多生命活性物质的原料。机体只有借助于这些物质，才能调节体内的新陈代谢并维持其正常的生理机能。同时，也可以在体内分解提供能量。

由于蛋白质具有上述营养作用，所以日粮中缺乏蛋白质，不但影响猪的生长发育和健康，而且会降低猪的生产力和畜产品的品质，如体重减轻、生长停滞、产仔率低和初生重低以及断奶重小等。但日粮中蛋白质也不应过多。日粮中蛋白质量过多，不仅造成浪费，而且长期饲喂将引起机体代谢紊乱以及蛋白质中毒，从而使得肝和肾由于负担过重而遭受损伤。因此，根据猪的不同生理状态及生产力制定合理的饲粮蛋白质水平是保证猪体健康、提高饲料利用率、降低生产成本、提高生产力的重要环节。

1. 蛋白质中的氨基酸

蛋白质是由氨基酸组成的，蛋白质营养实质上是氨基酸营养，所以其营养价值取决于氨基酸的组成，其品质的优劣主要通过氨基酸的数量与比例来衡量。氨基酸在营养上分为必需氨基酸和非必需氨基酸。氨基酸的组成越和猪体内整个代谢相适应，品质越好。具体说，就是蛋白质中必需氨基酸的含量以及比例是否平衡，平衡性越好，品质越高。

凡是猪体内不能合成或合成数量不能满足需要，必须由饲料供应的氨基酸，叫必需氨基酸。猪的必须氨基酸主要有赖氨酸、苏氨酸、缬氨酸、组氨酸、苯丙氨酸、异亮氨酸、亮氨酸、蛋氨酸、色氨酸、精氨酸；凡是猪体内合成较多或需要较少，不需由饲料来供给，也能保证猪正常生长的氨基酸，即必需氨基酸以外的均为非必需氨基酸。猪的非必需氨基酸主要有甘氨酸、丙氨酸、甘氨酸、丝氨酸、谷氨酸、天冬氨酸、脯氨酸、胱氨酸、半胱氨酸、脯氨酸、羟脯氨酸。

必需氨基酸是重要的氨基酸，但是，尽管必需氨基酸的数量和比例都合适，如果非必需氨基酸含量不足，猪的生长同样受阻。非必需氨基酸和必需氨基酸之间的比例一般为45％和55％。

饲料中适当添加一些赖氨酸、蛋氨酸，就能把原来饲料中未被利用的氨基酸充分利用起来。因而，赖氨酸和蛋氨酸受到特别重视。赖氨酸是动物体内不能自行合成的氨基酸，生长猪特别需要赖氨酸，生长速度越快，生长强度越高，需要的赖氨酸也越多。一般把赖氨酸叫做“生长性氨基酸”，猪只能利用L-赖氨酸；蛋氨酸在猪体内的作用是多方面的，猪体内80多种反应都需蛋氨酸参与，故可称蛋氨酸为“生命性氨基酸”。鱼粉之所以营养价值高，就是因为其中的蛋氨酸、赖氨酸含量高，相比之下，植物蛋白中的相应含量则少得多。因此，我国多用的植物蛋白饲料，如能添加适量的赖氨酸及蛋氨酸，则可大为提高蛋白质的营养价值。

2. 动植物饲料中的氨基酸

动植物饲料由于种类不同，所含氨基酸在数量和种类上均有显著差别。一般来说，动物性蛋白质所含的必需氨基酸全面且比例适当，因而品质较好；谷类及其他植物性蛋白质所含的必需氨基酸不全面，量也较少，因而品质较差。如果饲粮中缺少某一种或几种必需氨基酸，特别是赖氨酸、蛋氨酸及色氨酸，则可造成生长停滞，体重下降，而且还能影响整体日粮的消化和利用效果；玉米蛋白质中赖氨酸和色氨酸的含量很低，营养价值较差。近来美国科学家发现了改变玉米蛋白质量和影响玉米蛋白中氨基酸含量的两个突变基因，从而育成了蛋白质含量高达14%、赖氨酸0.45%的玉米新品种，这为开辟蛋白质饲料来源创造了条件。

试验证明：蛋白质的全价性不仅表现在必需氨基酸的种类齐全方面，其含量的比例也要恰当，也就是氨基酸在饲料中必须保持平衡性，这样才能充分发挥其营养作用。

3. 氨基酸的互补作用

畜禽体蛋白的合成和增长、旧组织的修补和恢复，酶类和激素的分泌等均需要有各种各样的氨基酸，但饲料蛋白质中的必需氨基酸，由于饲料种类的不同，其含量有很大差异。例如，谷类蛋白质含赖氨酸较少，而含色氨酸则较多；有些豆类蛋白质含赖氨酸较多，而色氨酸含量又较少。如果在配合饲料时，把这两种饲料混合应用，即可取长补短，提高其营养价值。这种作用就叫做氨基酸的互补作用。

根据氨基酸在饲粮中存在的互补作用，则可在实际饲养中有目的地选择适当的饲料，进行合理搭配，使饲料中的氨基酸能起到互补作用，以改善蛋白质的营养价值，提高其利用率。

4. 影响饲料蛋白质营养作用的因素

(1) 日粮中蛋白质水平　日粮中蛋白质水平即蛋白质在日粮中占有的数量，若过多或缺乏均会造成危害，这里着重从蛋白质的利用率方面加以说明。蛋白质数量过多不仅不能增加体内氮的沉积，反而会使尿中分解不完全的含氮物数量增多，从而导致蛋白质利用率下降，造成饲料浪费；反之，日粮中蛋白质含量过低，也会影响日粮消化率，造成机体代谢失调，严重影响猪的生产力发挥。因此，只有维持合理的蛋白质水平，才能提高蛋白质利用率。

(2) 日粮中蛋白质的品质　蛋白质的品质是由组成它的氨基酸种类与数量决定的。凡含必需氨基酸的种类全、数量多的蛋白质，其全价性高，品质也好，则称其为完全价值蛋白质；反之，全价性低，品质差，则称其为不完全价值蛋白质。若日粮中蛋白质的品质好，则其利用率高，且可节省蛋白质的喂量。蛋白质的营养价值，可根据可消化蛋白质在体内的利用率作为评定指标，也就是蛋白质的生物学价值，实质是氨基酸的平衡利用问题，因为体内利用可消化蛋白质合成体蛋白的程度，与氨基酸的比例是否平衡有着直接的关系。

必需氨基酸与非必需氨基酸的配比问题，也与提高蛋白质在体内的利用率有关。首先要保证氨基酸不充作能源，主要用于氮代谢；其次要保证足够的非必需氨基酸，防止必需氨基酸转移到非必需氨基酸的代谢途径。近年来，通过对氨基酸营养价值研究的进展，使得蛋白质在日粮中的数量趋于降低，但这实际上已满足了猪体内蛋白质代谢过程中对氨基酸的需要，提高了蛋白质的生物学价值，因而节省了蛋白质饲料。在饲养实践中规定配合日粮饲料应多样化，使日粮中含有的氨基酸种类增多，产生互补作用，以达到提高蛋白质生物学价值的目的。

(3) 氨基酸的有效性　氨基酸的含量常以氨基酸占饲粮或蛋白质的百分比表示。饲料中的氨基酸不仅种类、数量不同，其有效性也有很大的差异。有效性是指饲料中氨基酸被猪体利用的程度，利用程度越高，有效性越好，现在一般使用可利用氨基酸来表示。可利用氨基酸（或可消化氨基酸、有效氨基酸）是指饲粮中可被动物消化吸收的氨基酸。各饲料的氨基酸平均消化率为75%。蛋氨酸消化率高于80%。同一种氨基酸在不同饲料中的消化率也有很大差异，使用不同的饲料原料，如用豆粕和杂粕，配成氨基酸含量完全相同的饲粮，其饲养效果会有较大的差异，这就是可利用氨基酸含量不同引起的结果，在生产中具有重要意义。如果生产中能根据饲料的可利用氨基酸进行日粮配合，可以更好地满足猪对氨基酸的需要。

（4）日粮中各种营养物质的关系　日粮中的各种营养素都是彼此联系、互相制约的。近年来在动物饲养实践活动中，人们越来越注意到日粮中能量蛋白质比例的问题。经消化吸收的蛋白质，在正常情况下有70％～80％被用来合成机体组织，另有20％～30％的蛋白质在体内分解，放出能量，其中分解的产物随尿排出体外。但当日粮中能量不足时，体内蛋白质分解加剧，用以满足家禽对能量的需求，从而降低了蛋白质的生物学价值。因此，在饲养实践中应供给足够的能量，避免价值高的蛋白质被作为能量利用。

另外，当日粮能量浓度降低时，畜禽为了满足对能量的需要势必增加采食量，如果日粮中蛋白质的百分比不变，则会造成日粮浪费；反之，日粮能量浓度增高，采食量减少，则蛋白质的进食量相应减少，这将造成畜禽生产力下降。因此，日粮中能量与蛋白质含量应有一定的比例，“能量蛋白比”恰是表示此关系的指标。

（5）饲料的调制方法　豆类和生豆饼中含有胰蛋白酶抑制素，其可影响蛋白质的消化吸收，但经加热处理破坏抑制素后，则会提高蛋白利用率。应注意的是加热时间不宜过长，否则会使蛋白质变性，反而降低蛋白质的营养价值。

（6）合理利用蛋白质养分的时间因素　在猪体内合成一种蛋白质时，需同时供给数量充足、比例合适的各种氨基酸。因而，如果因饲喂时间不同而不能同时达到体组织时，必将导致先到者已被分解，后至者失去作用，结果氨基酸的配套和平衡失常，影响利用。

5. 蛋白质的消化吸收和代谢

猪摄入的蛋白质进入消化道后，经胃蛋白酶、十二指肠胰蛋白酶和糜蛋白酶的作用，蛋白质降解为多肽。小肠中多肽在羧基肽酶和氨基肽酶作用下变为游离氨基酸和寡肽。寡肽能被吸收入肠黏膜，经二肽酶水解为氨基酸。由小肠吸收的游离氨基酸通过血液进入肝。猪小肠可将短肽直接吸收入血液，而且这些短肽的吸收率比游离的氨基酸还高，其顺序为三肽＞二肽＞游离氨基酸。肽在黏膜细胞内也被分解为氨基酸。新生仔猪可以吸收母乳中少量完整蛋白质，如能直接吸收免疫球蛋白，所以给新生仔猪吃上初乳并获得抗体是非常重要的。

（二）能量

猪的生存、生长和生产等一切生命活动都离不开能量。能量不足或过多，都会影响猪的生产性能和健康状况。饲料中的有机物——蛋白质、脂肪和碳水化合物都含有能量，但主要来源于饲料中的碳水化合物、脂肪。饲料中各种营养物质的热能总值称为饲料总能。饲料总能减去粪能为消化能。猪饲料中的能量都以消化能（DE）来表示，其表示方式是兆焦/千克或千焦/千克。

能量在猪体内的转化过程见图 4-1。

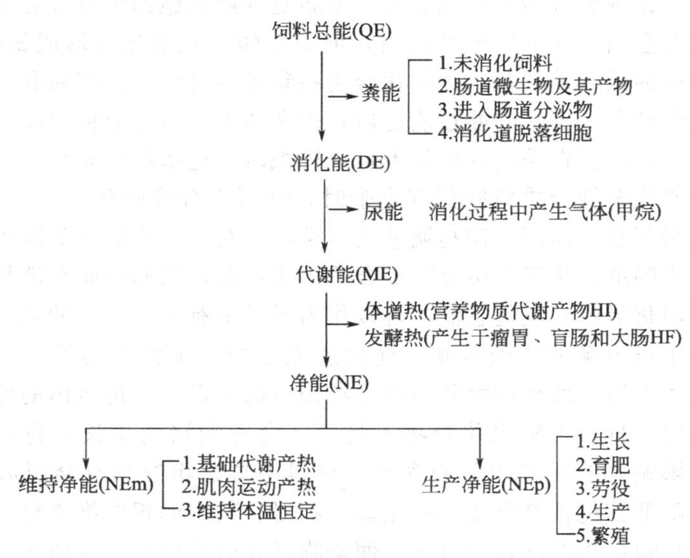

图 4-1　能量在猪体内的转化过程

1. 碳水化合物

碳水化合物包括糖、淀粉、纤维素、半纤维素、木质素、果胶、黏多糖等物质。饲料中的碳水化合物除少量的葡萄糖和果糖外，大多数以多糖形式的淀粉、纤维素和半纤维素存在。

淀粉主要存在于植物的块根、块茎及谷物类籽实中，其含量可高达 80％以上。在木质化程度很高的茎叶、稻壳中可溶性碳水化合物的含量则很低。淀粉在动物消化道内，在淀粉酶、麦芽糖酶等水解酶的作用下水解为葡萄糖而被吸收。

纤维素、半纤维素和木质素存在于植物的细胞壁中，一般情况下，不容易被猪所消化。因此，猪饲料中纤维素含量不可过高。如果饲料中纤维素含量过少，也会影响胃、肠的蠕动和营养物质的消化吸收。

碳水化合物的营养作用表现方式：一是猪体内能量的主要来源。正常情况下，碳水化合物的主要作用是在动物体内氧化供能。碳水化合物的产热量虽然低于同等重量的脂肪，但因植物性饲料富含碳水化合物，所以猪主要依靠它氧化供能来满足生理上的需要。二是猪体组织的构成物质，碳水化合物普遍存在于猪体各组织中。例如，核糖和脱氧核糖是细胞核酸的组成成分，糖脂是神经细胞的组成成分等。许多糖类与蛋白质化合形成糖蛋白，低级核酸与氨基化合形成氨基酸。三是猪体内的营养储备。碳水化合物在猪体内可转变为糖原和脂肪以作为营养储备。当猪的能量满足后，多余的葡萄糖合成糖原储存在肝和肌肉中，以便在采食的能量不足或饥饿时迅速水解补充能量；当采食的碳水化合物合成糖原仍有剩余时，则用以合成脂肪储存于体内，以备能量不足时动用；四是调整肠道菌群。对于一些寡糖类碳水化合物，由于肠道消化酶系中没有其合适的水解酶，因而不能在消化道中被水解消化吸收。但是它们却可以作为肠道中有益微生物的能源，不仅有利于益生菌的生长繁殖，同时还能阻断有害菌在黏膜细胞的吸附，从而可以有效地调解肠道微生物菌群的平衡，促进机体的健康。

所以，日粮中碳水化合物不足时，会影响猪的生长发育；过多时，会影响其他营养物质的含量。饲料中缺乏粗纤维时会引起猪便秘，并降低其他营养物质的消化率。猪对日粮中的粗纤维消化吸收能力差。日粮中粗纤维含量过多，便会降低其营养价值。一般来说，在猪的日粮中，粗纤维含量不宜超过8%。

2. 脂肪

饲料中能被有机溶剂（醚、苯等）浸出的物质称为粗脂肪，包括真脂和类脂（如固醇、磷脂等）。各种饲料中都含有粗脂肪，豆科饲料含脂量高，禾本科饲料含脂量低。饲料中一般均含有脂肪约5%，脂肪含热能高，其热能是碳水化合物或蛋白质的2.25倍。由于饲料中的脂肪可被小肠壁直接吸收沉积于猪体脂肪组织中变为脂肪，所以饲料脂肪在体内转化为体脂肪比碳水化合物及蛋白质容易得多，而且转化的效率也较高。由于饲料中不饱和脂肪被吸收直接转化为体脂肪，故猪体含不饱和脂肪酸较多，脂肪品质较软。

脂肪的营养作用表现：一是脂类是动物体组织的重要组成成分。神经、肌肉、骨骼、血液均含有脂肪，主要有卵磷脂、脑磷脂和胆固醇。细胞膜由蛋白质和脂肪按一定比例组成。与体内储存脂肪不同，细胞脂肪不受食入饲料脂肪的影响。脂肪是形成新组织及修补旧组织所不可缺少的物质。二是脂类是动物体供能、储能的最好形式。脂肪含能量为碳水化合物的 2.25 倍，储于皮下、肠系膜及肾周围等处。三是作为脂溶性营养素的溶剂。脂肪是脂溶性维生素的携带者，脂溶性的维生素 A、维生素 D、维生素 E、维生素 K 必须以脂肪作溶剂在体内运输，若日粮中缺乏脂肪时，则影响这一类维生素的吸收和利用，容易导致猪体脂溶性维生素缺乏症。同时脂肪也是动物体合成维生素和激素的原料，如固醇既是合成维生素 D_2 与维生素 D_3 的原料，同时又是合成多种激素的原料。四是脂肪为动物提供必需脂肪酸（EFA）。在机体代谢活动中，机体所需的特殊的多聚不饱和脂肪酸必须由日粮提供，它们是合成前列腺素和磷脂所必需的成分。虽然机体本身有一定的对脂肪酸进行转化的能力，但这种能力是有限的，不能满足机体需求，所以必须由饲料提供。这些脂肪酸被称作必需脂肪酸。十八碳二烯酸、十八碳三烯酸及二十碳四烯酸是幼畜的必需脂肪酸，需由饲料供给。各种牧草和许多植物油（如豆油、亚麻籽油等）均含有这些脂肪酸；五是脂肪是动物产品的成分。瘦肉、猪乳等均含有一定数量的脂肪，这些脂肪可由饲粮中的脂肪转化而来。碳水化合物和蛋白质均可经转化合成动物体脂肪，但由于植物脂肪和动物脂肪都是甘油三酯，植物饲料的脂肪在畜体内转化为动物体脂肪的过程中损失少、效率高。

饲料脂肪性质直接影响猪体脂肪品质。因此，猪育肥期间应少喂脂肪含量高的饲料，多喂富含淀粉的饲料，既可保证猪肉品质，又可降低饲养成本。脂肪含有很高的能量，是碳水化合物的 2.25 倍，将脂肪添加到饲料中不仅可以减少粉尘，改善适口性，而且也能延长食糜通过消化道的时间，提高饲料利用率，改善饲料的营养价值。在仔猪日粮中添加脂肪，可提高日增重 10%～14%，提高饲料报酬 8%～10%；在母猪日粮中添加脂肪，可使仔猪初生重提高 10%～12%，仔猪哺育期成活数增加 1.5～2 头。在添加脂肪时，要同时增加矿物质（如钙、磷）及脂溶性维生素的添加量，还要特别注意脂肪及高油脂饲料的稳定性和适口性，防止因脂肪氧化导致饲料变质而影响猪的生产性能。

3. 蛋白质

当体内碳水化合物和脂肪不足时，多余的蛋白质可在体内分解、氧化供能，以补充热量的不足。过度饥饿时体蛋白也可能供能。猪体内多余的蛋白质可经脱氨基作用，将不含氮部分转化为脂肪或糖原，储备起来，以备营养不足时供能。但蛋白质供能不仅不经济，而且容易加重机体的代谢负担。

猪对能量的需要包括本身的代谢维持需要和生产需要。影响能量需要的因素很多，如环境温度、猪的类型、品种、不同生长阶段及生理状况和生产水平等。日粮的能量值在一定范围，猪的采食量多少可由日粮的能量值而定，所以饲料中不仅要有一个适宜的能量值，而且与其他营养物质的比例要合理，使猪摄入的能量与各营养素之间保持平衡，提高饲料的利用率和饲养效果。

（三）矿物质

矿物质元素是动物营养素中的一大类无机营养素，它是组成猪体的重要成分之一。矿物质元素在体内具有调节血液和其他液体的浓度、酸碱度及渗透压，保持平衡，促进消化机能、肌肉活动和内分泌活动的作用（表 4-1）。猪需要的矿物质元素有钙、磷、钠、钾、氯、镁、硫、铁、铜、钴、碘、锰、锌、硒等，其中前 7 种是常量元素（占体重 0.01%以上），后几种是微量元素。饲料中矿物质元素含量过多或缺乏都可能产生不良的后果。

表 4-1 矿物质元素的种类及功能

名称	功能	缺乏或过量危害	备注
钙、磷	钙、磷是猪体内含量最多的元素，主要构成骨骼和牙齿，是生长需要的元素，此外还对维持神经、肌肉等正常生理活动起重要作用	缺乏会导致猪食欲减退，体质消瘦，异食癖；幼猪出现佝偻病；妊娠母猪死胎、畸形和弱仔多；泌乳母猪泌乳减少，跛行和奶瘫。公猪缺钙、磷时，精子发育不正常，影响配种工作。过量的钙能与磷相结合，形成不易溶解的三磷酸钙，猪不能吸收	日粮中谷物和麸皮比例大，这些饲料中磷多于钙，猪日粮钙比磷容易缺乏，给猪补充钙更迫切；日粮中的钙与磷应当保持适当的比例。一般猪日粮中钙、磷比例为（1.1～1.5）∶1。一般说来，青绿多汁饲料中含钙、磷较多，且比例合适。谷物与糠麸中所含的磷，有半数或半数以上是猪不能利用的植酸磷，以精饲料为主的日粮，补加含有钙和磷的骨粉或磷酸氢钙，补加量一般可按混合精料的 1%来搭配

续表

名称	功能	缺乏或过量危害	备　注
氯、钠、钾	对维持机体渗透压、酸碱平衡与水的代谢有重要作用。食盐既是营养物质又是调味剂。它能增进猪的食欲，促进消化，提高饲料利用率，是猪不可缺少的矿物质饲料	缺钠会使猪对养分的利用率下降，且影响母猪的繁殖；缺氯则导致猪生长受阻。钾缺乏时，肌肉弹性和收缩力降低，肠道膨胀。在热应激条件下，易发生低血钾症	一般食盐以占日粮精料的0.3%～0.5%来供应。如果用含盐多的饲料，如泔水、酱油渣与咸鱼粉来喂猪，则日粮中的食盐量必须减少，甚至不喂，以免引起食盐中毒。食盐过量可导致中毒，一次喂入125～250克食盐，就会发生中毒死亡
镁	镁是构成骨质所必需的元素，是酶的激活剂，有抑制神经兴奋性等功能。它与钙、磷和碳水化合物的代谢有密切关系	镁缺乏时，猪肌肉痉挛，神经过敏，不愿站立，平衡失调，抽搐、突然死亡。中毒剂量尚不清楚	猪对镁的需要量较低，占日粮0.03%～0.04%即可。奶中含有镁，可供哺乳仔猪的需要；生长猪对镁的需要不高于幼猪。谷实和饼粕中镁利用率为50%～60%
铁	铁为形成血红蛋白、肌红蛋白等所必需的元素。猪体内65%的铁存在于血液中，它与血液中氧的运输、细胞内的生物氧化过程关系密切	缺铁可造成营养性贫血症，其表现是生长减慢，精神不振，背毛粗糙，皮肤多皱及黏膜苍白。典型症状是由于横膈肌活动微弱或痉挛性抽搐而引起膈痉挛。尸体剖检可发现脏大，脂肪肝，血液稀薄，腹水，明显的心脏扩张，脾大而硬等	青饲料中含铁较多，经常饲喂青饲料的猪不缺铁。猪乳中含铁很少，因此，以吃奶为主的哺乳仔猪，又是在水泥地面的圈内，既不喂青饲料，又不接触土壤，最容易患贫血症。贫血影响生长发育，甚至造成死亡。在猪饲料中，补充硫酸亚铁有防止缺铁功效
铜	铜虽不是血红素的组成成分，但它在血红素红细胞的形成过程中起催化作用。铜还与骨骼发育、中枢神经系统的正常代谢有关，也是机体内各种酶的组成成分与活化剂	缺铜也可发生贫血，表现骨端畸形，腿弯曲，跛行，心血管异常，神经障碍，生长受阻，甚至发生妊娠反常和流产。 含铜过多会造成生长缓慢，血红素含量低，黄疸与死亡	猪对铜的需要量不大，一般饲料均可满足。在猪日粮中补加适当高铜（120～200毫克/千克），具有促进生长作用，可提高日增重与饲料利用率。猪越小，高铜的促生长的作用越显著。采用高铜日粮喂猪，必须相应提高日粮中铁与锌的含量，以降低铜的毒性，同时还要防止钙的含量过多

续表

名称	功能	缺乏或过量危害	备注
锌	锌是猪体多种代谢所必需的营养物质，参与维持上皮细胞和被毛的正常形态、生长和健康以及维持激素的正常作用	缺锌使皮肤抵抗力下降，发生表皮粗糙、皮屑多，结痂，脱毛，食欲减退，日增重下降，饲料利用率降低。母猪则产仔数减少，仔猪初生重下降，泌乳量减少等	生长猪的需要量为50毫克/千克左右，妊娠母猪为55毫克/千克左右。如果日粮中钙过多，会影响锌的吸收，就会提高锌的需要量。养猪生产中，常用硫酸锌来补锌，效果明显
锰	锰是几种重要生物催化剂（酶系）的组成部分，与激素关系十分密切。对发情、排卵、胚胎、乳房及骨骼发育、泌乳及生长都有影响	缺锰导致骨骼变形，四肢弯曲和缩短，关节肿胀式跛行，生长缓慢等；摄入量过多，会影响钙、磷的利用率，引起贫血	需要量一般为20毫克/千克。如果钙、磷含量多，锰的需要量就要增加。常用硫酸锰来补充锰
碘	碘是合成甲状腺素的主要成分，对营养物质代谢起调节作用	妊娠母猪日粮中缺碘，所产仔猪颈大（甲状腺肿大），无毛与少毛，皮肤粗厚并有黏液性水肿。大多数仔猪出生时尚存活，甚至体重大于健康猪，可是身体虚弱，经常在出生后几天内陆续死亡，成活率较低	正常需要量，一般为0.14～0.35毫克/千克。向日粮中补加0.2毫克/千克就能满足需要。碘的缺乏有地区性，缺碘地区可向食盐内补加碘化钾。如用含碘化钾0.07%的食盐，则在日粮中加入0.5%食盐，即可满足需要
硒	硒是猪生命活动必需的元素之一。硒的作用与维生素E的作用相似。补硒可降低猪对维生素E的需要量，并减轻因维生素E的缺乏给猪带来的损害	缺硒的饲料喂猪，容易发生缺硒症。观察到肝坏死，肌肉营养不良及白肌病；母猪缺硒时，发情不规律或不发情，受胎率低，胚胎易被吸收或中途死亡、产弱仔等。给母猪补硒，对提高母猪繁殖力与仔猪成活率有好处；种公猪缺硒睾丸退化，性欲下降，影响配种	硒与维生素的代谢关系密切，当同时缺乏维生素E和硒时，缺硒症会很快表现出来；硒不足，但维生素E充足，猪的缺硒症则不容易表现出来。白肌病的防治：仔猪生后1周内肌内注射0.1%亚硒酸钠溶液，治疗量加倍，也可在产前1个月给妊娠母猪肌内注射5毫升。如果在日粮中添加硒进行预防，一般为0.3毫克/千克。试验证明，给生长猪喂亚硒酸钠，日粮中含硒量高达5毫克/千克，也不会中毒

（四）维生素

维生素是一组化学结构不同，营养作用、生理功能各异的低分子有机化合物，生物作用很大，主要以辅酶和催化剂的形式广泛参与体内代谢的多种化学作用，从而保证机体组织器官的细胞结构功能正常，调控物质代谢，以维持猪体的健康和各种生产活动。缺乏可影响正常的代谢，出现代谢紊乱，危害猪体健康和正常生产。维生素可分为两类：一类是脂溶性维生素，包括维生素 A、维生素 D、维生素 E 及维生素 K 等，另一类维生素是水溶性维生素，主要包括维生素 B 族和维生素 C，其功能见表 4-2。

表 4-2　常见的维生素及其功能

名称	主要功能	缺乏症状	备注
维生素 A	维持呼吸道、消化道、生殖道上皮细胞或黏膜的结构完整与健全，增强机体对环境的适应力和对疾病的抵抗力	缺乏时食欲减退，发生夜盲症。仔猪生长停滞，眼睑肿胀，皮毛干枯，易患肺炎；母猪不发情或发情微弱，容易流产，生死胎与无眼球仔猪，公猪性欲不强，精液品质不良等	需要量为 1300～4000 国际单位/千克日粮，但考虑转化效率、日粮脂肪含量、水分以及促生长、免疫和提高繁殖性能等因素，一般添加量为需要量的 2～10 倍。青绿多汁饲料含有大量胡萝卜素（维生素 A 原），在猪的肝、小肠及乳腺中转化为维生素 A，供机体利用。必要时，可补充维生素添加剂或鱼肝油
维生素 D（国际单位、毫克/千克）	降低肠道 pH 值，从而促进钙、磷的吸收，保证骨骼正常发育	缺乏维生素 D 影响钙、磷的吸收，其缺乏症如同钙、磷缺乏症。饲料内钙、磷含量充足，比例也合适，如果维生素 D 不足，会影响钙、磷的吸收与利用。维生素 D 充分，钙、磷比例达 6.5∶1 都不会影响钙、磷的吸收	需要量为每千克日粮 150～220 国际单位，但考虑各种因素，添加量为需要量的 10～20 倍；鱼肝油等动物性饲料内含量较多；青干草内含麦角固醇，在紫外线照射下转变为维生素 D_2。皮肤中的 7-脱氢胆固醇，在紫外线照射下转变为维生素 D_3。经常喂绿色干草粉或让猪多晒太阳，就不会发生维生素 D 的缺乏症。舍内饲养需补充维生素添加剂或鱼肝油
维生素 E（国际单位、毫克/千克）	是一种抗氧化剂和代谢调节剂，与硒和胱氨酸有协同作用，对消化道和体组织中的维生素 A 有保护作用，能促进猪的生长发育和繁殖率提高	缺乏时公猪射精量少，精子活力大大下降，严重时睾丸萎缩退化，不产生精子；母猪受胎率下降，受胎后胚胎易被吸收或中途流产，或产死胎；幼猪发生白肌病，严重时突然死亡	妊娠母猪和哺乳母猪日粮需要量为 40～60 国际单位/千克，仔猪和生长肥育猪为 11～15 国际单位/千克。考虑到日粮、应激、免疫和生长性能等因素，添加量为 60～100 国际单位/千克，育肥猪增加至 200 国际单位/千克；青绿饲料、麦芽、种子的胚芽与棉籽油内含有较丰富的维生素 E。猪处于逆境时需要量增加

续表

名称	主要功能	缺乏症状	备注
维生素K	催化合成凝血酶原，具有活性的是维生素K_1、维生素K_2和维生素K_3	缺乏时会造成凝血时间过长，血尿与呼吸异常，仔猪会发生全身性皮下出血	绿色植物（如苜蓿、菠菜等）含维生素K较多，动物的肝内含量也不少
维生素B_1（硫胺素）	参与碳水化合物的代谢，维持神经组织和心肌正常，提高胃肠消化机能	缺乏时食欲减退，胃肠机能紊乱，心肌萎缩或坏死，神经发生炎症、疼痛、痉挛等	糠麸、青饲料、胚芽、草粉、豆类、发酵饲料、酵母粉、硫胺素制剂中含量较高
维生素B_2（核黄素）	对体内氧化还原、调节细胞呼吸、维持胚胎正常发育及雏猪的生活力起重要作用	缺乏时食欲不振，生长停止，皮毛粗糙，有时有皮屑、溃疡及脂肪溢出的现象，眼角分泌物增多；母猪怀孕期缩短，胚胎早期死亡，泌乳力下降；公猪睾丸萎缩。有时会出现所产仔猪全部死亡，或产后数小时死亡的现象	20～50千克的生长肥育猪日粮需要量为2.5毫克/千克，50～120千克阶段为2毫克/千克；存在于青饲料、干草粉、酵母、鱼粉、糠麸、小麦等饲料中，有核黄素制剂；当猪舍寒冷时，猪的核黄素需要量会增加
维生素B_3（泛酸）	是辅酶A的组成成分，与碳水化合物、脂肪和蛋白质的代谢有关	缺乏时运动失调，四肢僵硬，鹅步，脱毛等。怀孕母猪发生胚胎夭折或吸收，严重时母猪几乎不能繁殖	存在于酵母、糠麸、小麦；长期喂熟料，易患泛酸缺乏症，采用生饲料喂猪，并在日粮中搭配豆科青草、糠麸、花生饼等含泛酸多的饲料
维生素B_5（烟酸或尼克酸）	某些酶类的重要成分，与碳水化合物、脂肪和蛋白质的代谢有关	缺乏时皮肤脱落性皮炎，食欲下降或消失，下痢，后肢肌肉麻痹，唇舌有溃疡病变，贫血，大肠有溃疡病变，体重减轻，呕吐等	需要量为每千克日粮7～20毫克。酵母、豆类、糠麸、青饲料、鱼粉中含量较高；有烟酸制剂
维生素B_6（吡哆醇）	是蛋白质代谢的一种辅酶，参与碳水化合物和脂肪代谢，在色氨酸转变为烟酸和脂肪酸过程中起重要作用	缺乏时食欲减退，生长慢；严重缺乏时，眼周围出现褐色渗出液，抽搐、共济失调、昏迷和死亡	禾谷类籽实及加工副产品中含量较高

续表

名称	主要功能	缺乏症状	备注
维生素H(生物素)	以辅酶形式广泛参与各种有机物的代谢	缺乏时过度脱毛、皮肤溃烂和皮炎，眼周渗出液，嘴黏膜炎症，蹄横裂，脚垫裂缝并出血	每千克日粮需要量，仔猪及生长猪0.05～0.08毫克，种猪0.2毫克。规模化生产建议种猪提高到0.3毫克；存在于鱼肝油、酵母、青饲料、鱼粉、糠；饲养在漏缝地板圈内的猪可适当补充生物素
胆碱	胆碱是构成卵磷脂的成分，参与脂肪和蛋白质代谢；蛋氨酸等合成时所需的甲基来源	缺乏时幼猪表现为增重减慢、发育不良、被毛粗糙、贫血、虚弱、共济失调、步态不平衡和蹒跚、关节松弛和脂肪肝；母猪繁殖机能和泌乳下降，仔猪成活率低，断乳体重小	小麦胚芽、鱼粉、豆饼、甘蓝中含量较高；有氯化胆碱制剂
维生素B_{11}(叶酸)	以辅酶形式参与嘌呤、嘧啶、胆碱合成和某些氨基酸的代谢	缺乏时出现贫血和白细胞减少，繁殖和泌乳紊乱。一般情况下不易缺乏	繁殖母猪需要量为每千克日粮1.3毫克，仔猪和肥育猪为0.3毫克；青饲料、酵母、大豆饼、麸皮、小麦胚芽中含量较高
维生素B_{12}(钴胺素)	以钴酰胺辅酶形式参与各种代谢活动；有助于提高造血机能和日粮蛋白质的利用率	缺乏时出现贫血，骨髓增生，肝和甲状腺增大，在母猪易引起流产、胚胎异常和产仔数减少	动物肝、鱼粉、肉粉、猪舍内的垫草均有较多量维生素B_{12}
维生素C(抗坏血酸)	具有可逆的氧化和还原性，广泛参与机体的多种生化反应；能刺激肾上腺皮质合成；促进肠道内铁的吸收，使叶酸还原成四氢叶酸	缺乏时易患坏血病，生长停滞，体重减轻，关节变软，身体各部出血、贫血，适应性和抗病力降低	可给予青饲料、维生素C添加剂补充维生素C，能提高抗热应激和逆境的能力

（五）水

水是猪生活和生长发育必需的营养素，对体内正常物质代谢有特殊作用。水不仅是猪体的主要成分，而且也是各种营养物质的溶剂，并对调节体温有重要作用。生产中人们容易忽视水的营养作用，缺水比其他养分不足对猪的危害更大。如果水不足，饲料消化率和猪的生产力就会下降，严重时会影响猪体健康，甚至引起死亡。

若体内水分减少8%时出现严重的干渴感觉，食欲丧失，消化作用减慢，减少10%时导致严重的代谢紊乱，减少20%则导致死亡。高温环境下缺水，后果更为严重。因此，必须在饲养全期供给充足、清洁的饮水。

由于猪对水的需要量受许多因素的影响，难以确切地计算水的需要量。一般而论，以幼猪和哺乳母猪的需水量最多，这是因为组成幼猪体成分的2/3都是水，猪乳的大部分成分也是水。随着猪的生长，机体的水分含量减少，单位体重的采食量下降，猪的需水量也相对减少。NRC（1998）规定，在第一周，仔猪的需水量为每千克体重190克/天，包括从母乳中获得的水。对生长育肥猪，喂干料时的水料比约为2∶1或（1.9～2.5）∶1，喂湿料时，水料比约为（1.5～3.0）∶1。未怀孕的后备母猪的饮水量为11.5千克/天，发情期采食量和饮水量都降低。怀孕青年母猪的饮水量随着干物质采食量的增加而增加。妊娠母猪饮水量约为20千克/天。经产空怀母猪的饮水量为10～15千克/天，哺乳母猪为20～25千克/天。生长猪，体重15千克的需水量为1.5～2千克/天；体重90千克的需水量为6千克/天。当饲料与水混合湿喂时，其水料比为生长猪2∶1；妊娠母猪2∶1；哺乳母猪3∶1。对早期断乳猪实行自由饮水。目前尚无公猪需水量的资料，建议自由饮水。

另外，气温、饲粮类型、饲养水平、水的质量等都是影响猪需水量的主要因素。随着气温的升高，饮水量相应增加。在7～22℃条件下，猪的饮水量无差异，但在30℃以上，猪的饮水量大幅度增加。

二、猪的饲养标准

营养需要就是指猪在生长发育、繁殖、生产等生理活动中每天对能量、蛋白质、维生素和矿物质的需要量。猪的生活和生产过程实质是对各种营养物质的消耗过程，只有了解猪对各种营养物质的确切需要量，才能按照需要提供，既能最大限度满足猪的需要，又不会造成营养浪费。

以猪的营养需要为基础的，经过多次试验和反复验证后对某一类猪在特定环境和生理状态下的营养需要得出的一个在生产中应用的估计值就是饲养标准。在饲养标准中，详细地规定了猪在不同生长时期和生产阶段，每千克饲粮中应含有的能量、粗蛋白质、各种必需氨基酸、矿物质及维生素含量或每天需要的各种营养物质的数量。有了饲养标准，就可以按照饲养标准来设计日粮配方，进行日粮配制，避免实际饲养中的盲目性。但是，猪的营养需要受到猪的品种、生产性能、饲料条件、环境条件等都多种因素影响，选择标准应该因猪制宜，因地制宜。各类猪的饲养标准见表4-3～表4-12，以供参考。

表4-3　瘦肉型生长肥育猪每千克日粮养分含量

（自由采食，88%干物质）

指　　标	体重/千克				
	3～8	8～20	20～35	35～60	60～90
平均体重/千克	5.5	14.0	27.5	47.5	75.0
日增重/(千克/天)	0.24	0.44	0.61	0.69	0.80
采食量/(千克/天)	0.30	0.74	1.43	1.90	2.50
饲料/增重	1.25	1.59	2.34	2.75	3.13
饲粮消化能含量/(兆焦/千克)	14.02	13.60	13.39	13.39	13.39
饲粮代谢能含量/(兆焦/千克)	13.46	13.60	12.86	12.86	12.86
粗蛋白质/%	21.0	19.0	17.8	16.4	14.5
能量/蛋白质/(千焦/%)	668	716	752	817	923
赖氨酸/能量/(克/兆焦)	1.01	0.85	0.68	0.61	0.55
氨基酸					
赖氨酸/%	1.42	1.16	0.90	0.82	0.70
蛋氨酸/%	0.40	0.030	0.24	0.22	0.19
蛋氨酸+胱氨酸/%	0.81	0.66	0.52	0.48	0.40
苏氨酸/%	0.94	0.76	0.58	0.56	0.49
色氨酸/%	0.27	0.21	0.16	0.15	0.13
异亮氨酸/%	0.79	0.64	0.48	0.46	0.39
亮氨酸/%	1.42	1.13	0.85	0.78	0.63

续表

指标	体重/千克				
	3～8	8～20	20～35	35～60	60～90
精氨酸/%	0.56	0.46	0.35	0.30	0.21
缬氨酸/%	0.98	0.80	0.61	0.57	0.47
组氨酸/%	0.45	0.36	0.28	0.26	0.21
苯丙氨酸/%	0.85	0.69	0.52	0.48	0.40
苯丙氨酸＋酪氨酸/%	1.33	1.07	0.82	0.77	0.64

表 4-4 瘦肉型生长肥育猪每千克饲粮矿物元素和维生素的含量

（自由采食，88%干物质）

指标	体重/千克				
	3～8	8～20	20～35	35～60	60～90
钙/%	0.88	0.74	0.62	0.56	0.49
总磷/%	0.74	0.58	0.53	0.48	0.43
非植酸磷/%	0.54	0.36	0.35	0.20	0.17
钠/%	0.25	0.15	0.12	0.10	0.10
氯/%	0.25	0.15	0.10	0.09	0.08
镁/%	0.04	0.04	0.04	0.04	0.04
钾/%	0.30	0.26	0.24	0.23	0.18
铜/毫克	6.0	6.0	4.50	4.00	3.50
碘/毫克	0.14	0.14	0.14	0.14	0.14
铁/毫克	105	105	70	60	50
锰/毫克	4.00	4.00	3.00	200	2.00
硒/毫克	0.30	0.30	0.30	0.25	0.25
锌/毫克	110	110	70	60	50
维生素和脂肪酸					
维生素 A/国际单位	2200	1800	1500	1400	1300
维生素 D_3/国际单位	220	200	170	160	150
维生素 E/国际单位	16	11	11	11	11
维生素 K/毫克	0.50	0.50			

续表

指　　标	体重/千克				
	3～8	8～20	20～35	35～60	60～90
硫胺素/毫克	1.50	1.00	1.00	1.00	1.00
核黄素/毫克	4.00	3.50	2.50	2.00	2.00
泛酸/毫克	12.00	150	10.00	8.50	7.50
烟酸/毫克	20.0	15.00	10.00	8.50	7.50
吡哆醇/毫克	2.0	1.50	1.00	1.00	1.00
生物素/毫克	0.08	0.05	0.05	0.05	0.05
叶酸/毫克	0.30	0.30	0.30	0.30	0.30
维生素 B_{12}/微克	20.0	17.50	11.00	8.00	6.00
胆碱/克	0.60	0.50	0.35	0.30	0.30
亚油酸/%	0.10	0.10	0.10	0.010	0.10

注：1. 瘦肉率高于56%的公母混养（阉公猪与青年猪各一半）。

2. 假定代谢能为消化能的96%。

3. 3～20千克猪的赖氨酸百分比是根据试验和经验数据的估测值，其他氨基酸需要根据其与赖氨酸的比例（理想蛋白质）的估测值；20～90千克猪的赖氨酸需要量是结合生长模型、试验数据和经验数据的估测值，其他氨基酸需要量是根据其与赖氨酸的比例（理想蛋白质）的估测值。

4. 矿物质需要量包括饲料原料中提供的矿物质量；对于发育公猪和后备母猪，钙、总磷和有效磷的需要量应提高0.05%～0.1%。

5. 维生素需要量包括饲料原料中提供的维生素量。

6. 1国际单位维生素A=0.344微克维生素A醋酸酯。

7. 1国际单位维生素 D_3=0.025微克胆钙化醇。

8. 1国际单位维生素E=0.67毫克D-α-生育酚或1毫克DL-α生育酚醋酸酯。

表4-5　瘦肉型生长肥育猪每头每日养分需要量

（自由采食，88%干物质）

指　　标	体重/千克				
	3～8	8～20	20～35	35～60	60～90
平均体重/千克	5.5	14.0	27.5	47.5	75.0
日增重/(千克/天)	0.24	0.44	0.61	0.69	0.80
采食量/(千克/天)	0.30	0.74	1.43	1.90	2.50

续表

指　　标	体重/千克				
	3～8	8～20	20～35	35～60	60～90
饲料/增重	1.25	1.59	2.34	2.75	3.13
饲粮消化能摄入量/兆焦	4.21	10.05	19.15	25.44	33.48
饲粮代谢能摄入量/兆焦	4.04	9.66	18.39	24.40	32.15
粗蛋白质/克	63	141	255	312	363
氨基酸					
赖氨酸/克	4.3	8.6	12.9	15.6	17.5
蛋氨酸/克	1.2	2.2	3.4	4.2	4.8
蛋氨酸＋胱氨酸/克	2.4	4.9	7.3	9.1	10.0
苏氨酸/克	2.8	5.6	8.3	10.6	13.0
色氨酸/克	0.8	1.6	2.3	2.9	3.3
异亮氨酸/克	2.4	4.7	6.7	8.7	9.8
亮氨酸/克	4.3	8.4	12.2	14.8	15.8
精氨酸/克	1.7	3.4	5.0	5.7	5.5
缬氨酸/克	2.9	5.9	8.7	10.8	11.8
组氨酸/克	1.4	2.7	4.0	4.9	5.5
苯丙氨酸/克	2.6	5.1	7.4	9.1	10.0
苯丙氨酸＋酪氨酸/克	4.0	7.9	11.7	14.6	16.0

表 4-6　瘦肉型生长肥育猪每头每日矿物元素和维生素需要量

（自由采食，88%干物质）

指　　标	体重/千克				
	3～8	8～20	20～35	35～60	60～90
平均体重/千克	5.5	14.0	27.5	47.5	75.0
钙/克	2.64	5.48	8.87	10.45	12.25
总磷/克	2.22	4.29	7.58	9.12	10.75
非植酸磷/克	1.62	2.66	3.50	3.8	4.25
钠/克	0.75	1.11	1.72	1.90	2.50
氯/克	0.75	1.11	1.43	1.71	2.00

续表

指　　标	体重/千克				
	3～8	8～20	20～35	35～60	60～90
镁/克	0.12	0.30	0.57	0.76	1.00
钾/克	0.90	1.92	3.43	3.99	4.50
铜/毫克	1.80	4.44	6.44	7.60	8.75
碘/毫克	0.04	0.10	0.20	0.27	0.35
铁/毫克	31.50	77.70	100.10	114.00	125.0
锰/毫克	1.20	2.96	4.29	3.8	5.00
硒/毫克	0.09	0.22	0.43	0.48	0.63
锌/毫克	33.0	81.4	100.0	114.0	125.0
维生素和脂肪酸					
维生素 A/国际单位	660	1330	2145	2660	3250
维生素 D_3/国际单位	66	148	243	304	375
维生素 E/国际单位	5	8.5	16	21	28
维生素 K/毫克	0.15	0.37	0.72	0.95	1.25
硫胺素/毫克	0.45	0.74	1.43	1.90	2.50
核黄素/毫克	1.20	2.50	3.50	3.80	5.00
泛酸/毫克	3.50	7.40	11.44	14.25	17.5
烟酸/毫克	6.00	11.10	14.30	16.15	18.75
吡哆醇/毫克	0.60	1.11	1.43	1.90	2.50
生物素/毫克	0.02	0.04	0.07	0.10	0.13
叶酸/毫克	0.09	0.22	0.43	0.57	0.75
维生素 B_{12}/微克	6.00	12.95	15.73	15.20	15.00
胆碱/克	0.18	0.37	0.50	0.57	0.75
亚油酸/克	0.30	0.74	1.43	1.90	2.50

注：1. 瘦肉率高于56%的公母混养（阉公猪与青年猪各一半）。

2. 假定代谢能为消化能的96%。

3. 3～20千克猪的赖氨酸百分比是根据试验和经验数据的估测值，其他氨基酸需要根据其与赖氨酸的比例（理想蛋白质）的估测值；20～90千克猪的赖氨酸需要量是结合生长模型、试验数据和经验数据的估测值，其他氨基酸需要量是根据其与赖氨酸的比例（理想蛋白质）的估测值。

4. 矿物质需要量包括饲料原料中提供的矿物质量；对于发育公猪和后备母猪，钙、总磷和有效磷的需要量应提高0.05%～0.1%。

5. 维生素需要量包括饲料原料中提供的维生素量。

6. 1国际单位维生素 A=0.344微克维生素 A 醋酸酯。

7. 1国际单位维生素 D_3=0.025微克胆钙化醇。

8. 1国际单位维生素 E=0.67毫克 D-α-生育酚或1毫克 DL-α 生育酚醋酸酯。

表 4-7　瘦肉型妊娠母猪每千克日粮养分含量（88%干物质）

指　　标	妊娠前期			妊娠后期		
配种体重/千克	120～150	150～180	＞180	120～150	150～180	＞180
预期窝产仔数/头	10	11	11	10	11	11
采食量/(千克/天)	2.10	2.10	2.00	2.10	2.10	2.00
饲粮消化能/(兆焦/千克)	12.75	12.35	12.15	12.75	12.55	12.55
饲粮代谢能/(兆焦/千克)	12.25	11.85	11.65	12.25	12.05	12.05
粗蛋白质/%	13.0	12.0	12.0	14.0	13.0	12.0
能量/蛋白质/(千焦/%)	981	1029	1013	911	965	1045
赖氨酸/能量/(克/兆焦)	0.42	0.40	0.38	0.42	0.41	0.38
氨基酸						
赖氨酸/%	0.53	0.49	0.46	0.53	0.51	0.48
蛋氨酸/%	0.14	0.13	0.12	0.14	0.13	0.12
蛋氨酸＋胱氨酸/%	0.34	0.32	0.31	0.34	0.33	0.32
苏氨酸/%	0.40	0.39	0.37	0.40	0.40	0.38
色氨酸/%	0.10	0.09	0.09	0.10	0.09	0.09
异亮氨酸/%	0.29	0.28	0.26	0.29	0.29	0.27
亮氨酸/%	0.45	0.41	0.37	0.45	0.42	0.38
精氨酸/%	0.06	0.02	0.00	0.06	0.02	0.00
缬氨酸/%	0.36	0.32	0.30	0.35	0.33	0.31
组氨酸/%	0.17	0.16	0.15	0.17	0.17	0.16
苯丙氨酸/%	0.29	0.27	0.25	0.29	0.28	0.26
苯丙氨酸＋酪氨酸/%	0.49	0.45	0.43	0.49	0.47	0.44

表 4-8　瘦肉型妊娠母猪每千克日粮矿物质和维生素含量（88%干物质）

矿物元素及含量		维生素和脂肪酸及含量	
钙/%	0.68	维生素 A/国际单位	3620
总磷/%	0.54	维生素 D_3/国际单位	180
非植酸磷/%	0.32	维生素 E/国际单位	40
钠/%	0.14	维生素 K/毫克	0.50
氯/%	0.11	硫胺素/毫克	0.90
镁/%	0.04	核黄素/毫克	3.40
钾/%	0.18	泛酸/毫克	11

续表

矿物元素及含量		维生素和脂肪酸及含量	
铜/毫克	5.0	烟酸/毫克	9.05
碘/毫克	0.13	吡哆醇/毫克	0.90
铁/毫克	75.0	生物素/毫克	0.19
锰/毫克	18.0	叶酸/毫克	1.2
硒/毫克	0.14	维生素 B_{12}/微克	14
锌/毫克	45.0	胆碱/克	1.15
		亚油酸/%	0.1

注：1. 消化能、氨基酸是根据国内试验报告、企业经验数据和 NRC（1998）妊娠模型得到的。

2. 妊娠前期指妊娠前 1 周；120～150 千克阶段适用于初产母猪和因泌乳期消耗过度的经产母猪，150～180 千克阶段适用于自身尚有生长潜力的经产母猪，180 千克以上指达到标准成年体重的经产母猪，其对养分的需要量不随体重增长而变化。

3. 假定代谢能为消化能的 96%。

4. 以玉米—豆粕型日粮为基础确定。

5. 矿物质需要量包括饲料原料中提供的矿物质。

6. 维生素需要量包括饲料原料中提供的维生素量。

7. 1 国际单位维生素 A=0.344 微克维生素 A 醋酸酯。

8. 1 国际单位维生素 D_3=0.025 微克胆钙化醇。

9. 1 国际单位维生素 E=0.67 毫克 D-α-生育酚或 1 毫克 DL-α 生育酚醋酸酯。

表 4-9　瘦肉型泌乳母猪每千克日粮养分含量（88%干物质）

指　标	分娩体重/千克			
	140～160		180～240	
泌乳期体重变化/千克	0	−10.0	−7.5	−15
窝产仔数/头	9	9	10	10
采食量/(千克/天)	5.25	4.65	5.65	5.20
饲粮消化能/(兆焦/千克)	13.80	13.80	13.80	13.80
饲粮代谢能/(兆焦/千克)	13.25	13.25	13.25	13.25
粗蛋白质/%	17.5	18.0	18.0	18.5
能量/蛋白质/(千焦/%)	789	767	767	746
赖氨酸/能量/(克/兆焦)	0.64	0.67	0.68	0.68
氨基酸				

续表

指标	分娩体重/千克			
	140～160		180～240	
赖氨酸/%	0.88	0.92	0.91	0.94
蛋氨酸/%	0.22	0.24	0.33	0.24
蛋氨酸+胱氨酸/%	0.42	0.45	0.44	0.45
苏氨酸/%	0.56	0.59	0.58	0.60
色氨酸/%	0.16	0.17	0.17	0.18
异亮氨酸/%	0.49	0.52	0.51	0.53
亮氨酸/%	0.96	1.01	0.98	1.02
精氨酸/%	0.49	0.48	0.47	0.47
缬氨酸/%	0.74	0.79	0.77	0.81
组氨酸/%	0.34	0.36	0.35	0.37
苯丙氨酸/%	0.47	0.50	0.48	0.50
苯丙氨酸+酪氨酸/%	0.97	1.03	1.00	1.04

表 4-10 瘦肉型泌乳母猪每千克日粮矿物质和维生素含量（88%干物质）

矿物元素及含量		维生素和脂肪酸及含量	
钙/%	0.77	维生素A/国际单位	2050
总磷/%	0.62	维生素 D_3/国际单位	205
非植酸磷/%	0.36	维生素E/国际单位	45
钠/%	0.21	维生素K/毫克	0.5
氯/%	0.16	硫胺素/毫克	1.00
镁/%	0.04	核黄素/毫克	3.85
钾/%	0.21	泛酸/毫克	12
铜/毫克	5.0	烟酸/毫克	10.25
碘/毫克	0.14	吡哆醇/毫克	1.00
铁/毫克	80.0	生物素/毫克	0.21
锰/毫克	20.5	叶酸/毫克	1.35
硒/毫克	0.15	维生素 B_{12}/微克	15.0
锌/毫克	51.0	胆碱/克	1.00
		亚油酸/%	0.10

注：1. 消化能、氨基酸是根据国内试验报告、企业经验数据和NRC（1998）妊娠模型得到的。

2. 假定代谢能为消化能的96%。

3. 以玉米—豆粕型日粮为基础确定。

4. 矿物质需要量包括饲料原料中提供的矿物质。

5. 维生素需要量包括饲料原料中提供的维生素量。

6. 1国际单位维生素A=0.344微克维生素A醋酸酯。

7. 1国际单位维生素 D_3=0.025微克胆钙化醇。

8. 1国际单位维生素E=0.67毫克D-α-生育酚或1毫克DL-α生育酚醋酸酯。

表 4-11 配种公猪每千克日粮养分含量和每头养分需要量（88%干物质）

养 分	需要量	
饲粮消化能/(兆焦/千克)	12.95	
饲粮代谢能/(兆焦/千克)	12.45	
消化能摄入量/兆焦	21.70	
代谢能摄入量/兆焦	21.70	
粗蛋白质/%	13.50	
采食量/(千克/天)	2.2	
能量/蛋白质/(千焦/%)	959	
赖氨酸/能量/(克/兆焦)	0.42	
氨基酸	每千克饲粮含量/%	每日需要量/克
赖氨酸	0.55	12.1
蛋氨酸	0.15	3.31
蛋氨酸+胱氨酸	0.38	8.4
苏氨酸	0.46	10.1
色氨酸	0.11	2.4
异亮氨酸	0.32	7.0
亮氨酸	0.47	10.3
精氨酸	0.00	0
缬氨酸	0.36	7.9
组氨酸	0.17	3.7
苯丙氨酸	0.30	6.6
苯丙氨酸+酪氨酸	0.52	11.4

表 4-12 配种公猪每千克日粮矿物质、维生素含量和每头需要量（88%干物质）

矿物元素	每千克含量	每日需要量	维生素和脂肪酸	每千克含量	每日需要量
钙	0.70%	15.4 克	维生素 A/国际单位	4000	8800
总磷	0.55%	12.1 克	维生素 D_3/国际单位	220	485
非植酸磷	0.32%	7.04 克	维生素 E/国际单位	45	100
钠	0.14%	3.08 克	维生素 K/毫克	0.50	1.10
氯	0.11%	2.42 克	硫胺素/毫克	1.0	2.20
镁	0.04%	0.88 克	核黄素/毫克	3.5	7.70

续表

矿物元素	每千克含量	每日需要量	维生素和脂肪酸	每千克含量	每日需要量
钾	0.20%	1.40克	泛酸/毫克	12	26.40
铜	5毫克	11.0毫克	烟酸/毫克	10	22.0
碘	0.15毫克	0.33毫克	吡哆醇/毫克	1.0	2.20
铁	80毫克	176.0毫克	生物素/毫克	0.20	0.44
锰	20毫克	44.0毫克	叶酸/毫克	1.30	2.88
硒	0.15毫克	0.33毫克	维生素 B_{12}/微克	15	33
锌	75毫克	165毫克	胆碱/克	1.25	2.75
			亚油酸	0.1%	2.2克

对表4-11、表4-12说明如下：1. 需要量的制定以每日采食2.2千克饲粮为基础。采食量需要根据公猪的体重和期望的增重进行调整。

2. 假定代谢能为消化能的96%。

3. 以玉米—豆粕型日粮为基础确定。

4. 矿物质需要量包括饲料原料中提供的矿物质。

5. 维生素需要量包括饲料原料中提供的维生素量。

6. 1国际单位维生素A=0.344微克维生素A醋酸酯。

7. 1国际单位维生素 D_3=0.025微克胆钙化醇。

8. 1国际单位维生素E=0.67毫克D-α-生育酚或1毫克DL-α生育酚醋酸酯。

内脂型生长肥育猪按标准不同分为3型。一型标准瘦肉率52%±1.5%，达90千克体重时间为175天左右。二型标准瘦肉率49%±1.5%，达90千克体重时间为185天左右。三型标准瘦肉率(46±1.5)%，达90千克体重时间为200天左右。3型标准5～8千克体重营养需要是相同的，二、三型中相应体重的营养需要参数略去，参见一型。参见表4-13～表4-29。

表4-13 肉脂型生长肥育猪每千克日粮养分含量

(一型标准，自由采食，88%干物质)

指标	体重/千克				
	5～8	8～15	15～30	30～60	60～90
日增重/(千克/天)	0.22	0.39	0.50	0.60	0.70
采食量/(千克/天)	0.40	0.87	1.36	2.02	2.94

续表

指　　标	体重/千克				
	5～8	8～15	15～30	30～60	60～90
饲料转化率/%	1.80	2.30	2.73	3.35	4.20
饲粮消化能/(兆焦/千克)	13.90	13.60	12.95	12.95	12.95
粗蛋白质/%	21.0	18.2	16.0	14.0	13.0
能量/蛋白质/(千焦/%)	667	747	800	925	996
赖氨酸/能量/(克/兆焦)	0.97	0.77	0.66	0.53	0.46
氨基酸					
赖氨酸/%	1.34	1.05	0.85	0.69	0.60
蛋氨酸+胱氨酸/%	0.65	0.52	0.43	0.38	0.34
苏氨酸/%	0.77	0.62	0.50	0.45	0.39
色氨酸/%	0.19	0.15	0.12	0.11	0.11
异亮氨酸/%	0.73	0.59	0.47	0.43	0.37

表 4-14　肉脂型生长肥育猪每千克日粮矿物元素和维生素含量

(一型标准，自由采食，88%干物质)

指　　标	体重/千克				
	5～8	8～15	15～30	30～60	60～90
钙/%	0.86	0.74	0.64	0.55	0.46
总磷/%	0.67	0.60	0.55	0.46	0.37
非植酸磷/%	0.42	0.32	0.29	0.21	0.14
钠/%	0.20	0.15	0.09	0.09	0.09
氯/%	0.20	0.15	0.07	0.07	0.07
镁/%	0.04	0.04			
钾/%	0.29	0.26	0.24	0.21	0.16
铜/毫克	6.00	5.5	4.5	3.7	3.0
碘/毫克	0.13	0.13	0.13	0.13	0.13
铁/毫克	100	92	74	55	37
锰/毫克	4.0	3.0	3.0	2.0	2.0
硒/毫克	0.30	0.27	0.23	0.14	0.09
锌/毫克	100	90	75	55	46

续表

指　　标	体重/千克				
	5～8	8～15	15～30	30～60	60～90
维生素和脂肪酸					
维生素A/国际单位	2100	2000	1600	1200	1200
维生素 D_3/国际单位	210	200	180	140	140
维生素E/国际单位	15	15	10	10	10
维生素K/毫克	0.50	0.50	0.50	0.50	0.50
硫胺素/毫克	1.50	1.00	1.00	1.00	1.00
核黄素/毫克	4.00	3.50	3.00	2.00	2.00
泛酸/毫克	12.00	14.00	8.00	7.00	6.00
烟酸/毫克	20.0	14.00	12.00	9.00	6.50
吡哆醇/毫克	2.00	1.50	1.50	1.00	1.00
生物素/毫克	0.08	0.05	0.05	0.05	0.05
叶酸/毫克	0.30	0.30	0.30	0.30	0.30
维生素 B_{12}/微克	20.00	16.50	14.50	10.0	5.00
胆碱/克	0.50	0.40	0.30	0.30	0.30
亚油酸/%	0.10	0.10	0.10	0.10	0.10

表 4-15　肉脂型生长肥育猪每日每头养分需要量

（一型标准，自由采食，88%干物质）

指　　标	体重/千克				
	5～8	8～15	15～30	30～60	60～90
日增重/(千克/天)	0.22	0.39	0.50	0.60	0.70
采食量/(千克/天)	0.40	0.87	1.36	2.02	2.94
饲料转化率/%	1.80	2.30	2.73	3.35	4.20
饲粮消化能/(兆焦/千克)	13.80	13.60	12.95	12.95	12.95
粗蛋白质/(克/天)	84.0	158.3	217.6	282.8	382.2
氨基酸					
赖氨酸/克	5.4	9.1	11.6	13.9	17.6
蛋氨酸+胱氨酸/克	2.6	4.6	5.8	7.7	10.0
苏氨酸/克	3.1	5.4	6.8	9.1	11.5
色氨酸/克	0.8	1.3	1.6	2.2	3.2
异亮氨酸/克	2.9	5.1	6.4	8.7	10.9

表 4-16　肉脂型生长肥育猪每日每头矿物元素和维生素需要量

（一型标准，自由采食，88%干物质）

指　标	体重/千克				
	5～8	8～15	15～30	30～60	60～90
钙/%	3.4	6.4	8.7	11.1	13.3
总磷/%	2.7	5.2	7.5	9.3	10.9
非植酸磷/%	1.7	2.8	3.9	4.2	4.1
钠/%	0.8	1.3	1.2	1.8	2.6
氯/%	0.8	1.3	1.0	1.4	2.1
镁/%	0.2	0.3	0.5	0.8	1.2
钾/%	1.2	2.3	3.3	4.2	4.7
铜/毫克	2.4	4.79	6.12	8.08	8.82
碘/毫克	0.05	0.11	0.19	0.26	0.38
铁/毫克	40.0	80.04	100.64	111.10	108.78
锰/毫克	1.6	2.61	4.08	4.04	5.88
硒/毫克	0.12	0.22	0.34	0.30	0.29
锌/毫克	40.0	78.3	102.0	111.1	132.3
维生素和脂肪酸					
维生素 A/国际单位	840	1740.0	2176.0	2424.0	3528.0
维生素 D_3/国际单位	84.0	174.0	244.8	282.8	411.6
维生素 E/国际单位	6.0	13.1	13.6	20.2	29.4
维生素 K/毫克	0.2	0.4	0.7	1.0	1.5
硫胺素/毫克	0.6	0.9	1.4	2.0	2.9
核黄素/毫克	1.6	3.0	4.1	4.0	5.9
泛酸/毫克	4.9	8.7	10.9	14.1	17.8
烟酸/毫克	8.0	12.2	16.3	19.2	19.1
吡哆醇/毫克	0.8	1.3	2.0	2.0	2.9
生物素/毫克	0.0	0.0	0.1	0.1	0.1
叶酸/毫克	0.1	0.3	0.4	0.6	0.9
维生素 B_{12}/微克	8.0	14.4	19.7	20.2	14.7
胆碱/克	0.2	0.3	0.4	0.6	0.9
亚油酸/克	0.4	0.9	1.4	2.0	2.9

表 4-17　肉脂型生长肥育猪每千克日粮养分含量

（二型标准，自由采食，88%干物质）

指　　标	体重/千克			
	8～15	15～30	30～60	60～90
日增重/(千克/天)	0.34	0.45	0.55	0.65
采食量/(千克/天)	0.87	1.30	1.96	2.89
饲料转化率/%	2.55	2.90	3.55	4.45
饲粮消化能/(兆焦/千克)	13.30	12.25	12.25	12.25
粗蛋白质/%	17.5	16.0	14.0	13.0
能量/蛋白质/(千焦/%)	760	766	875	942
赖氨酸/能量/(克/兆焦)	0.74	0.65	0.53	0.46
氨基酸				
赖氨酸/%	0.99	0.80	0.65	0.56
蛋氨酸+胱氨酸/%	0.56	0.40	0.35	0.32
苏氨酸/%	0.64	0.48	0.40	0.37
色氨酸/%	0.18	0.12	0.11	0.10
异亮氨酸/%	0.54	0.45	0.40	0.34

表 4-18　肉脂型生长肥育猪每千克日粮矿物质和维生素含量

（二型标准，自由采食，88%干物质）

指　　标	体重/千克			
	8～15	15～30	30～60	60～90
钙/%	0.72	0.62	0.53	0.44
总磷/%	0.58	0.53	0.44	0.35
非植酸磷/%	0.31	0.27	0.20	0.13
钠/%	0.14	0.09	0.09	0.09
氯/%	0.14	0.07	0.07	0.07
镁/%	0.04	0.04	0.04	0.04
钾/%	0.25	0.23	0.20	0.15
铜/毫克	5.0	4.0	3.0	3.0
碘/毫克	0.12	0.12	0.12	0.12

续表

指　　标	体重/千克			
	8～15	15～30	30～60	60～90
铁/毫克	90.0	70.0	55.0	35.0
锰/毫克	3.0	2.50	2.00	2.00
硒/毫克	0.25	0.22	0.13	0.09
锌/毫克	90.0	70.0	53.0	44.0
维生素和脂肪酸				
维生素 A/国际单位	1900	1550	1150	1150
维生素 D_3/国际单位	190	170	130	130
维生素 E/国际单位	15	10.0	10.0	10.0
维生素 K/毫克	0.46	0.46	0.45	0.45
硫胺素/毫克	1.0	1.00	1.00	1.00
核黄素/毫克	3.00	2.50	2.00	2.00
泛酸/毫克	10.00	8.00	7.00	6.00
烟酸/毫克	14.00	12.0	9.00	6.50
吡哆醇/毫克	1.50	1.50	1.00	1.00
生物素/毫克	0.05	0.04	0.04	0.04
叶酸/毫克	0.30	0.30	0.30	0.30
维生素 B_{12}/微克	15.00	13.00	10.00	5.00
胆碱/克	0.40	0.30	0.30	0.30
亚油酸/%	0.10	0.10	0.10	0.10

表 4-19　肉脂型生长肥育猪每日每头养分需要量

（二型标准，自由采食，88%干物质）

指　　标	体重/千克			
	8～15	15～30	30～60	60～90
日增重/(千克/天)	0.34	0.45	0.55	0.65
采食量/(千克/天)	0.87	1.30	1.96	2.89
饲料转化率/%	2.55	2.90	3.55	4.45
饲粮消化能/(兆焦/千克)	13.30	12.25	12.25	12.25

续表

指　标	体重/千克			
	8～15	15～30	30～60	60～90
粗蛋白质/(克/天)	152.3	208.0	274.4	375.7
氨基酸				
赖氨酸/克	8.6	10.4	12.7	16.2
蛋氨酸＋胱氨酸/克	4.9	5.2	6.9	9.2
苏氨酸/克	5.6	6.2	8.0	10.7
色氨酸/克	1.6	1.6	2.2	2.9
异亮氨酸/克	4.7	5.9	7.8	9.8

表 4-20　肉脂型生长肥育猪每日每头矿物质和维生素需要量

（二型标准，自由采食，88%干物质）

指　标	体重/千克			
	8～15	15～30	30～60	60～90
钙/%	6.3	8.1	10.4	12.7
总磷/%	5.0	6.9	8.6	10.1
非植酸磷/%	2.7	3.5	3.9	3.9
钠/%	1.2	1.2	1.8	2.6
氯/%	1.2	0.9	1.4	2.0
镁/%	0.3	0.5	0.8	1.2
钾/%	2.2	3.0	3.9	4.3
铜/毫克	4.4	5.2	5.9	8.7
碘/毫克	0.1	0.2	0.2	0.3
铁/毫克	78.3	91.0	107.8	101.2
锰/毫克	2.6	3.3	3.9	5.8
硒/毫克	0.2	0.3	0.3	0.3
锌/毫克	78.3	91.0	103.9	127.2
维生素和脂肪酸				
维生素 A/国际单位	1653	2015	2254	3324
维生素 D_3/国际单位	165	220	255	376
维生素 E/国际单位	13.1	13.0	19.6	28.9

续表

指　　标	体重/千克			
	8～15	15～30	30～60	60～90
维生素K/毫克	0.4	0.6	0.9	1.3
硫胺素/毫克	0.9	1.3	2.0	2.9
核黄素/毫克	2.6	3.3	3.9	5.8
泛酸/毫克	8.7	10.4	13.7	17.3
烟酸/毫克	12.16	15.6	17.6	18.79
吡哆醇/毫克	1.3	2.0	2.0	2.9
生物素/毫克	0.0	0.1	0.10	0.10
叶酸/毫克	0.3	0.4	0.60	0.9
维生素 B_{12}/微克	13.1	16.9	19.6	14.5
胆碱/克	0.3	0.4	0.60	0.9
亚油酸/克	0.9	1.3	2.00	2.90

表4-21　肉脂型生长肥育猪每千克日粮养分含量

（三型标准，自由采食，88%干物质）

指　　标	体重/千克		
	15～30	30～60	60～90
日增重/(千克/天)	0.40	0.50	0.59
采食量/(千克/天)	1.28	1.95	2.92
饲料转化率/%	3.20	3.90	4.95
饲粮消化能/(兆焦/千克)	11.7	11.7	11.70
粗蛋白质/%	15.0	14.0	13.0
能量/蛋白质/(千焦/%)	780	835	900
赖氨酸/能量/(克/兆焦)	0.67	0.50	0.43
氨基酸			
赖氨酸/%	0.78	0.59	0.50
蛋氨酸+胱氨酸/%	0.40	0.31	0.28
苏氨酸/%	0.46	0.38	0.33
色氨酸/%	0.11	0.10	0.09
异亮氨酸/%	0.44	0.36	0.30

表 4-22　肉脂型生长肥育猪每千克日粮矿物质和维生素含量

（三型标准，自由采食，88%干物质）

指　　标	体重/千克		
	15～30	30～60	60～90
钙/%	0.59	0.50	0.42
总磷/%	0.50	0.42	0.34
非植酸磷/%	0.27	0.19	0.13
钠/%	0.08	0.08	0.08
氯/%	0.07	0.07	0.07
镁/%	0.03	0.03	0.03
钾/%	0.22	0.19	0.14
铜/毫克	4.0	3.0	3.0
碘/毫克	0.12	0.12	0.12
铁/毫克	70.0	50.0	35.0
锰/毫克	3.00	2.00	2.00
硒/毫克	0.21	0.13	0.08
锌/毫克	70.0	50.0	40.0
维生素和脂肪酸			
维生素 A/国际单位	1470	1090	1090
维生素 D_3/国际单位	168	126	126
维生素 E/国际单位	9.0	9.0	9.0
维生素 K/毫克	0.40	0.40	0.40
硫胺素/毫克	1.00	1.00	1.00
核黄素/毫克	2.50	2.00	2.00
泛酸/毫克	8.00	7.00	6.00
烟酸/毫克	12.0	9.00	6.50
吡哆醇/毫克	1.50	1.00	1.00
生物素/毫克	0.04	0.04	0.04
叶酸/毫克	0.25	0.25	0.25
维生素 B_{12}/微克	12.00	10.00	5.00
胆碱/克	0.34	0.25	0.25
亚油酸/%	0.10	0.10	0.10

表 4-23 肉脂型生长肥育猪每日每头养分需要量

（三型标准，自由采食，88%干物质）

指 标	体重/千克		
	15～30	30～60	60～90
日增重/(千克/天)	0.40	0.50	0.59
采食量/(千克/天)	1.28	1.95	2.92
饲料转化率/%	3.20	3.90	4.95
饲粮消化能/(兆焦/千克)	11.7	11.7	11.70
粗蛋白质/(克/天)	192.0	273.0	379.6
氨基酸			
赖氨酸/克	10.0	11.5	14.8
蛋氨酸+胱氨酸/克	5.1	6.0	8.2
苏氨酸/克	5.9	7.4	9.67
色氨酸/克	1.4	2.0	2.6
异亮氨酸/克	5.6	7.0	9.1

表 4-24 肉脂型生长肥育猪每日每头矿物质和维生素需要量

（三型标准，自由采食，88%干物质）

指 标	体重/千克		
	15～30	30～60	60～90
钙/%	7.6	9.8	12.3
总磷/%	6.4	8.2	9.90
非植酸磷/%	3.5	3.7	3.8
钠/%	1.0	1.6	2.3
氯/%	0.9	1.4	2.0
镁/%	0.4	0.6	0.9
钾/%	2.8	3.7	4.4
铜/毫克	5.1	5.9	8.8
碘/毫克	0.2	0.2	0.4
铁/毫克	89.6	97.50	102.2
锰/毫克	3.8	3.9	5.8
硒/毫克	0.3	0.3	0.3

续表

指　　标	体重/千克		
	15～30	30～60	60～90
锌/毫克	89.6	97.5	116.8
维生素和脂肪酸			
维生素A/国际单位	1856.0	2145.0	3212.0
维生素 D_3/国际单位	217.6	243.8	365.0
维生素E/国际单位	12.8	19.5	29.2
维生素K/毫克	0.5	0.8	1.3
硫胺素/毫克	1.3	2.0	2.9
核黄素/毫克	3.2	3.9	5.8
泛酸/毫克	10.2	13.7	17.3
烟酸/毫克	15.36	17.55	18.98
吡哆醇/毫克	1.9	2.0	2.9
生物素/毫克	0.1	0.10	0.10
叶酸/毫克	0.30	0.50	0.70
维生素 B_{12}/微克	15.4	19.5	14.6
胆碱/克	0.4	0.50	0.70
亚油酸/克	1.3	2.00	2.90

表4-25　肉脂型妊娠、哺乳母猪每千克日粮养分含量（88%干物质）

指　　标	妊娠猪	哺乳猪
采食量/(千克/天)	2.10	5.10
饲粮消化能/(兆焦/千克)	11.70	13.60
粗蛋白质/%	13	17.5
能量/蛋白质/(千焦/%)	900	777
赖氨酸/能量/(克/兆焦)	0.37	0.58
氨基酸		
赖氨酸/%	0.43	0.79
蛋氨酸+胱氨酸/%	0.30	0.40
苏氨酸/%	0.35	0.52
色氨酸/%	0.08	0.14
异亮氨酸/%	0.25	0.46

表 4-26　肉脂型妊娠、哺乳母猪每千克日粮矿物质和维生素含量

矿物元素	妊娠猪	哺乳猪	维生素和脂肪酸	妊娠猪	哺乳猪
钙/%	0.62	0.72	维生素 A/国际单位	3600	2000
总磷/%	0.50	0.58	维生素 D_3/国际单位	180	200
非植酸磷/%	0.30	0.34	维生素 E/国际单位	36	44
钠/%	0.12	0.20	维生素 K/毫克	0.40	0.50
氯/%	0.10	0.16	硫胺素/毫克	1.00	1.00
镁/%	0.04	0.04	核黄素/毫克	3.20	3.75
钾/%	0.16	0.20	泛酸/毫克	10.0	12.0
铜/毫克	4.00	5.00	烟酸/毫克	8.00	10.00
碘/毫克	0.12	0.14	吡哆醇/毫克	1.00	1.00
铁/毫克	70	80	生物素/毫克	0.16	0.20
锰/毫克	16	20	叶酸/毫克	1.10	1.30
硒/毫克	0.15	0.15	维生素 B_{12}/微克	12.00	15.00
锌/毫克	50	50	胆碱/克	1.00	1.00
			亚油酸/%	0.10	0.10

表 4-27　肉脂型种公猪每千克日粮养分含量（88%干物质）

指标	体重/千克		
	10～20	20～40	40～70
日增重/(千克/天)	0.36	0.46	0.50
采食量/(千克/天)	0.72	1.17	1.67
饲粮消化能/兆焦	12.97	12.55	12.55
粗蛋白质/%	18.8	17.5	14.6
能量/蛋白质/(千焦/%)	690	717	860
赖氨酸/能量/(克/兆焦)	0.81	0.72	0.50
氨基酸			
赖氨酸/%	1.05	0.92	0.73
蛋氨酸+胱氨酸/%	0.53	0.47	0.37
苏氨酸/%	0.62	0.55	0.47
色氨酸/%	0.16	0.13	0.12

续表

指标	体重/千克		
	10～20	20～40	40～70
异亮氨酸/%	0.59	0.52	0.45
钙/%	0.74	0.64	0.55
总磷/%	0.60	0.55	0.46
非植酸磷/%	0.37	0.29	0.21

注：除钙、磷外，矿物元素和维生素可以参照肉脂型生长肥育猪的二型标准。

表 4-28 肉脂型种公猪每头每日养分需要量（88%干物质）

指标	体重/千克		
	10～20	20～40	40～70
日增重/(千克/天)	0.36	0.46	0.50
饲粮消化能含量/(兆焦/千克)	12.97	12.55	12.55
粗蛋白质/(克/天)	135.4	204.8	245.8
氨基酸			
赖氨酸/克	7.6	10.3	12.2
蛋氨酸+胱氨酸/克	3.8	10.8	12.2
苏氨酸/克	4.5	10.8	12.2
色氨酸/克	1.2	10.8	12.2
异亮氨酸/克	4.2	10.8	12.2
钙/%	5.3	10.8	12.2
总磷/%	4.3	10.8	12.2
非植酸磷/%	2.7	10.8	12.2

注：除钙、磷外，矿物元素和维生素可以参照肉脂型生长肥育猪的二型标准。

表 4-29 地方猪种后备母猪每千克日粮养分含量（88%干物质）

指标	体重/千克		
	10～20	20～40	40～70
预期日增重/(千克/天)	0.30	0.40	0.50
预期采食量/(千克/天)	0.63	1.08	1.65

续表

指标	体重/千克		
	10～20	20～40	40～70
饲料/增重	2.10	2.70	3.30
饲粮消化能含量/(兆焦/千克)	12.97	12.55	12.55
粗蛋白质/%	18.0	16.0	14.0
能量/蛋白质/(千焦/%)	721	784	868
赖氨酸/能量/(克/兆焦)	0.77	0.70	0.48
氨基酸			
赖氨酸/%	1.00	0.88	0.67
蛋氨酸+胱氨酸/%	0.50	0.44	0.36
苏氨酸/%	0.59	0.53	0.43
色氨酸/%	0.15	0.13	0.11
异亮氨酸/%	0.56	0.49	0.41
钙/%	0.74	0.62	0.53
总磷/%	0.60	0.53	0.44
非植酸磷/%	0.37	0.28	0.20

注：除钙、磷外，矿物元素和维生素可以参照肉脂型生长肥育猪的二型标准。

第二节 猪的常用饲料

饲料种类繁多，养分组成和营养价值各异。按其性质一般分为能量饲料、蛋白质饲料、青绿多汁饲料、粗饲料、矿物质饲料、维生素饲料和饲料添加剂。

一、能量饲料

能量饲料是指干物质中粗纤维含量在18%以下，粗蛋白质含量在20%以下的饲料原料。这类饲料主要包括禾本科的谷实饲料和它们加工后的副产品，以及动植物油脂和糖蜜等，是猪饲料的主要成分，占日粮的50%～80%，其功能主要是供给猪所需要的能量。

（一）谷实类

1. 玉米

玉米是养猪生产中最常用的一种能量饲料，具有很好的适口性和消化性。代谢能高达 14.27 兆焦/千克，粗纤维仅为 2%左右，无氮浸出物为 70%左右，主要含淀粉，其消化率可达 90%。玉米的脂肪含量为 3.5%～4.5%，是大麦或小麦的 2 倍。猪日粮中要求亚油酸含量为 1%，如果玉米在猪日粮中的配比达到 50%以上，则仅玉米就可满足猪对亚油酸的需要。

玉米蛋白质含量只有 8.6%，蛋白质中的几种必需氨基酸含量少，特别是赖氨酸和色氨酸。近年来，培育的高蛋白质、高赖氨酸等饲料用玉米，营养价值更高。玉米用量可占到猪日粮的 20%～80%。

【注意】 玉米含水量大，不易干燥，易发生霉变，用带霉菌的玉米喂猪，适口性差，增重少，公猪性欲低，母猪不孕和流产。玉米含钙少，含磷也偏低，喂时必须注意补钙。

2. 高粱

高粱主要成分是淀粉，代谢能低于玉米；粗蛋白质含量与玉米相近，但质量较差；脂肪含量比玉米低；含钙少，含磷多，多为植酸磷；胡萝卜素及维生素 D 的含量较少，B 族维生素含量与玉米相似，烟酸含量高。对猪的饲用价值相当于玉米的 96%～98%，所以在高粱价格低于玉米 5%时就可使用高粱。

作为能量的供给源，高粱可代替部分玉米，若使用高单宁酸高粱时，可添加蛋氨酸、赖氨酸及胆碱等，以缓和单宁酸的不良影响。高粱的种皮部分含有单宁，具有苦涩味，适口性差。单宁的含量因品种而异（0.2%～2%），颜色浅的单宁含量少，颜色深的则含量高。高粱中含有较多的鞣酸，可使含铁制剂变性，注意增加铁的用量。高粱在猪日粮中的比例控制在 20%以下。

【提示】 在日粮中使用高粱过多时易引起便秘，但对仔猪非细菌、非病毒性腹泻有止泻作用。

3. 小麦

小麦是人类的主要口粮，价格较高，极少作为饲料。但在某些年份或地区，价格低于玉米时，可以部分替代玉米。而欧洲北部国家的能量饲料主要是麦类，其中小麦用量较大。小麦的能量（14.36 兆焦/千克）、粗纤维含量与玉米相近，粗脂肪含量低于玉米。但粗蛋白质含量高于玉米（为10%～12%），且氨基酸比其他谷实类完全，B族维生素丰富。

在猪的配合饲料中使用小麦，一般用量为10%～30%。如果饲料中添加β-葡聚糖酶和木聚糖酶等酶制剂，小麦用量可占30%～40%。

【提示】 小麦内含有较多的非淀粉多糖，黏性大，粉料中用量过大易黏嘴，降低适口性。整粒或碾碎喂猪较好，但磨得过细不好。

4. 大麦

我国大麦的产量占世界首位。我国冬大麦主要产区分布在长江流域各省和河南省，春大麦主要分布在东北、内蒙古、青藏高原和山西及新疆北部。我国的大麦除一部分做人类粮食外，目前，有相当一部分用来酿啤酒，其余部分用作饲料。

大麦的粗蛋白质平均含量为11%，国产裸大麦的粗蛋白质含量较高，可高达20.0%，蛋白质中所含有的赖氨酸、色氨酸和异亮氨酸等高于玉米，有的品种含赖氨酸高达0.6%，比玉米高一倍多；粗脂肪含量为2%左右，低于玉米，其脂肪酸中一半以上是亚油酸；在裸大麦中粗纤维含量小于2%，与玉米相当，皮大麦的粗纤维含量高达5.9%，二者的无氮浸出物含量均在67%以上，且主要成分为淀粉及其他糖类；在能量方面裸大麦的有效能值高于皮大麦，仅次于玉米，B族维生素含量丰富。但由于大麦籽实种皮的粗纤维含量较高（整粒大麦为5.6%），所以一定程度上影响了大麦的营养价值。大麦一般不宜整粒饲喂动物，因为整粒饲喂会导致动物的消化率下降。通常将大麦发芽后，作为种畜或幼畜的维生素补充饲料。

裸大麦和皮大麦在能量饲料中都是蛋白质含量高而品质较好的谷实类，并且从蛋白质的质量来看，作为配合饲料原料具有独特的饲喂效果，并且大麦中所含有的矿物质及微量元素在该类饲料中也属含量较高的品种。因其皮壳粗硬，需破碎或发芽后少量搭配饲喂；大麦粗纤维含量高，能值低，不宜用于仔猪，但经过脱皮、压片等处理后可以使用。在猪日粮中一般大麦和玉米的比例以1∶2为宜，或饲料中用量不超过25%。

【提示】 抗营养因子方面主要是单宁和β-葡聚糖，单宁可影响大麦的适口性和蛋白质的消化利用率，β-葡聚糖是影响大麦营养价值的主要因素。

5. 稻谷、糙米和碎米

稻谷因含有坚实的外壳，故粗纤维含量高（8.5%左右），是玉米的4倍多；可利用消化能值低（11.29～11.70兆焦/千克）；粗蛋白质含量较玉米低，粗蛋白质中赖氨酸、蛋氨酸和色氨酸与玉米近似；钙少，磷多，锰、硒含量较玉米高，锌含量较玉米低。稻谷适口性差，饲用价值不高。稻谷去壳后称糙米，其代谢能值为13.94兆焦/千克，蛋白质含量为8.8%，氨基酸组成与玉米相近。糙米的粗纤维含量只有0.7%，且维生素比碎米更丰富。因此，以磨碎糙米的形式作为饲料，是一种较为科学地、经济地利用稻谷的好方法。

【提示】糙米用于猪饲料可完全取代玉米，不会影响猪的增重，饲料利用效率高，肉猪的脂肪比喂玉米猪的脂肪硬。

（二）糠麸类

1. 麦麸

麦麸是小麦的果皮、种皮、糊胚层和未剥干净的胚乳粉粒所组成。因其具有一定能值，含粗蛋白质也较多，价格便宜，在饲料中广泛应用。

麦麸含能量低，但蛋白质含量较高，各种成分比较均匀，且适口性好，是猪的常用饲料，麦麸的容积大，质地疏松，有轻泻作用，可用于调节营养浓度；麦麸适口性好，含有较多的B族维生素，对母猪具有调养消化道的机能，是种猪的优良饲料。妊娠母猪和哺乳母猪用量不超过日粮的30%。

【提示】喂育肥猪可使胴体脂肪色白而硬，但是喂量过多会影响增重，用量不宜超过5%。

2. 米糠

米糠是糙米加工成白米时分离出来的种皮、糊粉层与胚的混合物。加工白米越精，含胚乳物质越多，米糠的能量含量越高。米糠的粗蛋白质含量比麸皮低，比玉米高，品质也比玉米好，赖氨酸含量高达0.55%。米糠的粗脂肪含量很高，可达15%，因而能值也位于糠麸类饲料之首。其脂肪酸的组成多属不饱和脂肪酸，油酸和亚油酸占79.2%，脂肪中还含有2%～5%的天然维生素E，B族维生素含量也很高，但缺乏维生素A、维生素D、维生素C，米糠粗灰分含量高，钙磷比例极不平衡，磷含量高，但所含磷约有86%为植酸磷，利用率低且影响其他元素的吸收利用。肉猪用量不得超过20%。

【提示】米糠在储存中极易氧化、发热、霉变和酸败，最好用鲜米糠或脱脂米糠饼（粕）喂猪。新鲜米糠适口性好，但喂量过多，会产生软脂肪，降低胴体品质。仔猪应避免使用，因易引起下痢，经加热破坏其胰蛋白酶抑制因子后可增加用量。

3. 高粱糠

高粱糠主要是高粱籽实的外皮。脂肪含量较高，粗纤维含量较低，代谢能略高于其他糠麸，蛋白质含量在10%左右。有些高粱糠单宁含量较高，适口性差，易致便秘。一般在配合饲料中不宜超过5%。

4. 次粉（四号粉）

次粉是面粉工业加工副产品。营养价值高，适口性好。但和小麦相同，多喂时也会发生黏嘴，制作颗粒料时则无此问题。一般以占日粮的10%为宜。

5. 糠饼

糠饼是米糠榨油后的产品，也称脱脂米糠，因蛋白质含量低，所以属于能量饲料。用脱脂米糠饲喂仔猪适口性好，也不易引起腹泻，且较米糠耐储藏。

（三）油脂饲料

油脂饲料包括各种油脂，如动物油脂、豆油、玉米油、菜籽油、棕榈油等以及脂肪含量高的原料，如膨化大豆、大豆磷脂等。在饲料中加入少量的脂肪饲料，除了作为脂溶性维生素的载体外，能提高日粮中的能量浓度。妊娠后期和哺乳前期饲粮中添加油脂，可提高仔猪成活率；断奶仔猪数每窝增加0.3头；母猪断奶后6天发情率由28%提高到92%，30天内发情率由60%提高至96%。

生长肥育猪日粮添加3%～5%油脂，可提高增重5%和降低耗料10%。一般各类猪添加油脂参考量：妊娠、哺乳母猪10%～15%，仔猪开食料5%～10%，生长肥育猪3%～5%。肉猪体重达到60千克以后不宜使用。

【提示】仔猪开食料中加入糖和油脂，可提高适口性，对于开食及提前断奶有利。

（四）根茎瓜类

用作饲料的根茎瓜类饲料主要有马铃薯、甘薯、南瓜、胡萝卜、甜菜等（表 4-30）。

表 4-30 根茎瓜类饲料特点

名称	特点
甘薯	产量高，以块根中干物质计算，比玉米水稻产量高得多。茎叶是良好的青饲料。薯块含水分高且淀粉多，粗纤维少，是很好的能量饲料。但粗蛋白质含量低，钙少，富含钾盐。猪喜食，生喂熟喂都行，对肥育猪和母猪有促进消化和增加泌乳量的效果。染有黑斑的不宜饲喂
木薯	热带多年生灌木，薯块富含淀粉，叶片可以养蚕，制成干粉含有较多的蛋白质，可以用作猪饲料。木薯含有氰化物，食多可中毒。削皮或切成片浸在水中1～2 天或切片晒干放在无盖锅内煮沸 3～4 小时可脱毒。猪饲料中木薯用量不能超过 25%
马铃薯	块茎，主要成分是淀粉，粗蛋白质含量高于甘薯，其中非蛋白氮很多。含有有毒物质龙葵精（茄素）。喂猪时应去掉芽，并煮熟喂较好。煮熟可提高适口性和消化率，生喂不仅消化率低，还会影响生长
南瓜	多作蔬菜，也是喂猪的优质高产饲料。南瓜中无氮浸出物含量高，其中多为淀粉和糖类，还有丰富的胡萝卜素，各类猪都可喂，特别适用于繁殖和泌乳母猪。喂肥猪肉质具香味，但肉色发黄。南瓜应充分成熟后收获，过早收获，含水量大，干物质少，适口性差，不耐储藏
饲用甜菜	饲用甜菜中无氮浸出物主要是糖分，也含有少量淀粉与果胶物质。适用于饲喂肥猪。可切碎或打浆饲喂。经过短暂储藏后再喂，使其中的大部分硝酸盐转化为天门冬酰胺。甜菜青储，一年四季都可喂猪

【提示】根茎瓜类含有较多的碳水化合物和水分，粗纤维和蛋白质含量低，适口性好，具有通便和调养作用，是猪的优良饲料。可以提高肉猪增重，对哺乳母猪有催乳作用。

二、蛋白质饲料

猪的生长发育和繁殖以及维持生命都需要大量的蛋白质，通过饲料供给。蛋白质饲料是指饲料干物质中粗蛋白质含量在 20%以上（含 20%），粗纤维含量在 18%以下（不含 18%）。可分为植物性蛋白质饲料、动物性蛋白质饲料和单细胞蛋白质饲料三大类（表 4-31）。一般在日粮中占 10%～30%。

表 4-31　蛋白质饲料的类型及营养特点

类型	来源	营养特点
植物性蛋白质饲料	榨油工业副产品和叶蛋白质类	蛋白质含量高(20%～45%),饼类高于籽实。氨基酸平衡,蛋白质利用率高;无氮浸出物含量低(30%);脂肪含量变化大,油籽类含量高,非油籽类含量低。饼粕类也有较大差异;粗纤维含量不高,平均为 7%;矿物质含量与谷类籽实相似,钙少磷多,维生素含量较不平衡,B 族维生素含量丰富,而胡萝卜素含量较少;使用量大,适口性较差
动物性蛋白质饲料	屠宰厂、水产品加工厂和皮革厂的下脚料、鱼粉及蚕蛹等	蛋白质含量高。除肉骨粉(30.1%)外,粗蛋白质含量均在 40%以上,高者可达 90%。蛋白质品质好,各种氨基酸含量较平衡,一般饲粮中易缺乏的氨基酸在动物性蛋白质中含量都较多,且易于消化;糖类含量少。几乎不含粗纤维,粗脂肪含量变化大;矿物质、维生素含量和利用率高。动物性蛋白质饲料中钙、磷含量较植物性蛋白质饲料高,且比例适宜。B 族维生素含量丰富,特别是核黄素、维生素 B_{12} 含量相当多;含有未知生长因子(UFG),能促进动物对营养物质的利用和有利于动物生长
单细胞蛋白质饲料	包括一些微生物和单细胞藻类,如各种酵母、蓝藻、小球藻类等	蛋白质含量较高(40%～80%),但蛋氨酸、赖氨酸和胱氨酸受限;核酸含量较高,酵母类含 6%～12%核酸,藻类含 3.8%,细菌类含 20%;维生素含量较丰富。特别是酵母,它是 B 族维生素最好的来源之一。矿物质含量不平衡,钙少磷多;适口性较差,如酵母带苦味,藻类和细菌类具有特殊的不愉快气味。单细胞蛋白质饲料的营养价值较高,且繁殖力特别强,是蛋白质饲料的重要来源,很有开发利用价值。根据单细胞饲料的营养特点,猪配合饲料中宜与饼(粕)类饲料搭配使用,并注意平衡钙、磷比例。我国发展饲料酵母生产的资源丰富,各类糟渣均可用于生产酵母。酵母喂猪效果好。生长育肥猪前、后期饲粮中分别配用 6%和 4%的酒精酵母,可提高猪日增重和饲料利用率

(一) 植物性蛋白质饲料

1. 豆科籽实

通常以籽实用作饲料的豆科植物有大豆、豌豆和蚕豆（胡豆）。在我国大豆的种植面积较大，总产量比豌豆、蚕豆多，用作饲料约

30%。这类饲料除具有植物性蛋白质饲料的一般营养特点外，最大的特点是蛋白质品质好，赖氨酸含量接近2%，与能量饲料配合使用，可弥补部分赖氨酸缺乏的弱点。但该类饲料含硫氨基酸受限。另一特点是脂溶性维生素A、维生素D较欠缺。豌豆、蚕豆的维生素A比大豆稍多，B族维生素也仅略高于谷实类。

豆科籽实含有抗胰蛋白酶、皂素、血细胞凝集素和产生甲状腺肿的物质，它们影响该类饲料的适口性、消化率以及动物的一些生理过程，这些物质经适当热处理即会失去作用。

【注意】这类饲料应当熟喂，喂量不宜过高，一般在饲粮中配给10%～20%。否则，会使肉质变软，影响胴体品质。

2. 大豆粕（饼）

适当加工的优质大豆饼、粕是动物的优质饲料，适口性好，营养价值高，优于其他各种饼、粕类饲料，是生产中应用最广泛的蛋白质补充料。因榨油方法不同，其副产物可分为豆饼和豆粕两种类型，含粗蛋白质40%～50%，各种必需氨基酸组成合理，赖氨酸含量较其他饼（粕）高，但缺乏蛋氨酸。适口性好。消化能13.18～14.65兆焦/千克；钙、磷、胡萝卜素、维生素D、维生素B_2含量少；胆碱、烟酸的含量高。

加热温度不足的饼、粕或生豆粕都可降低猪的生产性能，即使添加蛋氨酸也不能得到改善；而经过158℃过度加热的大豆粕可使猪的增重和饲料转化率下降，如果此时补充赖氨酸为主的添加剂时，体重和饲料转化率均可得到改善，可以达到甚至超过正常豆粕组生长水平。

在猪日粮中用量：生长猪5%～20%，仔猪10%～25%，肥育猪5%～16%，妊娠母猪4%～12%，哺乳母猪10%～12%。由于豆粕（饼）的蛋氨酸含量低，故与其他饼粕类或鱼粉等配合使用效果更好。

用豆粕喂猪时，存在一些问题，主要是由于一般的加热处理不能破坏大豆中的抗营养物质，大量使用这样的大豆粕时，可引起断奶仔猪腹泻。目前，控制大豆粕引起的断奶仔猪腹泻主要有两个途径：一是寻求适当的加工处理方法以破坏大豆饼、粕中的抗营养物质，比较有发展前景的方法有大豆膨化法、乙醇浸泡法等；二是控制大豆粕在仔猪饲料中的添加比例。

3. 花生粕（饼）

花生饼的粗蛋白质含量略高于豆饼，为42%～48%，精氨酸和组氨酸含量高，赖氨酸含量低。粗纤维含量低，适口性好于豆饼，猪喜吃，与豆饼配合使用效果较好。但因其脂肪含量高且饱和性低，喂量不宜过多。生长育肥猪日粮用量不宜超过15%，否则胴体软化；仔猪、繁殖母猪的饲粮用量以低于10%为宜。

【注意】花生饼脂肪含量高，不耐储藏，易染上黄曲霉而产生黄曲霉毒素，这种毒素对猪危害严重。因此，生长黄曲霉的花生饼不能喂猪。

4. 棉籽粕（饼）

由于加工工艺不同分为饼和粕。压榨取油后的副产物称饼，浸提取油后称粕。带壳榨油的称棉籽饼，脱壳榨油的称棉仁饼。棉籽饼含粗蛋白质17%～28%，棉仁饼含粗蛋白质39%～40%。一般说的棉籽饼（粕）是指棉仁饼（粕）。

棉籽粕（饼）氨基酸组成中赖氨酸缺乏，粗纤维含量高（10%～14%），含消化能12.13兆焦/千克左右，矿物质含量很不平衡。

生长育肥猪日粮添加量不要超过10%，母猪不用或很少量。限量喂猪时，添加0.13%～0.28%的赖氨酸，或与豆粕、血粉、鱼粉配合饲喂，能提高饲料营养价值。在生长肥育猪饲料中，棉籽饼（粕）与菜籽饼各以10%比例配合，可以代替20%的豆粕，且不降低肥育性能。若再添加适量的碘，可以抑制甲状腺肿大，维持机体正常基础代谢水平，从而提高猪的日增重和改善饲料转化率。同时还应注意补钙。

我国培育有低棉酚含量的棉花品种，含游离棉酚为0.009%～0.04%，在生长育肥猪和母猪日粮中，低棉酚棉籽饼（粕）可替代50%的大豆饼（粕）。

【提示】在棉籽内，含有棉酚和环丙烯脂肪酸，对家畜健康有害。喂前应脱毒，可采用长时间蒸煮或0.05% $FeSO_4$ 溶液浸泡等方法，以减少棉酚对猪的毒害作用。

5. 菜籽粕（饼）

菜籽粕含粗蛋白质35%～40%，赖氨酸含量比豆粕低50%，氨基酸组成较为平衡，含硫氨基酸比豆粕高14%；粗纤维含量为12%，影响其有效能值，有机质消化率为70%。可代替部分豆饼喂猪。

不脱毒的棉籽饼，配合饲料中的一般用量：生长育肥猪10%～15%；繁殖母猪3%～5%。脱毒菜籽饼（粕）适宜于各类猪。用减毒菜籽饼（粕）喂体重20千克左右仔猪，饲粮中的配合比例可以达到16%～25%，猪均无中毒性不良反应。用生物工程方法脱毒，可代替饲粮中的全部都粕和鱼粉，配合比例高达27%，效果良好，经济效益显著。如能补充赖氨酸可提高菜籽饼（粕）的利用率。

【提示】菜籽粕（饼）中含有毒物质（芥子苷），喂前宜采取脱毒措施。不脱毒用需控制用量。

6. 芝麻饼

芝麻饼是芝麻榨油后的副产物，含粗蛋白质40%左右，蛋氨酸含量高，适当与豆饼搭配喂猪，能提高蛋白质的利用率，一般在配合饲料中用量可占5%～10%。

【注意】芝麻饼脂肪含量高，不宜久储，最好现粉碎现喂。

7. 葵花饼

葵花饼有带壳和脱壳的两种。优质的脱壳葵花饼含粗蛋白质40%以上、粗脂肪5%以下、粗纤维10%以下，B族维生素含量比豆饼中的高。一般在配合饲料中用量可占10%。带壳的不宜超过5%。

【注意】可代替部分豆饼喂猪，不宜作为饲粮中蛋白质的唯一来源，与豆粕等配合可以提高饲养效果。

8. 亚麻籽饼（胡麻籽饼）

亚麻籽饼蛋白质含量在29.1%～38.2%，高的可达40%以上，但赖氨酸含量仅为豆饼中的1/3。含有丰富的维生素，尤以胆碱含量为多，而维生素D和维生素E含量很少。营养价值高于芝麻饼和花生饼。母猪和生长肥育猪的平衡饲粮中用量为5%～8%，在浓缩料中可用到20%，与大麦、小麦配合优于与玉米配合使用。

【注意】适口性不佳，具有轻泻作用，用量过多，会降低猪脂硬度。

（二）动物性蛋白质饲料

1. 鱼粉

鱼粉是最理想的动物性蛋白质饲料，其蛋白质含量高达45%～60%，而且在氨基酸组成方面，赖氨酸、蛋氨酸、胱氨酸和色氨酸含量高。鱼粉中含有丰富的维生素A和B族维生素，特别是维生素B_{12}。另外，鱼粉中还含有钙、磷、铁等。用它来补充植物性饲料中限制性氨基酸不足，效果很好。一般在配合饲料中用量可占2%～5%。

【注意】由于鱼粉的价格较高，掺假现象较多，使用时应仔细辨别和化验。使用鱼粉要注意盐含量，盐分超过猪的饲养标准规定量，极易造成食盐中毒。

2. 血粉

血粉是屠宰场的一种下脚料，是很有开发潜力的动物性蛋白质饲料之一。蛋白质的含量很高，达80%～82%，但血粉加工所需的高温易使蛋白质的消化率降低，赖氨酸受到破坏。在生长肥育猪日粮中用量为3%～6%，添加异亮氨酸更好。

血粉有特殊的臭味，适口性差。血粉发酵处理，既可以提高蛋白质的消化率，也可增加氨基酸的含量。日粮中加入3%～5%的发酵血粉，可提高日增重9%～12%，降低饲料消耗。血粉与花生饼（粕）或棉籽饼（粕）搭配饲喂效果更好。

3. 肉骨粉

肉骨粉是肉联厂的下脚料及病畜的废弃肉经高温处理制成，是一种良好的蛋白质饲料。肉骨粉粗蛋白质含量达40%以上，蛋白质消化率高达80%，赖氨酸含量丰富，蛋氨酸和色氨酸较少，钙磷含量高，且比例适宜。肉骨粉用量可占日粮的5%～10%，最好与其他蛋白质饲料配合使用。

【注意】易变质，不易保存。如果处理不好或者存放时间过长，出现发黑、发臭，则不宜作饲料。

4. 蚕蛹粉

粗蛋白质含量为68%左右，且蛋白质品质好，限制性氨基酸含量高，可代替鱼粉，并能提供良好的B族维生素。脂肪含量高（10%以上）。在配合饲料中用量：体重20～35千克生长肥育猪5%～10%，体重36～60千克猪2%～8%，体重60～90千克猪1%～5%。

【注意】具有特殊气味，影响适口性，不耐储藏。产量少，价格高。

5. 羽毛粉

羽毛粉是禽类屠宰后收集干净及未变质的羽毛，经过高压处理的产品。羽毛的基本成分为蛋白质，其中主要为角蛋白，在天然状态下角蛋白不能在胃中消化。采用现代加工技术，将羽毛中蛋白质局部水解，提高了适口性和消化率。一般在配合饲料中用量为3%～5%，过多会影响猪的生长和生产。

【注意】 使用时要注意氨基酸平衡问题，应该与其他动物性饲料配合使用。

6. 油渣

油渣是皮革工业下脚料，是目前还未开发利用一种动物性蛋白质饲料。我国皮革工业每年产出的油渣约15万吨。据报道，在生长育肥猪基础饲粮中加入10%左右的油渣和10%的大豆饼（粕），能取得明显的增重效果，提高饲料利用率。

7. 酵母饲料

酵母饲料是在一些饲料中接种专门的菌株发酵而成，既含有较多的能量和蛋白质，又含有丰富的B族维生素和其他活性物质，蛋白质消化率高，能提高饲料的适口性及营养价值，一般含蛋白质20%～40%。但如果用蛋白质丰富的原料生产酵母混合饲料，再掺入皮革粉、羽毛粉或血粉之类的高蛋白饲料，也可使产品的蛋白质含量提高到60%以上。一般仔猪饲料中使用3%～5%。肉猪饲料中使用3%。

【注意】 酵母饲料中含有未知生长因子，有明显的促生长作用。但其味苦，适口性差。

三、青饲料与青贮饲料

（一）青饲料

凡用作饲料的绿色植物，如人工栽培牧草、野草、野菜、蔬菜类、作物茎叶、水生植物等都可作为猪的青饲料。青饲料水分含量高。如陆生青饲料水分含量在75%～90%，水生植物性饲料含水分量约为95%以上；蛋白质含量高，品质较好。由于青饲料都是植物体的营养器官，所以养分较全，一般含赖氨酸较多，蛋白质品质优于谷实类饲料蛋白质。以鲜样计，禾本科牧草与蔬菜类的蛋白质含量为1.5%～3.0%，豆科牧草则为3.2%～4.4%；以干样计，禾本科牧草和蔬菜类粗蛋白质含量可达13%～15%，豆科牧草可高达18%～24%；含有精饲料所缺乏的钙、铁，还是猪维生素营养的来源，特别是胡萝卜素和B族维生素。但青饲料的能值低。鲜饲的消化能1.26～2.51兆焦/千克，粗纤维含量变化大（10%～30%）。主要的青饲料及营养特点见表4-32。

表4-32 青饲料的营养特点

种类	营养特点
天然牧草	天然牧草的利用因时因地而异。猪可利用的天然牧草主要有禾本科、豆科、菊科和莎草科四大类。禾本科和豆科牧草适口性好，饲用价值高；菊科和莎草科牧草粗蛋白质含量介于豆科和禾本科之间，但因菊科有特殊气味，莎草科牧草质硬且味淡，饲用价值较低
栽培牧草	栽培牧草主要是豆科与禾本科牧草
豆科牧草	豆科牧草有苜蓿、紫云英、蚕豆苗、三叶草、苕子等。该类牧草除具有青饲料的一般营养特点外，钙含量高，适口性好。豆科牧草生长过程中，茎木质化较早、较快，现蕾期前后粗纤维含量急剧增加，蛋白质消化率急剧下降，从而降低营养价值。因此，用豆科牧草喂猪要特别注意适时刈割
禾本科牧草	禾本科牧草主要有青饲玉米、青饲高粱、燕麦、大麦、黑麦草等。该类牧草富含糖类，蛋白质含量较低，粗纤维含量因生长阶段不同而异，幼嫩期喂猪适口性好，这是猪喜食的青绿饲料，也是调制优质青贮饲料和青干草粉的好材料
紫草科牧草	紫草科的聚合草、菊科的串叶松香草在我国各地也广泛种植，也是猪常用的优质青绿饲料。这两种牧草的蛋白质含量很高，干物质接近于30%。该类牧草可鲜生喂，切碎或打浆后拌适量粉料饲喂适口性好，一般成年母猪喂10千克/天・头左右，对繁殖性能有益。此外，还可制成品质优良的青贮饲料，或快速晒干制成干草粉喂猪
青饲作物	包括叶菜类（白菜、甘蓝、牛皮菜等）、根茎叶类（甘薯藤、甜菜叶茎、瓜类茎叶等）、农作物叶类（油菜叶等）。该类饲料干物质营养价值高，粗蛋白质含量占干物质的16%～30%，粗纤维含量变化较大，为12%～30%。粗纤维含量较低的叶菜类可生喂，粗纤维含量较高的茎叶类可青储或制成干草粉饲喂
水生饲料	主要有水浮莲、水葫芦、水花生和水浮萍。含水量特别高，能量价值很低，只在饲料很紧缺时适当补饲，长期喂猪易发生寄生虫病

【提示】 青饲料的化学性质为碱性，有助于日粮的消化、肠道蠕动以及通便等，在猪的保健上具有重要作用，可促进猪的发育，提高产仔率，改善肉质，预防胃溃疡等，所以，适量喂给青饲料是必要的。建议饲粮中用量（干物质）为：生长肥育猪3%～5%；妊娠母猪25%～50%；泌乳母猪15%～35%。在青饲料不充足的情况下，应优先保证供给种猪。

（二）青贮饲料

青贮饲料即将青饲料在厌氧条件下，经乳酸菌发酵调制保存的青绿多汁饲料。青贮可以防止饲料养分继续氧化分解而损失，保质保鲜。青贮饲料水分含量高（为80%～90%），干物质能量价值高，消化能在以12.14兆焦/千克以上。粗纤维含量较高（12%～30%）。粗蛋白质含量因原料种类不同而有差异，变化范围为16%～30%，大部分为非蛋白氮。生产中常用的青贮设施主要有青贮窖、青贮塔和青贮袋。对青贮设施的要求是不漏水，不透气，密封好，内部表面光滑平坦。

【提示】 青贮饲料具芳香味，柔软多汁，适口性好。通过青贮可以让猪常年吃上青绿饲料。

1. 青贮方法

青贮方法有常规青贮、半干青贮、混合青贮和加添加剂青贮等，详见表4-33。

表4-33 青贮方法

分类	方　法
常规青贮	适时收割原料。青贮料的营养价值除与原料种类、品种有关外，收割时期也直接影响品质，适时收割能获得较高的收获量和最好的营养价值；然后切碎装填。切碎的目的是便于装填时压实，增加饲料密度，创造厌氧环境，促进乳酸菌生长，同时也提高了青贮设施的利用率，且便于取用和家畜采食。装填原料时必须用人力或借助机械层层压实，尤其是周边部位压得越紧越好。装填过程中不要带入任何杂质；装填完毕，立即密封、覆盖，隔绝空气，严禁雨水浸入。密封后尚需经常检查，发现漏气、漏水，应立即修补
半干青贮	原料收割后适当晾晒，使原料含水量迅速降到45%～55%，切碎，迅速装填，压紧密封，控制发酵温度在40℃以下。日常管理同常规青贮。半干青贮能减少饲料营养损失，半干青贮兼有干草和常规青贮的优点，干物质含量比常规青贮饲料高一倍
混合青贮	混合青贮是将营养含量不同的青饲料合理搭配后进行青贮。常用的混合青贮法有干物质含量高、低搭配青贮和含可发酵糖太少的原料与富含糖的原料混合青贮两种方法
加添加剂青贮	除在装填原料时加入适当添加剂外，其他操作方法与常规青贮方法相同。使用添加剂的目的在于保证乳酸菌繁殖的条件，促进青贮发酵，改善青贮饲料的营养价值，有利于青贮饲料的长期保存。常用青贮添加剂有发酵促进剂、发酵抑制剂、好气性变质抑制剂和营养性添加剂四大类

2. 青贮饲料的品质鉴定

青贮饲料在饲用前或饲用过程中要进行品质鉴定，确保饲用优良的青贮饲料。优质的青贮饲料 pH 3.8～4.2，游离酸含量 2%左右，其中乳酸占 1/3～1/2，无腐败。颜色绿色或黄绿色，有芳香味，柔软湿润，保持茎、叶、花原状，松散。如严重变色或变黑，有刺鼻臭味，茎、叶结构保持性差，黏滑或干燥。粗硬，腐烂，pH4.6～5.2 者为低劣青贮饲料，不能饲喂。

3. 青贮饲料的饲用

青贮饲料是一种良好的饲料，但必须按营养需要与其他饲料搭配使用。青贮原料来源极广，常用的有甘薯藤叶、白菜帮、萝卜缨、甘蓝帮、青刈玉米、青草等。豆科植物（如苜蓿、紫云英等）含蛋白质多，含碳水化合物少，单独青贮效果不佳，应与可溶性碳水化合物多的植物，如甘薯藤叶、青刈玉米等混贮。单独用甘薯藤叶青贮时，因它含可溶性碳水化合物多，贮后酸度过大，应适当加粗糠混贮或分层加粗糠混贮。青贮 1 个月后即可开封启用，饲用量应逐渐增加。

生长肥育猪用量以 1～1.5 千克/(头·天）为宜，哺乳母猪以 1.2～2.0 千克/(头·天)，妊娠母猪以 3.0～4.0 千克/(头·天）为宜，妊娠最后 1 个月用量减半。

【注意】仔猪和幼猪适宜喂块根、块茎类青贮饲料。青贮饲料不宜饲喂过多，否则可能因酸度过高而影响胃内酸度或体内酸碱平衡，降低采食量。质量差的青贮饲料按一般用量饲喂，也可能产生不适或引起代谢病。

4. 青贮饲料的管理

青贮饲料一旦开封启用，就必须连续取用，用多少取多少。由表及里一层一层地取，使青贮料始终保持一个平面，切忌打洞取用。取料后立即封盖，以防二次发酵或雨水浸入，使料腐烂。发现霉烂变质的青贮饲料，应及时取出抛弃，防止猪食用后中毒。

四、粗饲料

粗饲料是指粗纤维含量在 18%以上的饲料，主要包括干草类、稿秆类、糠壳类、树叶类等。粗饲料来源广泛，成本低廉，但粗纤维含量高，不容易消化，营养价值低。粗饲料容积大，适口性差。经加工处理，养猪还可利用一部分。尤其是其中的优质干草在粉碎以后，如豆科干草粉，仍是较好的饲料，是猪冬季粗蛋白质、维生素以及钙的重要来源。

【提示】 粗纤维不易消化，因此其含量要适当控制，适宜比例是5%～15%。使用粗饲料，对于增加日粮容积，限制日粮的能量浓度，提高瘦肉率、预防妊娠母猪过肥有一定意义。

（一）青草粉

青草粉是将适时刈割的牧草快速干燥后粉碎而成的青绿色草粉，是重要的蛋白质、维生素饲料资源。优质青草粉在国际市场上的价格比黄玉米高 20%左右。青草粉的营养特点：可消化蛋白质含量高，为 16%～20%，各种氨基酸齐全；粗纤维含量较高，为 22%～35%，但消化率可达 70%～80%，有机物质消化率 46%～70%；矿物质、维生素含量丰富，豆科青草粉中，钙含量足以满足动物需要。含维生素的种类多，有叶黄素、维生素 C、维生素 K、维生素 E 和 B 族维生素等。此外，还含有微量元素及其他生物活性物质。有人把青草粉称为蛋白质维生素补充料，质量优于精料，是猪配合饲料中不可缺少的部分。

根据青草粉的营养特点，可与以禾本科饲料为主的日粮配合使用，以提高饲粮的蛋白质含量。

在配合饲粮中加入 15%的青草粉，稍加饼粕类或动物性饲料，即可使粗蛋白质含量达到猪所需要的水平，大大节省粮食。但因青草粉粗纤维含量较高，配合比例不宜过大，2～4 月龄断奶仔猪宜控制在 10%以内为好。但也有资料报道，在猪饲粮中加入 20%～25%青草粉代替部分精料，取得了良好的饲喂效果。

（二）树叶粉

1. 针叶粉

针叶粉主要含维生素和一定量的蛋白质，尤其是胡萝卜素含量高。可以直接配入饲料中周期性饲喂，连续使用 15～20 天，然后间隔 7～10 天，以免影响猪肉品质。由于含有松脂气味和挥发性物质，添加量不宜过多，猪饲粮中一般用 5%～8%。

2. 阔叶粉

阔叶粉也可作为配合饲料的原料，按 5%～10%的比例加入猪饲粮中，可以提高日增重和饲料利用率。据报道，用刺槐叶粉喂猪，饲粮中加入5%～10%可代替部分麸皮和提高棉籽饼（粕）的营养价值。饲粮中加入10%～20%，不但可以取代相应比例的粮食，还可减少8%的饲料消耗。我国林业青绿饲料资源丰富，许多树叶可以制成树叶粉加以利用。

五、糟渣类饲料

糟渣类饲料是禾谷类、豆科籽实和甘薯等原料在酿酒、制酱、制醋、制糖及提取淀粉过程中残留的糟渣产品，包括酒糟、酱糟、醋糟、醪糟、豆腐渣、粉渣等。它们的共同特点是水分含量较高（65%～90%）；干物质中淀粉较少；粗蛋白质等其他营养物质都较原料含量约增加2倍；B族维生素含量增多，粗纤维也增多。糟渣类饲料的营养价值因制作方法不同差异很大。干燥的糟渣有的可作蛋白质补充料或能量饲料，但有的只能作粗料。糟渣类饲料大部分以新鲜状态喂猪，随着配合饲料工业发展，我国干酒精已开始在猪的配合饲料中应用。未经干燥处理的糟渣类饲料含水量较多，不易保存，非常容易腐败变质，而干制品吸湿性较强，容易霉烂，不易储藏，利用时应引起注意。

1. 粉渣

粉渣是淀粉生产过程中的副产物，干物质中主要成分为无氮浸出物、水溶性维生素，蛋白质和钙、磷含量少。鲜粉渣含可溶性糖，经发酵产生有机酸，pH一般为4.0～4.6，存放时间越长，酸度越大，易被腐败菌和霉菌污染而变质，丧失饲用价值。猪的配合饲粮中，小猪不超过30%，大猪不超过50%，哺乳母猪饲料中不宜加粉渣，尤其是干粉渣，否则，乳中脂肪变硬，易引起仔猪下痢。

【注意】 用粉渣喂猪必须与其他饲料搭配使用，并注意补充蛋白质和矿物质等营养成分。鲜粉渣最好青贮保存，以防止霉败。

2. 豆腐渣

豆腐渣饲用价值高，干物质中粗蛋白质和粗脂肪含量多，适口性好，消化率高。但也含有抗胰蛋白质酶等有害因子，宜熟喂。生长育肥猪饲粮中可加入30%的豆腐渣。

【注意】 鲜豆腐渣因水分高，易腐败，应加入5%～10%的碎秸秆青贮保存。

3. 啤酒糟

鲜啤酒糟的营养价值较高，粗蛋白质含量占干重的22%～27%，粗脂肪占6%～8%，无氮浸出物占39%～48%，亚油酸3.23%，含钙多、含磷少。鲜啤酒糟含水分80%左右，易发酵而腐败变质，直接就近饲喂效果最好，或青贮一段时间后饲喂，或将鲜啤酒糟脱水制成干啤酒糟再喂。在猪饲料中只能用15%左右，且宜与青、粗饲料搭配使用。

【注意】啤酒糟具有大麦芽的芳香味，含有麦芽碱，适于生长育肥猪，不宜喂小猪。

4. 白酒糟

白酒糟的营养价值因原料和酿造方法不同而有较大差异。白酒糟是原料发酵提取碳水化合物后的剩余物，粗蛋白质、粗脂肪、粗纤维等成分所占比例相应提高，无氮浸出物含量则相应较低，B族维生素含量较高。

白酒糟作为猪饲料可鲜喂、打浆喂或加工成干酒糟粉饲喂。生长育肥猪饲粮中可加鲜酒糟20%，干酒糟宜控制在10%以内。若含有大量谷壳或麦壳的酒糟，用量减半。酒糟喂猪，营养全，但也有“火性饲料”之称，喂量过多易引起便秘或酒精中毒。仔猪繁殖母猪和种公猪不宜喂酒糟，因酒精会影响仔猪生长发育和猪的繁殖力。

5. 酱糟及醋糟

这两种糟的营养价值也因原料和加工工艺不同而有差异，蛋白质、粗纤维、粗脂肪含量都较高，无氮浸出物含量较低，维生素也较缺乏。醋糟中含醋酸，有酸香味，能增进猪的食欲，但不能单一饲喂，最好与碱性饲料混喂，防止中毒。酱糟含盐量高，用量一般7%左右，适口性差，饲用价值低，但产量较高。

【提示】酱糟喂猪宜与其他能量饲料搭配使用，同时多喂青绿多汁饲料，防止食盐中毒，生长育肥猪饲粮中用量不宜超过10%。

6. 酒糟残液和糖蜜

酒糟残液是酿酒过程中蒸煮、发酵粮食后的副产品，含有丰富的B族维生素和未知生长因子。

糖蜜是糖厂的副产品。我国的糖蜜资源主要有甘蔗糖蜜和甜菜糖蜜，产量为糖产量的25%～30%，是一种具有开发潜力的能量饲料资源。糖蜜含糖分高，是一种高能饲料，B族维生素含量高，微量元素较齐全，但可消化蛋白质极少。在生长育肥猪饲粮中加10%～15%的糖蜜，可取得较好的饲喂效果。用糖蜜代替玉米可节约粮食，降低生产成本。

【提示】 酒糟残液主要用于补充维生素，在猪饲粮中加入适量酒糟残液，可起调味作用，并可促进生长，但用量不宜过大；糖蜜适口性好，猪喜食。

六、矿物质饲料

猪的生长发育、机体的新陈代谢需要钙、磷、钠、钾、硫等多种矿物元素，上述青绿饲料、能量饲料、蛋白质饲料中虽均含有矿物质，但含量远不能满足猪的需要，因此在猪日粮中常常需要专门加入矿物质饲料。

1. 食盐

食盐主要用于补充猪体内的钠和氯，保证猪体正常新陈代谢，还可以增进猪的食欲，用量可占日粮的0.3%～0.5%。

2. 钙磷补充饲料

(1) 骨粉或磷酸氢钙　含有大量的钙和磷，而且比例合适。添加骨粉或磷酸氢钙，主要用于饲料中含磷量不足。

(2) 贝壳粉、石粉、蛋壳粉　三者均属于钙质饲料。

【注意】 石粉价格便宜，含钙量高，但猪吸收能力差；贝壳粉含钙量高，又容易吸收，是最好的钙质矿物质饲料；蛋壳粉可以自制，将各种蛋壳经水洗、煮沸和晒干后粉碎即成。蛋壳粉的吸收率也较好，但要严防传播疾病。

七、饲料添加剂

饲料添加剂是指在那些常用饲料之外，为补充满足动物生长、繁殖、生产各方面营养需要或为某种特殊目的而加入配合饲料中的少量或微量的物质。其目的是强化日粮的营养价值或满足猪的特殊需要，如保健、促生长、增食欲、防霉、改善饲料品质和畜产品质量（见表4-34）。

表 4-34　常用饲料添加剂

类型	名称	营养特点
营养性添加剂（指用于补充饲料营养成分的少量或微量物质）	维生素添加剂	在粗放条件下，猪能采食大量的青饲料，一般能够满足猪对维生素的需要。在集约化饲养下，猪采食高能高蛋白的配合饲料，猪的生产性能高，对维生素的需要量大大增加，因此，必须在饲料中添加多种维生素。添加时按产品说明书要求的用量，饲料中原有的含量只作为安全裕量，不予考虑。猪处于逆境时对这类添加剂需要量加大
	微量元素添加剂	主要是含有需要元素的化合物，这些化合物一般为有无机盐类、有机盐类和微量元素——氨基酸螯合物。添加微量元素不考虑饲料中含量，把饲料中的作为“安全裕量”
	氨基酸添加剂	目前人工合成而作为饲料添加剂进行大批量生产的是赖氨酸、蛋氨酸、苏氨酸和色氨酸，前两者最为普及。以大豆饼为主要蛋白质来源的日粮，添加蛋氨酸可以节省动物性饲料用量，豆饼不足的日粮添加蛋氨酸和赖氨酸，可以大大强化饲料的蛋白质营养价值，在杂粕含量较高的日粮中添加赖氨酸和氨基酸可以提高日粮的消化利用率。赖氨酸是猪饲料的第一限制性氨基酸，故必须添加，仔猪全价饲料中添加量为0.1%～0.15%；育肥猪添加0.02%～0.05%。肥育猪饲料中添加赖氨酸，还能改善肉的品种，增加瘦肉率
非营养性饲料添加剂	抗生素添加剂	预防猪的某些细菌性疾病，或猪处于逆境，或环境卫生条件差时，加入一定量的抗生素添加剂有良好效果。常用的抗生素有青霉素、链霉素、金霉素、土霉素等
	中草药饲料添加剂	中草药饲料添加剂毒副作用小，不易在产品中残留，且具有多种营养成分和生物活性物质，兼具有营养和防病的双重作用。其天然、多能、营养的特点，可起到增强免疫作用、激素样作用、维生素样作用、抗应激作用、抗微生物作用等

续表

类型	名称	营养特点
非营养性饲料添加剂	酶制剂（酶是动物、植物机体合成、具有特殊功能的蛋白质。酶是促进蛋白质、脂肪、碳水化合物消化的催化剂，并参与体内各种代谢过程的生化反应）	在猪饲料中添加酶制剂，可以提高营养物质的消化率。目前，在生产中应用的酶制剂可分为两类：其一是单一酶制剂，如淀粉酶、脂肪酶、蛋白酶、纤维素酶和植酸酶等。豆粕、棉粕、菜粕和玉米、麸皮等作物籽实中的磷有70%为植酸磷而不能被猪利用，白白地随粪便排除体外。这不仅造成资源的浪费，污染环境，并且植酸在动物消化道内以抗营养因子存在而影响钙、镁、钾、铁等阳离子和蛋白质、淀粉、脂肪、维生素的吸收。植酸酶则能将植酸（六磷酸肌醇）水解，释放出可被吸收的有效磷，这不但消除了抗营养因子，增加了有效磷，而且还提高了被拮抗的其他营养素的吸收利用率；其二是复合酶制剂，复合酶制剂是由一种或几种单一酶制剂为主体，加上其他单一酶制剂混合而成，或者由一种或几种微生物发酵获得。复合酶制剂可以同时降解饲料中多种需要降解的底物（多种抗营养因子和多种养分），可最大限度地提高饲料的营养价值。国内外饲料酶制剂产品主要是复合酶制剂，如以蛋白酶、淀粉酶为主的饲用复合酶，此类酶制剂主要用于补充动物内源酶的不足；以葡聚糖酶为主的饲用复合酶。此类酶制剂主要用于以大麦、燕麦为主原料的饲料；以纤维素酶、果胶酶为主的饲用复合酶，主要作用是破坏植物细胞壁，使细胞中的营养物质释放出来，易于被消化酶作用，促进消化吸收，并能消除饲料中的抗营养因子，降低胃肠道内容物的黏稠度，促进动物的消化吸收；以纤维素酶、蛋白酶、淀粉酶、糖化酶、葡聚糖酶、果胶酶为主的饲用复合酶，此类酶具有更强的助消化作用
	微生态制剂（有益菌制剂或益生素）	是将动物体内的有益微生物经过人工筛选培育，再经过现代生物工程工厂化生产，专门用于动物营养保健的活菌制剂。其内含有十几种甚至几十种畜禽胃肠道有益菌，如加藤菌、EM、益生素等，也有单一菌制剂，如乳酸菌制剂。不过，在养殖业中除一些特殊的需要外，都用多种菌的复合制剂。它除了以饲料添加剂和饮水剂饲用外，还可以用来发酵秸秆、畜禽粪便制成生物发酵饲料，既提高粗饲料的消化吸收率，又变废为宝，减少污染。微生态制剂进入消化道后，首先建立并恢复其内的优势菌群和微生态平衡，并产生一些消化菌、类抗生素物质和生物活性物质，从而提高饲料的消化吸收率，降低饲料成本；抑制大肠杆菌等有害菌感染，增强机体的抗病力和免疫力，可少用或不用抗菌类药物；明显改善饲养环境，使猪舍内的氨、硫化氢等臭味物质减少70%以上

续表

类型	名称	营养特点
非营养性饲料添加剂	酸制(化)剂(用以增加胃酸,激活消化酶,促进营养物质吸收,降低肠道 pH,抑制有害菌感染)	有机酸化剂:在以往的生产实践中,人们往往偏好有机酸,这主要源于有机酸具有良好的风味,并可直接进入体内三羧酸循环。有机酸化剂主要有柠檬酸、延胡索酸、乳酸、丙酸、苹果酸、戊酮酸、山梨酸、甲酸(蚁酸)、乙酸(醋酸)。不同的有机酸各有其特点,但使用最广泛的而且效果较好的是柠檬酸、延胡索酸
		无机酸化剂:无机酸包括强酸(如盐酸、硫酸),也包括弱酸(如磷酸)。其中磷酸具有双重作用(既可作日粮酸化剂又可作为磷源)。无机酸和有机酸相比,具有较强的酸性及较低成本
		复合酸化剂:复合酸化剂是利用几种特定的有机酸和无机酸复合而成,能迅速降低 pH,保持良好的生物性能及最佳添加成本
	低聚糖(寡聚糖)	是由 2～10 个单糖通过糖苷键连接成直链或支链的小聚合物的总称。种类很多,如异麦芽糖低聚糖、异麦芽酮糖、大豆低聚糖、低聚糖、低聚糖等。它们不仅具有低热、稳定、安全、无毒等良好的理化特性,而且由于其分子结构的特殊性,饲喂后不能被单胃动物消化道的酶消化利用,也不会被病原菌利用,而直接进入肠道被乳酸菌、双歧杆菌等有益菌分解成单糖,再按糖酵解的途径被利用,促进有益菌增殖和消化道的微生态平衡,对大肠杆菌、沙门菌等病原菌产生抑制作用。因此,亦被称为化学微生态制剂。但它与微生态制剂不同点在于,它主要是促进并维持动物体内已建立的正常微生态平衡;而微生态制剂则是外源性的有益菌群,在消化道可重建、恢复有益菌群并维持其微生态平衡
	糖萜素	是从油茶饼粕和菜籽饼粕中提取的、由 30%的糖类、30%的萜皂素和有机酸组成的天然生物活性物质。它可促进畜禽生长,提高日增重和饲料转化率,增强猪体的抗病力和免疫力,并有抗氧化、抗应激作用,降低畜产品中锡、铅、汞、砷等有害元素的含量,改善并提高畜产品色泽和品质

续表

类型	名称	营养特点
非营养性饲料添加剂	大蒜素	大蒜是餐桌上常备之物，有悠久的调味、刺激食欲和抗菌历史。有诱食、杀菌、促生长、提高饲料利用率和畜产品品质的作用。用于饲料添加剂的有大蒜粉和大蒜素
	驱虫保健剂	主要是一些抗球虫、绦虫和蛔虫等药物
	防霉剂（饲料保存时期较长时，需要添加防霉剂）	防霉（腐）剂种类很多，如甲酸、乙酸、丙酸、丁酸、乳酸、苯甲酸、柠檬酸、山梨酸及相应酸的有关盐。饲料防霉剂主要有有机酸类（如丙酸、山梨酸、苯甲酸、乙酸、脱氢乙酸和富马酸等）、有机酸盐（如丙酸钙、山梨酸钠、苯甲酸钠、富马酸二甲酯等）和复合防霉剂。生产中常用的防霉剂有丙酸钙、丙酸钠、克饲霉、霉敌等
	抗氧化剂	饲料存放过程中易氧化变质，不仅影响饲料的适口性，而且降低饲用价值，甚至还会产生毒素，造成猪的死亡。所以，长期储存饲料，必须加入抗氧化剂。抗氧化剂种类很多，目前常用的抗氧化剂多由人工化学合成，如丁基化羟基甲苯（简称 BHT）、乙氧基喹琳（简称山道喹）、丁基化羟甲基苯（简 BHA）等，抗氧化剂在配合饲料中的添加量为 0.01%～0.05%
	其他添加剂	除以上介绍的添加剂外，还有抗氧化剂（如乙氧基喹啉、丁基化羟基甲苯等）、调味剂（如乳酸乙酯、葱油、茴香油、花椒油等）、激素类等

【提示】 饲料添加剂使用要正确选择、用量适当、搅拌均匀，并注意配伍禁忌和避免长时间储存。

第三节 猪的日粮配合

一、配合饲料的种类

（一）添加剂预混料

添加剂预混料是由营养物质添加剂（维生素、氨基酸和微量元素）和非营养物质添加剂（抗生素、抗氧化剂、驱虫剂等），并以石粉或小麦粉为载体，按规定定量进行预混合的一种产品，可供养殖场平衡混合料之用。另外还有单一的预混料，如微量元素预混料、维生素预混料、复合预混料等。

【注意】预混料是全价配合饲料的重要组成部分，虽然只占全价配合饲料的0.25%～3%，却是提高饲料产品质量的核心部分。预混料不能直接饲喂。

（二）浓缩饲料

浓缩饲料又称平衡用配合饲料，是由添加剂预混料、蛋白质饲料、常量矿物质饲料等按比例配合而成。蛋白质含量一般为30%～75%。浓缩饲料常见的有一九料（1份浓缩饲料与9份能量饲料混合）、二八料（2份浓缩饲料与8份能量饲料混合）、三七料（3份浓缩饲料与7份能量饲料混合）和四六料（4份浓缩饲料与6份能量饲料混合）。

【提示】浓缩饲料不能直接饲用，必须与一定比例的能量饲料混匀后才能使用。

（三）全价配合饲料

全价配合饲料又称全日粮配合饲料，是根据猪的不同生理阶段和生产水平的营养需求，把多种饲料原料和添加剂预混料按一定的加工工艺配制而成的均匀一致、营养价值完全的饲料。浓缩料加上能量饲料就配成全价饲料。猪用全价配合饲料按形状又分为颗粒状饲料和粉状饲料两种。

配合饲料的料型有粉状、颗粒状和液状，一般以粉状为主。粉料中各单种饲料的粉碎细度应一致，才能均匀配合成营养全面的配合饲料，适用于自动喂食装置。颗粒料是将全价配合饲料经加热压缩而成一定的颗粒，有圆筒形，也有扁形、圆形或角状的。颗粒料容易采食，多用于哺乳仔猪和断奶仔猪。液状料多用于乳猪的代乳料饲用。

【提示】可直接饲喂，无需添加任何饲料或添加剂。

二、猪日粮配合的原则

（一）营养原则

配合日粮时，应该以猪的饲养标准为依据。但猪的营养需要是个极其复杂的问题，饲料的品种、产地、保存好坏会影响饲料的营养含量，猪的品种、类型、饲养管理条件等也能影响营养的实际需要量，温度、湿度、有害气体、应激因素、饲料加工调制方法等也会影响营养需要和消化吸收。因此，在生产中原则上按饲养标准配合日粮，也要根据实际情况作适当的调整。

（二）生理原则

配合日粮时，必须根据各类猪的不同生理特点，选择适宜的饲料进行搭配和合理加工调制。如哺乳仔猪，粗纤维含量应控制在5%以下。豆类饲料应炒熟粉碎，增加香味和适口性。成年猪对粗纤维的消化能力增强，可以提高粗饲料用量，扩大粗饲料选择范围。还要注意日粮的适口性、容重和稳定性。要注意饲料的适口性和日粮的体积，不要因饲料体积小而吃不饱，也不能因饲料体积大而吃不完。要注意配料时饲料品种多样化，既能提高适口性，又能使各种饲料的营养物质互相补充，以提高其营养价值，见表4-35。

表4-35　不同饲料在配合饲料中的适宜参考用量　单位：%

饲料原料	妊娠料	哺乳料	开口料	生长育肥料	浓缩料
动物脂(稳定化)	0	0	0～4	0	0
大麦	0～80	0～80	0～25	0～85	0
血粉	0～3	0～3	0～4	0～3	0～10
玉米	0～80	0～80	0～40	0～85	0
棉籽饼	0～5	0～5	0	0～5	0～20
菜籽饼	0～5	0～5	0～5	0～5	0～5
鱼粉	0～5	0～5	0～5	0～12	0～40
亚麻饼	0～5	0～5	0～5	0～5	0～20
肉骨粉	0～10	0～5	0～5	0～5	0～30
高粱	0～80	0～80	0～30	0～85	0
糖蜜	0～5	0～5	0～5	0～5	0～5
燕麦	0～40	0～15	0～15	0～20	0
燕麦(脱壳)	0	0	0～20	0	0
脱脂奶	0	0	0～20	0	0
大豆饼	0～20	0～20	0～25	0～20	0～85
小麦	0～80	0～80	0～30	0～85	0
麦麸	0～30	0～10	0～10	0～20	0～20
酵母	0～3	0～3	0～3	0～3	0～5
稻谷	0～50	0～50	0～20	0～50	0

（三）经济原则

在养猪生产中，饲料费用占很大比例，一般要占到养猪成本的70％～80％。因此，配合日粮时，应充分利用饲料的替代性，就地取材，选用营养丰富、价格低廉的饲料原料来配合日粮，以降低生产成本，提高经济效益。同时，配合饲料必须注意混合均匀，才能保证配合饲料的质量。

（四）安全性原则

饲料安全关系到猪群健康，更关系到食品安全和人民健康。所以，配制的饲料要符合国家饲料卫生质量标准，饲料中含有的物质、品种和数量必须控制在安全允许的范围内，有毒物质、药物添加剂、细菌总数、霉菌总数、重金属等均不能超标。

三、猪饲料配方的设计

（一）不同生理阶段猪的配方设计要点

1. 乳猪（3～5 周龄以前）**、仔猪**（6～8 周龄以前）**和生长猪**（20～50 千克体重）**配合饲料配方设计**

重点是考虑消化能、粗蛋白质、赖氨酸和蛋氨酸的数量和质量。3～5 周龄以前的小猪更应坚持高消化能、高蛋白质质量的配方设计原则。体重低于 50 千克的猪，生产性能的 80％～90％靠这些营养物质发挥作用。此外，尽可能考虑使用生长促进剂和与仔猪健康有关的保健剂，有利于最大限度地提高乳、仔猪和生长猪的生长速度和饲料利用效率。

2. 肥育猪的饲料配方设计

首先考虑满足猪生长所需要的消化能，其次是满足粗蛋白质需要。微量营养物质和非营养性添加剂可酌情考虑。肥育最后阶段的饲料配方应考虑饲料对胴体质量的影响，保证适宜胴体质量具有重要商品价值，但需要选用符合安全肉猪生产有关规定的添加剂。

3. 妊娠母猪饲料配方设计

可以参考肥育猪日粮配方设计。微量营养素的需求与泌乳母猪明显不同。应根据妊娠母猪的限制饲养程度，保证在有限的采食量中能供给充分满足需要的微量营养物质，特别要注意有效供给与繁殖有关的维生素A、维生素D、维生素E、生物素、叶酸、尼克酸、维生素B_6、胆碱及微量元素锌、碘、锰等。

4. 泌乳母猪饲料配方设计

考虑的营养重点是消化能、蛋白质和氨基酸的平衡。泌乳高峰期更要保证这些营养物质的质量，否则会造成母猪动用体内储存营养物质维持泌乳，导致体况明显下降，严重影响下一周期的繁殖性能。泌乳母猪泌乳量大，采食量也大，微量营养素特别是微量元素供给不要超过需要量。

（二）猪日粮配方设计方法

日粮配合时首先要有配方，有了配方，然后“照方抓药”。猪日粮配方的设计方法很多，如四角法、线性规划法、试差法、计算机法等。目前多采用试差法和计算机法。

1. 试差法

试差法是生产中常用的一种方法。此法是根据饲养标准及饲料供应情况，选用数种饲料，先初步确定用量进行试配，然后将其所含养分与饲养标准对照比较，差值可通过调整饲料用量使之符合饲养标准的规定。应用试差法一般需经过反复的调整计算和对照比较。

【示例】肉脂型生长肥育猪体重35～60千克，现用玉米、大麦、大豆饼、棉籽饼、小麦麸、大米糠、国产鱼粉、贝壳粉、骨粉、食盐和1%的预混剂等饲料设计一个饲料配方。

第一步：根据饲养标准，查出35～60千克育肥猪的营养需要（表4-36）。

表4-36　35～60千克育肥猪每千克日粮的营养含量

消化能/(兆焦/千克)	粗蛋白质/%	钙/%	磷/%	赖氨酸/%	蛋氨酸+胱氨酸/%	食盐/%
12.97	14	0.50	0.41	0.52	0.28	0.30

第二步：根据饲料原料成分表查出所用各种饲料的养分含量，见表4-37。

第三步：初拟配方。根据饲养经验，初步拟定一个配合比例，然后计算能量蛋白质营养物质含量。初拟的配方和计算结果见表4-38。

表 4-37 各种饲料的养分含量

饲料	消化能/(兆焦/千克)	粗蛋白质/%	钙/%	磷/%	赖氨酸/%	蛋氨酸+胱氨酸/%
玉米	14.27	8.7	0.02	0.27	0.24	0.38
大麦	12.64	11	0.09	0.33	0.42	0.36
豆粕	13.51	40.9	0.30	0.49	2.38	1.20
棉粕	9.92	40.05	0.21	0.83	1.56	2.07
小麦麸	9.37	15.7	0.11	0.92	0.59	0.39
大米糠	12.64	12.8	0.07	1.43	0.74	0.44
国产鱼粉	13.05	52.5	5.74	3.12	3.41	1.00
贝壳粉			32.6			
骨粉			30.12	13.46		

表 4-38 初拟配方及配方中能量蛋白质含量

饲　　料	比例/%	代谢能/(兆焦/千克)	粗蛋白质/%
玉米	58	8.277	5.046
大麦	10	1.264	1.10
豆粕	6	0.811	2.434
棉粕	4	0.397	1.620
小麦麸	10	0.937	1.57
大米糠	6	0.758	0.768
国产鱼粉	4	0.522	2.10
合计	98	12.966	14.66

第四步：调整配方，使能量和蛋白质符合营养标准。由表 4-38 中数据可以算出能量比标准少 0.004 兆焦/千克，蛋白质多 0.66%，用能量较高的玉米代替鱼粉，每代替 1%可以增加能量 0.012 兆焦[(14.27−13.05)×1%]，减少蛋白质 0.438%[(52.5−8.7)×1%]。替代后能量为 12.987 兆焦，蛋白质为 14.22%，与标准接近。

第五步：计算矿物质和氨基酸的含量，见表 4-39。

根据上述配方计算得知，饲粮中钙比标准低 0.266%，磷符合标准。只需要添加 0.8%(0.266÷32.6×100%) 的贝壳粉。赖氨酸和

表 4-39 矿物质和氨基酸含量

饲 料	比例/%	钙/%	磷/%	赖氨酸/%	蛋氨酸+胱氨酸/%
玉米	59	0.012	0.159	0.142	0.224
大麦	10	0.009	0.035	0.042	0.036
豆粕	6	0.018	0.029	0.143	0.072
棉粕	4	0.008	0.033	0.062	0.083
小麦麸	10	0.011	0.092	0.059	0.039
大米糠	6	0.004	0.086	0.044	0.026
国产鱼粉	3	0.172	0.094	0.102	0.03
合计	98	0.234	0.520	0.594	0.510

蛋氨酸+胱氨酸超过标准，不用添加。补充0.3%的食盐和1%的预混剂。最后配方总量为100.1%，可在玉米中减去0.1%，不用再计算。一般能量饲料调整不大于1%的情况下，日粮中的能量、蛋白质指标引起的变化不大，可以忽略。

第六步：列出配方和主要营养指标。

饲料配方：玉米58.9%、大麦10%、豆粕6%、棉粕4%、小麦麸10%、大米糠6%、国产鱼粉3%、贝壳粉0.8%、食盐0.3%、预混剂1%，合计100%。

营养水平：消化能12.987兆焦/千克、粗蛋白质14.22%、钙0.50%、磷0.52%、蛋氨酸+胱氨酸0.51%、赖氨酸0.59%。

2. 计算机法

应用计算机设计饲料配方可以考虑多种原料和多个营养指标，且速度快，能调出最低成本的饲料配方。现在应用的计算机软件，多是应用线性规划，就是在所给饲料种类和满足所求配方的各项营养指标的条件下，能使设计的配方成本最低。但计算机也只能是辅助设计，需要有经验的营养专家进行修订、原料限制，以及最终的检查确定。

3. 四角法（对角线法）

此法简单易学，适用于饲料品种少，指标单一的配方设计。特别适用于使用浓缩料加上能量饲料配制成全价饲料。其步骤如下。

（1）画一个正方形，在其中间写上所要配的饲料的粗蛋白质百分含量，并与四角连线。

（2）在正方形的左上角和左下角分别写上所用能量饲料（玉米）、浓缩料的粗蛋白质百分含量。

（3）沿两条对角线用大数减小数，把结果写在相应的右上角及右下角，所得结果便是玉米和浓缩料配合的份数。

（4）把两者份数相加之和作为配合后的总份数，以此作除数，分别求出两者的百分数，即为它们的配比率。

第四节 猪饲料配方举例

一、乳猪（哺乳仔猪）料配方

乳猪料配方见表 4-40～表 4-42。

表 4-40 乳猪人工乳配方

饲　料	配方 1	配方 2	配方 3	配方 4
牛乳/毫升	1000	1000	1000	1000
全脂奶粉/克	50	50	100	200
鸡蛋/克	50	50	50	50
酵母/克	1			
干酪素/克	15			
猪油/克	5			
葡萄糖/克	20	20	20	20
无机盐溶液/毫升	5	5	5	5
维生素溶液/毫升	5	5	5	5
营养含量				
干物质/克		19.6	23.4	24.7
消化能/兆焦		4.48	4.77	5.19
粗蛋白质/克		56.0	62.6	62.3

表 4-41 乳猪（哺乳仔猪）料配方（2～3 周）

饲　料	配方 1	配方 2	配方 3	配方 4	配方 5	配方 6	配方 7	配方 8
黄玉米粉/%	43.75	47.5	49.15	51.85	55.0	54.5	61.0	44.5

续表

饲 料	配方 1	配方 2	配方 3	配方 4	配方 5	配方 6	配方 7	配方 8
豆粕/%	25.8	24.5	27.8	25.2	22.0	27.5	22.5	37.5
脱脂奶粉/%	0	5.0	0	5.0	0	0	2.5	0
乳清粉/%	15.0	10.0	15.0	10.0	20.0	15.0	10.0	15.0
进口鱼粉/%	2.5	2.5	0	0	0	0	0	0
糖/%	5.0	5.0	5.0	5.00	0	0	0	0
苜蓿烘干草粉/%	2.5	0	0	0	0	0	0	0
油脂/%	2.5	2.5	0	0	0	0	1.0	0
碳酸钙/%	0.75	0.7	0.75	0.7	0.75	0.5	0.5	0.5
脱氟磷酸氢钙/%	0.95	1.05	1.05	1.0	1.0	1.25	1.25	1.25
碘化食盐/%	0.25	0.25	0.25	0.25	0.25	0.25	0.25	0.25
仔猪预混剂/%	1.0	1.0	1.0	1.0	1.0	1.0	1.0	1.0
合计/%	100	100	100	100	100	100	100	100

表 4-42 乳猪诱食料配方（3～5 周龄使用）

饲 料	配方 1	配方 2	配方 3	配方 4	配方 5	配方 6	配方 7
玉米/%	36.94	36.18	39.20	38.10	31.60	38.93	32.33
高粱/%			8.20	7.08			
大豆粕(50%)/%	27.00	6.93	8.43	6.87	13.28	18.92	10.72
膨化大豆/%		10.4	7.39	9.62	11.07		12.37
燕麦/%				10.8	11.88		
小麦/%		12.91		10.10			12.61
脱脂奶粉/%	11.74		9.48		11.07	18.10	11.55
奶清粉(高乳糖)/%	8.23	16.13	18.96		15.45	12.74	11.59
鱼粉/%		4.85	5.79	5.58	3.32	5.76	5.77
血粉(喷雾)/%		2.77		3.41			1.65
饲料酵母/%		2.08		2.08			
糖(甘蔗或甜菜)/%	12.95	4.83	1.00	2.37	0.37	3.48	0.04
固化脂肪/%		1.10	0.23	1.72	0.34	0.79	0.01
碳酸钙/%	0.41	0.53	0.38	0.64	0.49	0.35	0.47
碳酸氢钙/%	1.44	0.65	0.36	0.99	0.54	0.14	0.27

续表

饲　料	配方1	配方2	配方3	配方4	配方5	配方6	配方7
碘化食盐/%	0.25	0.25	0.25	0.25	0.25	0.25	0.25
微量元素预混料/%	0.3	0.3	0.3	0.3	0.3	0.3	0.3
维生素预混料/%	0.03	0.03	0.03	0.03	0.03	0.03	0.03
赖氨酸/%	0.53	0.04		0.04		0.20	
蛋氨酸/%	0.17	0.01		0.01			0.03
抗生素/%	0.01	0.01	0.01	0.01	0.01	0.01	0.01
合计/%	100	100	100	100	100	100	100

二、保育猪料配方

保育猪料配方见表4-43。

表4-43　保育猪料配方（10～20千克体重）

饲　料	配方1	配方2	配方3	配方4	配方5	配方6
玉米/%	62.40	59.30	60.0	65.25	56.62	43.85
炒小麦/%						13.18
麸皮/%	6.50	10.20	10.85		6.94	0
豆粕/%	16.20	0	19.57		16.33	11.68
膨化大豆/%	5.40	24.27	0	9.35	0	6.34
乳清粉/%				17.01	9.77	10.85
CP60%的鱼粉/%	1.89	4.04	4.66	3.23	6.15	6.34
蚕蛹/%	1.35			2.55		
菜籽饼/%	2.12					3.5
饲料酵母/%	0					1.81
油脂/%	1.44	0	2.70			1.25
碳酸钙/%	0.58	0.65	0.59	0.45	2.65	0.51
磷酸氢钙/%	1.30	0.91	0.89	1.34	0.46	0.21
食盐/%	0.10	0.20	0.30	0.30	0.54	0.20
碳酸氢钠/%	0.25				0.20	0.20
赖氨酸/%	0.08	0.02	0.02			

续表

饲　　料	配方 1	配方 2	配方 3	配方 4	配方 5	配方 6
蛋氨酸/%	0.01	0.02	0.01	0.03		
微量元素预混料/%	0.30	0.30	0.30	0.30	0.30	0.30
复合多维/%	0.03	0.03	0.10	0.03	0.03	0.03
生长促进剂/%	0.01	0.01	0.01	0.01	0.01	0.01
调味剂/%	0.04	0.05	0	0.15	0	0.1
合计/%	100	100	100	100	100	100

注：预混料组成：硫酸亚铁 7.8594%、硫酸锌 6.9435%、硫酸铜 8.2722%、硫酸锰 3.0972%、碘化钾 0.0045%、亚硒酸钠 0.0117%、碳酸氢钠 3.8115%；生长促进剂可选用土霉素、喹乙醇或其他抗生素。

三、生长育肥猪饲料配方

生长育肥猪饲料配方见表 4-44～表 4-46。

表 4-44　生长肥育猪饲料配方（20～55 千克体重生长猪）

饲　　料	配方 1	配方 2	配方 3	配方 4	配方 5	配方 6
玉米/%	61.61	31.50	36.00	56.50	59.0	57.7
大麦/%		41.93				
高粱/%			30.75			
小麦/%	7.2	8.37				
稻谷/%				11.27		
细米糠/%				12.40	9.74	7.43
麦麸/%	10.25		13.25		13.91	13.73
大豆粕(粗蛋白质 50%)/%	4.64	5.85	6.85	6.96	4.4	5.52
膨化大豆/%	5.41				4.85	4.94
棉籽粕/%			5.9			3.85
鱼粉(粗蛋白质 60%)/%	3.09	3.90			2.63	
蚕蛹/%			4.77	4.63		
菜籽粕/%	3.87	4.88		5.79	3.95	4.40
油脂/%	1.79	1.56				

续表

饲　　料	配方 1	配方 2	配方 3	配方 4	配方 5	配方 6
碳酸钙/%	0.73	0.58	0.87	0.97	1.05	1.06
碳酸氢钙/%	0.51	0.54	0.75	0.60	0.05	0.42
食盐/%	0.30	0.30	0.30	0.30	0.30	0.30
赖氨酸/%	0.13	0.13	0.18	0.12	0.11	0.17
蛋氨酸/%	0.01		0.02			0.02
抗生素(生长剂)/%	0.01	0.01	0.01	0.01	0.01	0.01
碳酸氢钠/%	0.2	0.2	0.2	0.2	0.2	0.2
0.2%微量元素预混料/%	0.20	0.20	0.20	0.20	0.20	0.20
0.05%维生素预混料/%	0.05	0.05	0.05	0.05	0.05	0.05
合计/%	100	100	100	100	100	100

表 4-45　55～90 千克体重生长肥育猪饲料配方

饲　　料	配方 1	配方 2	配方 3	配方 4	配方 5	配方 6
玉米/%	13.0	20.0	20.0	32.0	15.0	34.0
大麦/%	35.0	24.0	25.0	30.0	25.0	10.0
稻谷糠/%		5.0	10.0		5.0	5.0
麸皮/%	31.0	30.0	30.0	30.0	20.0	30.0
细米糠/%			5.5			
棉籽饼/%	10.0					
菜籽饼/%	5.0	5.0	8.0	3.0	6.0	5.0
米糠饼/%	4.5	15.0		3.5	28.0	15.0
食盐/%	0.5		0.5	0.5		
预混料/%	1.0	1.0	1.0	1.0	1.0	1.0
合计/%	100	100	100	100	100	100

表 4-46　生长肥育猪饲料配方（瘦肉型）

饲　　料	20～35 千克体重			35～80 千克体重			80 千克体重到出栏			
	配方 1	配方 2	配方 3	配方 1	配方 2	配方 3	配方 1	配方 2	配方 3	配方 4
玉米/%	67.5	65.3	69.5	70.5	65.5	70.0	73.4	67.0	68.4	70.6

续表

饲　　料	20～35千克体重			35～80千克体重			80千克体重到出栏			
	配方1	配方2	配方3	配方1	配方2	配方3	配方1	配方2	配方3	配方4
豆粕/%	28.8	28.0	19	25.8	24.8	16.0	22.9	20.2	21.4	15.5
麸皮/%		3.0	3.0		6.0	3.0		9.1	7.0	8.0
鱼粉/%			6.0			6.0				3.0
二磷酸钙/%	1.7	1.3	1.0	1.7	1.3	1.0	1.7	1.7	1.2	0.8
碳酸钙/%	0.6	1.0	0.7	0.6	1.0	0.7	0.6	0.6	0.7	0.8
食盐/%	0.4	0.4	0.3	0.4	0.4	0.3	0.4	0.4	0.3	0.3
维生素预混料/%	0.25	0.25	0.25	0.25	0.25	0.25	0.25	0.25	0.25	0.25
微量元素预混料/%	0.25	0.25	0.25	0.25	0.25	0.25	0.25	0.25	0.25	0.25
药物添加剂/%	0.50	0.5	0.50	0.50	0.5	0.50	0.50	0.5	0.50	0.5
合计/%	100	100	100	100	100	100	100	100	100	100

四、种猪的饲料配方

种猪的饲料配方见表4-47～表4-49。

表4-47　种公猪饲料配方

饲　　料	配种期			非配种期		
	配方1	配方2	配方3	配方1	配方2	配方3
玉米/%	43.0	38.60	42.0	65.0	38.3	31.0
大麦/%	34.0					
麸皮/%	5.0	11.83		14.0	14.4	11.5
高粱/%		3.0	4.5		3.0	4.5
米糠/%			18.0			
槐叶粉/%	8.0			3.0		
豆饼/%	8.0	19.7	22.0	15.0	11.1	6.0
葵花饼/%		2.37	5.0		3.7	10.0
花生饼/%			5.0			
玉米青贮/%		6.51			7.6	16.0

续表

饲料	配种期			非配种期		
	配方1	配方2	配方3	配方1	配方2	配方3
酒糟/%		14.62			18.8	18.0
骨粉/%		0.79	1.0		0.7	0.7
贝壳粉/%	0.5	0.79	1.0	1.5	0.7	0.7
食盐/%	0.5	0.79	0.5	0.5	0.7	0.6
1%预混剂/%	1.0	1.0	1.0	1.0	1.0	1.0

表4-48 种母猪饲料配方

饲料	妊娠阶段			泌乳阶段		
	配方1	配方2	配方3	配方1	配方2	配方3
玉米/%	74.53	75.57	59.18	76.13	65.52	62.8
统糠/%			6.42		6.98	7.51
麦麸/%	8.10	10.50	12.00	3.70	9.50	10.20
鱼粉(粗蛋白质50%)/%	5.06	3.69	5.62	3.03	5.07	3.93
大豆粕/%		4.22	6.58	6.05		
饲料酵母/%					4.34	
棉籽粕/%						5.10
葵花籽粕/%						2.83
苜蓿/%	4.34	3.68	8.43			
菜籽粕/%				3.41	7.24	5.67
大豆/%	5.79			4.92		
碳酸钙/%	0.34	0.02	0.12	0.24	0.02	0.42
碳酸氢钙/%	1.16	1.67	1.00	1.68	0.61	0.80
食盐/%	0.30	0.30	0.30	0.30	0.30	0.30
微量元素预混料/%	0.30	0.30	0.30	0.30	0.30	0.30
维生素预混料/%	0.04	0.04	0.04	0.04	0.04	0.04
赖氨酸/%	0.02			0.13	0.07	0.09
蛋氨酸/%	0.01			0.06		
抗生素/%	0.01	0.01	0.01	0.01	0.01	0.01
合计/%	100	100	100	100	100	100

表 4-49　空怀母猪饲料配方

饲　料	配方 1	配方 2	配方 3	配方 4	配方 5	配方 6	配方 7	配方 8	配方 9
玉米/%	65.0	45.0	20.0	66.0	65.0	40.0	20.0		
麸皮/%	12.0	15.0	5.0	15.0	15.0		10	10	
碎米/%		15.0	45.0			25.0	45.0	65.0	65.0
菜籽粕/%	3.0	4.0	4.0	3.0		3.0	5.0	7.0	5.0
棉籽粕/%	3.0	4.0	3.0	3.0	6.0	3.0	2.0		4.0
豆饼/%	3.0		2.0	3.0	4.0	3.0	3.0	2.0	
肠衣粉/%	4.0	5.0	5.0						6.0
粉浆蛋白/%				4.0	4.0	4.0	4.0	5.0	
细米糠/%	3.0	5.0	9.0			15.0	5.0	5.0	13.0
青饲料/%	3.7	3.7	3.7	2.7	2.7	3.7	2.7	2.7	3.7
骨粉/%	2.0	2.0	2.0	2.0	2.0	2.0	2.0	2.0	2.0
食盐/%	0.3	0.3	0.3	0.3	0.3	0.3	0.3	0.3	0.3
预混剂/%	1.0	1.0	1.0	1.0	1.0	1.0	1.0	1.0	1.0
合计/%	100	100	100	100	100	100	100	100	100

猪的饲养管理

核心提示

饲养管理是养猪的最重要环节，饲养管理好坏直接影响猪场的经济效益。一要做好猪种管理。选择优质的后备猪，培育体格健壮、发育良好、具有品种典型特征和种用价值高的种猪。保证公猪适宜的体况，加强卫生管理，保持适当运动和使用频率等。加强母猪各个时期的饲养管理，如及时配种，合理饲喂，做好接产工作等，增加产仔数，提高仔猪成活率等。二是根据仔猪不同时期内生长发育特点及对饲养管理的要求，科学管理。哺乳仔猪阶段要抓好“三关”，提高成活率。断奶仔猪阶段要保持适宜的环境条件，合理分群，增加采食量，控制疾病，促进生长和仔猪健康。三是根据猪的生长发育规律，应用猪遗传育种、饲料营养、环境控制等方面的研究成果，采用科学的饲养管理与疫病防治技术，缩短肥育猪育肥期，提高胴体品质。

第一节　种猪的饲养管理

一、后备猪的饲养管理

从仔猪育成阶段到初次配种，是后备猪的培育阶段，培育后备猪的任务是获得体格健壮、发育良好、具有品种典型特征和种用价值高的种猪。根据种猪生长发育的特点做好后备猪的选择工作，科学饲养管理，适时掌握配种月龄。

（一）后备猪的选择

选择好后备猪，是养猪场保持较高生产水平的关键。后备猪的选择标准见表5-1。

表5-1　后备猪的选择标准

类　型	指　标	选　择　标　准
后备公猪	体型外貌	要求头和颈较轻细，占身体的比例小，胸宽深，背宽平，体躯要长，腹部平直，肩部和臀部发达，肌肉丰满，骨骼粗壮，四肢有力，体质强健，符合本品种的特征。即毛色、体型、头形、耳形要一致
	繁殖性能	要求生殖器官发育正常，不能有诸如疝气、隐睾、偏睾、乳头排列不整齐、瞎乳头等遗传性疾病的存在，否则首先会影响猪群生产性能的发挥，其次是给生产管理带来许多不便，严重的可造成猪死亡，有缺陷的公猪要淘汰。应对公猪精液的品质进行检查，要求公猪精液质量优良，性欲良好，配种能力强
	生长肥育性能	生长发育正常，精神活泼，健康无病，膘情适中。要求生长快，一般瘦肉型公猪体重达100千克的日龄在170天以下；耗料省，生长育肥期每千克增重的耗料量在2.8千克以下；背膘薄，100千克体重测量时，倒数第三到第四肋骨离背中线6厘米处的超声波背膘厚在15毫米以下；同窝猪产仔数在10头以上，乳头在6对以上，且排列均匀，四肢和蹄部发育良好，行走自如，体长，臀部丰满，睾丸大小适中，左右对称
后备母猪	体型外貌	外貌与毛色符合本品种要求。乳房和乳头是母猪的重要特征表现，除要求具有该品种所应有的奶头数外，还要求乳头排列整齐，有一定间距，分布均匀，无瞎、内翻乳头。外生殖器正常，四肢强健，四肢有问题的母猪会影响以后的正常配种、分娩和哺育功能。体躯有一定深度
	繁殖性能	后备种猪在6～8月龄时配种，要求发情明显，易受孕。淘汰那些发情迟缓、阴门较小、久配不孕或有繁殖障碍的母猪。当母猪有繁殖成绩后，要重点选留那些产仔数高、泌乳力强、母性好、仔猪育成多的种母猪。根据实际情况，淘汰繁殖性能表现不良的母猪
	生长肥育性能	可参照公猪的方法，但指标要求可适当降低，可以不测定饲料转化率，只测定生长速度和背膘厚。后备母猪选留的数量要根据公猪的配种能力来确定，不能一次选留太多，造成配种困难，每月要均衡选留

（二）后备猪的饲养

后备猪与商品猪不同，商品猪生长期短，饲喂方式为自由采食，体重达到90～105千克即可屠宰上市，追求的是高速生长的发达的肌肉组织，而后备猪是作为种用的，不仅生存期长（3～5年），而且还担负着周期性强和较重的繁殖任务。因此，应根据种猪的生活规律，在其生长发育的不同阶段控制饲料类型、营养水平和饲喂量，使其生殖器官能够正常地生长发育。

后备猪的饲养要求是能正常生长发育，保持不肥不瘦的种用体况。适当的营养水平是后备猪生长发育的基本保证，过高、过低都会造成不良影响。后备猪正处于骨骼和肌肉生长迅速时期，因此，饲粮中应特别注意蛋白质和矿物质中钙、磷的供给，切忌用大量的能量饲料喂猪，从而形成过于肥胖、四肢较弱的早熟型个体。决不能将后备猪等同于成年猪或育肥猪饲养。后备猪在3～5月龄或体重35千克以前，精料比例可高些，青粗饲料宜少。当体重达到35千克以后，则应逐渐增加青粗饲料的喂量。特别是在5～6月龄以后，后备猪就有大量储积体脂肪的倾向，这时如不减少含能量高的精饲料，增加青粗饲料的比例，就会使后备猪过肥，种用价值降低。青粗饲料既能给幼猪提供营养，又能使消化器官得到应有的锻炼，提高耐粗能力。所以，利用青绿多汁饲料和粗饲料，适当搭配精料是养好后备猪的基本保证。但后备公猪饲粮中的青粗饲料比例，应少于后备母猪，以免形成草腹大肚，影响以后配种。

可以根据后备猪的粪便状态判断青粗饲料喂量是否适当及有无过肥倾向。如果粪便比较粗大，则是青粗饲料喂量合适的表现，消化器官已得到充分发育，体内无过多的脂肪沉积，今后体格发育长大。相反，如粪便细小则说明青粗饲料喂得不够，或者猪过肥，将来体格发育较短小。

后备猪的生长发育有阶段性，一般6～8月龄以前较快，以后则逐渐减慢。2～4月龄阶段的生长发育对后期发育影响很大。如果前期生长发育受阻，后期生长发育就会受到严重影响。因此，养好断奶后头2个月的幼猪，是培育后备猪的关键。如果地方品种4月龄体重能达到20～25千克，培育品种4月龄体重达到或超过35～40千克，以后的发育就会正常。2～4 月龄阶段发育不好，以后就很难正常发育。

【特别提示】 对青年母猪在配种前 7～10 天，进行短期优饲，即在原饲料基础上适当增加精料喂量，可增加母猪的排卵数，从而提高产仔数。配种结束后则应恢复到愿来的饲养水平，去掉增喂的精料。

后备公猪的饲料严禁发霉变质和有毒有害，适口性好，体积不宜过大（过大造成公猪腹大影响配种）。后备猪饲喂湿拌料，日喂 3 次为宜。日粮多样化，有利于提高营养价值和利用率。后备猪的饲喂方案见表 5-2。

表 5-2　后备猪的饲养方案

饲养阶段及饲养要点		月龄						
		2	3	4	5	6	7	8
体重/千克	大	20	30	45	60	80	100	130
	小	15	25	35	50	65	80	100
风干饲料给量占体重/%		5	4.8	4.5	4.0	3.5	3.5	3.0
粗蛋白质比例/%		17	16	15	14	14	14	13
日给料次数/(次/天)		6	5	4	4	3	3	3

（三）后备猪的管理

1. 分群管理

为提高后备猪的均匀整齐度，可按性别（公母猪分开）、体重大小分成小群饲养，每圈可养 4～6 头，饲养密度适当。饲养密度过高影响生长发育，出现咬尾、咬耳等恶癖。小群饲养有两种饲喂方式：一是小群分格饲喂（可自由采食，可限量饲喂），这种喂法优点是猪争抢吃食快，缺点是强弱吃食不均，容易出现弱猪。二是单槽饲喂小群运动，优点是吃食均匀，生长发育整齐，但栏杆食槽设备投资较大。

2. 运动

为了促进后备猪骨骼发育，体质健康，猪体发育匀称均衡，特别是四肢灵活坚实，要适度运动。伴随四肢运动全身有 75%的肌肉和器官同时参加运动，尤其是放牧运动可呼吸新鲜空气和接受日光浴，拱食泥土和青绿饲料，对促进生长发育和抗病力有良好的作用。为此国外有些国家又开始提倡实施放牧运动和自由运动。

3. 调教

后备猪从小要加强调教管理。从幼猪阶段开始，利用称量体重、喂食等程序进行口令和触摸等亲和训练，严禁粗暴地打骂它们，建立人与猪的和睦关系，便于将来采精，配种、接产、哺乳等繁殖时操作管理。怕人的公猪性欲差，不易采精，母猪常出现流产和难产现象；训练良好的生活规律，规律性的生活使猪感到自在舒服，有利于生长发育；经常对耳根、腹测和乳房等敏感部位触摸训练，这样既便于以后的管理、疫苗注射，还可促进乳房的发育。

4. 定期称重

后备猪不同的月龄都有相对应的体重范围，最好按月龄进行个体称量体重，了解后备猪生长发育情况。根据各月龄体重变化，适时调整饲料的饲养水平和饲喂量，达到品种发育要求。

5. 日常管理

后备猪需要防寒保温、防暑降温、清洁卫生等环境条件的管理。

（四）后备猪的使用

后备猪发育到一定月龄和体重时，便有了性行为和性功能，称为性成熟，此时公母猪具有繁殖能力，性成熟的月龄与品种、饲养管理水平和气候条件有关，公猪使用时间为9～10月龄，体重达120～140千克；母猪使用时间为8～9月龄，体重达110～130千克。

何时给后备母猪配种是非常重要的，过早，其生殖器官仍然在发育，排卵数量少，产仔数少，仔猪初生体重小，母猪乳腺发育不完善，泌乳量少，造成仔猪成活率低。配种过晚，由于饲养日期长，体内会沉积大量脂肪，身体肥胖，会造成内分泌失调，使母猪发生繁殖障碍，如不易发情、产仔数少，分娩困难等。

那么，何时给后备母猪配种合适呢？在达到上述月龄和体重后的第三个发情期给后备母猪配种比较理想。后备公猪开始使用时一周不能多于两次，使用次数过多会使母猪受胎率和产仔率下降。

【注意】 后备公猪达到性成熟后，会烦躁不安，经常互相爬跨，不好好采食，生长迟缓，尤其是早熟品种更突出。为克服这种现象，后备公猪性成熟后实行单圈饲养，合群运动，除自由运动以外，还要进行放牧或驱赶运动，这样既可保证食欲，增强体质，又可避免造成自淫的恶习。

二、种公猪的饲养管理

种公猪要有良好的繁殖性能。为了提高与配种母猪的受胎率和产仔数，对种公猪要进行良好的饲养管理。

（一）种公猪的饲养

1. 供给营养良好的日粮

种公猪的一次射精量通常有 200～500 毫升，精液含干物质约 4.6%，在干物质中约有 80%以上为蛋白质，精子的活力和密度越高，受胎率就越高。影响精液质量的重要因素是公猪的营养水平和健康状况。在公猪的各种营养中，首要的是蛋白质、维生素 A、钙和磷。

在公猪的日粮中，必须保证蛋白质水平不低于 18%。在非配种期，粗蛋白质水平不低于 14%，要求蛋白质中所含必需氨基酸达到平衡，在配种期的日粮中，应适应搭配 5%～10%的动物性蛋白质饲料。这对提高精液品质有显著影响。建议种公猪日粮营养水平：消化能 12.54 兆焦/千克，粗蛋白质 13%～14.5%，钙 0.75%～0.85%，磷 0.5%～0.6%，食盐 0.35%～1.4%。

公猪的日粮以含蛋白质的精料为主，保证日粮的各种营养素达到平衡，不宜喂过多的青粗饲料或以完全碳水化合物饲料组成的日粮，以免公猪腹大、肥胖，导致体质虚弱，生殖机能减退，甚至完全丧失生殖能力。

2. 合理饲喂

应根据公猪的体重、季节、肥瘦、配种强度等实际情况做相应的饲喂调整，以使其终年保持健康结实、性欲旺盛、精力充沛的体质，并提高精液的品质。如采用季节配种时，配种前 1～1.5 个月应逐渐增加营养，待配种结束后再恢复原来的饲养水平；在公猪配种期应适当加大动物性蛋白质饲料的供给（如加喂鸡蛋、鱼粉等）；寒冷季节时，提高日粮营养水平。

种公猪每天一般喂两次，给饲量占体重 2.5%～3%，如体重 90～150 千克的猪，日喂量为 2～2.5 千克/头；或在非配种期每天给饲量 2.5 千克，配种期每天给饲量 3 千克，每次饲喂至七八成饱即可。

【注意】膘情较好的适量少喂，膘情较差的适量多喂。冬季应该增喂饲料 5%～10%。饲喂时还应该注意同时供给充足而清洁的饮水。

(二) 种公猪的管理

1. 一般管理

(1) 单圈饲养　种公猪（尤其是开始配种利用的种公猪）应该单圈饲养，以减少公猪与其他猪间的直接接触，减少相互的咬斗和干扰，并防止公猪因爬跨和自淫而影响其种用价值。

(2) 保持圈舍和猪体卫生　公猪舍应每天定时清扫，保持圈舍的清洁卫生和干燥；每天刷拭公猪皮毛，保持猪体卫生，防止皮肤病和体表寄生虫病发生；公猪的犬齿生长很快，尖且锐利，极易伤害管理人员和母猪，所以要求兽医定期剪除。

(3) 保持适宜的环境　公猪对冷的适应性比耐热性强，炎热的夏季，公猪食欲不振，性欲不强，精子数减少，异常精子增加，受胎率低，因此，必须切实搞好防暑降温，猪舍周围植树遮荫，舍内保持清洁，通风良好，定时洒水。炎热夏季应对公猪淋浴，这样即可以减轻热应激，有利于猪体卫生。

(4) 适量运动　通过适量运动可以促进种公猪的食欲、增强体质、减少体内脂肪、改善精液质量。种猪舍应设置运动场地让猪自由运动，或可每天进行强迫驱赶运动。

要求种公猪每天上午和下午坚持运动各一次，每次运动 0.5～1 小时，行程 2～3 千米。夏季宜早晚运动，冬季宜中午运动。运动后不宜立即洗澡和饲喂。配种旺盛期要减少运动，非配种期适当增加运动。

2. 配种管理

(1) 适配年龄和配种次数　后备公猪的初情期一般为 6～7 月龄，但适配年龄应不小于 9 月龄。公猪开始利用时强度不宜过大，采用本交时每头公猪可负担 20～30 头母猪的配种任务，一般要求青年公猪每周配种次数不超过 2 次，成年公猪每周最多不超过 5 次，每天只能使用 1 次，连续使用不超过 3 天，成年公猪每 1～2 天使用一次较为适宜，如果连续交配，精子数必定减少，精子活力也会降低，从而降低受胎率和产仔数。若采用人工授精，则可成倍减少公猪的饲养数量，并且可节省公猪的饲养费用。公猪的使用年限一般为3～4年，规模化猪场的公猪淘汰率为25%～35%。

（2）定时定点配种　定时定点配种的目的在于培养种公猪的配种习惯，有利于安排作业顺序。于早晚喂食前进行配种，配种前后半小时内不供给水和料，不饮用冷水或用冷水冲洗猪体。同时应注意周边环境保持安静，减少配种时的意外损伤，保证顺利配种。

（3）消毒　在每次配种前最好用0.1%高锰酸钾溶液或其他无刺激消毒液对公猪的包皮和母猪的外阴部进行清洗消毒，而后再进行配种。配种结束后，要做好公猪配种记录。

（4）检查精液品质　配种开始前1～1.5个月应对每头种猪的精液品质进行检查，着重检查精子的数量、活力，从中发现问题，以便及时改进。

三、空怀母猪的饲养管理

后备母猪配种前第10天左右、经产母猪从仔猪断奶至发情配种这段时间的母猪叫空怀母猪。饲养管理的任务是保持母猪正常的种用体况（七八成膘为宜），能正常发情、排卵，并能及时配上种。此期应特别重视日粮中蛋白质的数量和质量，并保证维生素及矿物质的充分供应，并适当搭配部分青绿多汁饲料。

（一）母猪的发情期与配种适宜时间

1. 母猪的发情期

母猪的发情期一般1～5天，平均3～4天；发情周期为15～25天，平均为21天。母猪的年龄和品种不同，发情期的长短也有差异，青年母猪一般发情期稍长，老龄母猪稍短，瘦肉型猪（如长白猪、约克夏猪等）发情期较长，可达5～7天，地方猪种发情期短，此外，母猪发情期的长短和发期周期的长短，又往往与饲养条件有关。

2. 母猪的排卵潜力

母猪一次发情可排卵16～18个，多的可达35个以上，母猪所排的卵并非都能受精，只有85%～95%的卵能正常受精，有5%～15%的卵不能受精，另外，卵子从其受精开始直到形成胎儿，或者直到胎儿出生，还要死亡35%～40%。受精卵死亡的原因有两个，一是卵子在受精后的第10～13天，在子宫壁着床的过程中，在部分受精卵未能顺利着床发育而死亡，二是已着床的受精卵，发育到60～70天时，由于着床子宫的位置不同，获得母体的营养不均衡，营养竞争失利者先死亡，到胎儿出生时，又可能死亡1～2头，结果真正活下来的仔猪只占受精卵的60%左右。

3. 母猪配种的适宜时期

为了掌握母猪的准确配种时间，一定要了解母猪发情与排卵的关系，也应了解母猪发情与排卵的关系。实践证明，瘦肉型猪一般在发情后24～56小时内排卵，卵子排出后能存活12～24小时，但保持受精活力时间仅为8～12小时，精子在母体内能存活15～20小时，能达到受精部位即输卵管的上1/3处，需2～3小时，按此推算，配种最适宜的时期在发情后24～36小时之内。从母猪发情的外部表现看，只要让公猪爬跨，阴门流出的黏液能拉成丝，情绪比较安定，用手按其背呆立不动，正是配种的好时机。为了多产仔，可在第一次配种后，间隔8～12小时，再复配一次，一般对提高受精率有良好的效果，可多生1～2头小猪。对于杂种母猪（杂交一代），在进行三元杂交时，可以作为母本猪来用。这种母猪一般发情明显，而且发情期较短，应在发情后12～24小时内配种。另外，经产母猪生过几胎后，应提前配种，青年猪初次发情，应稍晚点配种，即所谓老配早、小配晚、不老不小配中间。有的猪种（如北京黑猪）初配期发情不明显，稍不注意就会失配，故应注意观察。

【注意】在农村，公、母猪往往来自同窝，相互配种，造成近亲繁殖，产生怪胎，仔猪生活力不强，容易死亡，应尽力避免这种情况发生。

空杯母猪生产力的好坏，主要看其是否能按时正常发情与配种后配准率及受胎率高低。

（二）空怀母猪的饲养

对于配种前的后备母猪，体重100千克时每天必须供给质量好的干料3千克（消化能13～13.5兆焦/千克和赖氨酸0.65%～0.75%、钙0.9%、磷0.75%），在配种前2周，喂料量增至3.5～3.75千克/天，这样可促进排卵量。配种后将饲料立即降为1.8千克/天，采用妊娠期饲料，在怀孕30天后逐渐增至2.5千克/天，防止此期胚胎着床失败和胎儿生长发育缓慢，怀孕后期增加饲料至3.0～3.5千克/天。

泌乳后期母猪膘情较差，过度消瘦的，特别是那些泌乳力高的个体失重更多。乳房炎发生概率不大，断奶前后可少减料或不减料，干乳后适当增加营养，使其尽快恢复体况，及时发情配种。断奶前膘情相当好，泌乳期间食欲好，带仔头数少或泌乳力差，泌乳期间掉膘少。这类母猪断奶前后都要少喂配合饲料，多喂青粗饲料，加强运动，使其恢复到适度膘情，及时发情配种。“空怀母猪七八成膘，容易怀胎产仔高”。

目前，许多国家把沿着母猪最后肋骨在背中线下6.5厘米的P2点（腰荐椎结合处）的脂肪厚度作为判定母猪标准体况的基准。作为高产母猪应具备的标准体况，母猪断奶后应在2.5，在妊娠中期应为3，产仔期应为3.5。母猪体型评分见表5-3。

表5-3　猪的体型评分

分值	体况	P2点脂肪厚度/毫米	髋骨突起的感觉	体型
5	明显肥胖	＞25	用手触摸不到	圆形
4	肥	21	用手触摸不到	近乎圆形
3.5	略肥		用手触摸不明显	长筒型
3	正常	18	用手能摸到	长筒型
2.5	略瘦		手摸明显，可观察到突起	狭长形
1～2	瘦	＜15	能明显观察到	骨骼明显突出

（三）空怀母猪的管理

1. 适时配种

母猪交配时间是否适当，是决定能否受胎与产仔数多少的关键一环。加强母猪发情的观察和试情工作，适时配种，定期称重和检查公猪精液品质，并作好配种记录并妥善保存。

【注意】每天检查母猪是否发情。母猪发情时表现精神不安，呼叫，外阴部充血红肿，食欲减退或废绝，阴门有浓稠样黏液分泌物流出，并出现“静立反射”，即母猪站立不动，接受公猪爬跨，用双手按压其背部仍静立不动。有此现象后再过半天，即可进行配种或输精。

一般老母猪发情时间短，配种时间要适当提前；小母猪发情时间长，配种时间可适当推迟；引入的培育品种小母猪发情时间短，应酌情确定配种时间。一般说“老配早，小配晚，不老不小配中间”，就生动反映了我国猪种发情排卵的规律。就猪种来说，培育品种早配，本地猪种晚配，杂种猪居中间配。本地猪一般发情明显，外国猪则不明显，但只要认真观察也不难发展。为了使发情不明显的母猪不至于漏配，可利用试情公猪在配种情期内，每日早、午、晚进行三次试情。

断奶后的空怀母猪可饲养在大圈内，加强运动和公猪诱情。一般母断奶后 3～7 天，即开始发情并可配种，流产后第一次发情不予配种，生殖道有炎症的母猪治疗后再配种，配种宜在早、晚进行，每个发情期应配 2～3 次，第一次配种用生产性能好，受胎率高的公猪配，第二次配种可用稍次的公猪。一天二次检查母猪发情，本交以母猪有压背反射后半天进行第一次配种，间隔 12～18 小时后进行第二次配种，定期补充后备母猪到配种舍。配种后 21 天未发现者，可初步确认为妊娠，可将之转入怀孕舍饲养。配种方法可采用本交和人工授精。

(1) 本交　本交可分为自然交配和辅助交配。公猪交配的时间应在饲喂前或饲喂后 2 小时进行。交配完毕，忌让公猪立即下水洗澡或卧在阴湿地方，遇风雨天交配宜在室内进行，夏天宜在早晚凉爽时进行。

自然交配：让公猪直接完成交配，自然交配又分为自由交配和人工辅助交配两种。自由交配的方法是让公猪和发情的母猪同关在一圈内，让其自由交配，自由交配的方法省事，但不能控制交配的次数，不能充分利用优秀公猪个体，同时很容易传播生殖道疾病，此法不宜推广使用。

人工辅助交配：人工辅助交配是在人工辅助下，让公猪完成交配，方法是选择远离公猪舍，安静、平坦的场地为交配场；先将母猪赶入场地，然后赶入指定的与配公猪，当公猪爬上母猪后，将母猪尾巴拉向一侧，便于公猪阴茎插入阴道，必要时还可人工助其插入，如果公母猪体格大小相差较大，为防止意外事故，交配场地可选择一斜坡，若母猪体格大，公猪站在高处，母猪体格小，让公猪站低处。在公猪爬跨上母猪时，必要时辅以人工扶持，以防止公猪压伤母猪。

（2）人工授精　采用人工授精是加快养猪业发展的有效措施之一，其优点是可以提高优良公猪的利用率，减少公猪的饲养数量；可以克服公母猪大小比例悬殊时进行本交的困难，有利于杂交改良工作的进行；可提高母猪的受胎率，增加产仔数和窝重；避免疫病传播；还可解决多次配种所需要的精液。

2. 日常管理

（1）舍内适宜的环境　根据舍内温度和空气状况，控制舍内的通风换气。保持舍内空气流通、采光良好、温湿度适宜。

（2）清洁卫生　清理清扫猪栏、走道和配种间的污物，保持舍内清洁卫生和猪体卫生。

（3）查情　准确有效判断母猪发情是一项重要的日常工作，也是一项重要的技术工作，一般在早上8:30和下午4:30进行。对所有断奶的母猪、复配的母猪、后备母猪进行查情，并做标记，以利于配种。

3. 不发情母猪的处理

无生殖道疾病，断奶后两周不发情的母猪时应采取以下措施：减料50%或一天不给料，仅给少量水，使之有紧迫感，一般3～5天可再发情；或注射催情药物，前列腺素（PG）或其类似物，促卵泡素（FSH），促黄体素（LH），孕马血清促性腺激素（PMSG），绒毛膜促性腺激素（HCG）。

4. 合理淘汰母猪

根据母猪的生产性能和胎次进行合理的淘汰，以提高母猪群的繁殖能力。连续返情2次以上的母猪、腿病造成无法配种且治疗无效、体况过肥或过瘦（进行饲喂和运动调整2周以上仍不能配上种）、连续两胎产仔数在5头以下、产后无乳、6胎以上体况不好或繁殖性能下降、断奶后产道不明原因的炎症且1周内不能痊愈的猪，都应该淘汰。

四、妊娠（怀孕）母猪的饲养管理

母猪妊娠期从卵子受精开始至分娩结束，平均114天（111～117

天）。胎儿的生长发育完全依靠母体，对妊娠母猪良好的饲养管理，可使母猪在妊娠期间体重适量增加，保证胎儿生长发育良好，最大限度地减少胚胎的死亡，能生产出头数多、初生体重大、生命力强的仔猪，而且产后母猪有健康体况和良好的泌乳性能，从而提高养猪生产水平。

（一）妊娠母猪的生理特点

1. 代谢旺盛

母猪在妊娠期间，由于孕激素的大量分泌，机体的代谢活动加强，在整个妊娠期代谢率增加 10%～15%，后期可高达 30%～40%。新陈代谢机能旺盛，对饲料的利用率提高，蛋白质的合成增强。怀孕母猪和空怀母猪饲喂同一种饲料，喂量相同，怀孕母猪不仅可生产一窝仔猪，而且可增加体重。

2. 体重增加

妊娠增重是动物的一种适应性反应，母猪不仅自身增重，而且还有胎儿、胎盘和子宫的增重。在妊娠期间，胎儿的生长有一定的规律。妊娠开始至 60～70 天，是前期阶段，此时主要形成胚胎的组织器官。胎儿本身绝对增重不大，而母猪自身增重较多，妊娠 70 天至妊娠结束为后期阶段，此阶段胎儿增重加快，初生仔猪重量的70%～80%是在妊娠后期完成的，并且胎盘、子宫及其内容物也在不断增长。同时，乳腺细胞也是在妊娠的最后阶段形成的。

母猪妊娠期有适度的增重比例，如初产母猪体重的增加为配种时体重的 30%～40%，而经产母猪则为 20%～30%。另外，母猪妊娠期增重比例与配种时体重和膘情有关。

（二）妊娠母猪的妊娠诊断

母猪配种后，尽早进行妊娠诊断，对于保胎、减少空怀、提高母猪繁殖力是十分必要的。经过妊娠检查，确定已怀孕时，就要按妊娠母猪对待，加强饲养管理；如确定未怀孕，可及时找出原因，采用适当方法加以补配。

1. 外部观察法

母猪配种后，经一个发情周期（1～23 天）未发现母猪有发情表现，且食欲旺盛、性情温顺、动作稳重嗜睡、皮毛发亮、尾巴下垂、阴户收缩等，可认为已经妊娠。但这种方法并不十分准确，因为配种后不再发情的母猪不一定都妊娠，如有的母猪发情周期不正常，有的母猪卵子受精后胚胎在发育中早期死亡被吸收而造成不发情。

2. 诱导发请检查法

配种后16～18天注射1毫克己烯雌酚（现已禁用），未孕母猪一般2～3天后都能表现明显发情征状，孕猪则无反应。但采用此法，时间必须准确，尤其不能过早。

3. 公猪试情法

配种后18～24天，用性欲旺盛的成年公猪试情，若母猪拒绝公猪接近，并在公猪2次试情后3～4天始终不发情，可初步确定为妊娠。

4. 超声波妊娠诊断仪诊断法

利用超声波感应效果测定动物胎儿心跳数，从而进行早期妊娠诊断。研究证明配种后20～29天诊断的准确率约为80％，40天以后的准确率为100％。将探触器贴在猪腹部（右侧倒数第二个乳头）体表发射超声波，根据胎儿心跳动感应信号，或脐带多普勒信号音而判断母猪是否妊娠。

（三）妊娠母猪的饲养

1. 营养特点

妊娠初期胎儿发育较慢，营养需要不多，但在配种后21天左右，必须加强妊娠母猪的护理并要注意饲料的全价性，否则就会起胚胎的早期死亡。因为卵子受精后，受精卵沿着输卵管向子宫移动，附植在子宫黏膜上，并在周围形成胎盘，这个过程需3周。受精卵在子宫壁附植初期还未形成胎盘前，由于没有保护物，对外界条件的刺激很敏感，这时如果喂给母猪发霉变质或有毒的饲料，胚胎易中毒死亡。如果母猪日粮中营养不全面，缺乏矿物质、维生素等，也会引起部分胚胎发育中途停止发育而死亡。由此可见，加强母猪妊娠初期的饲养，是保证胎儿正常发育的第一个关键时期。

妊娠后期，尤其是怀孕后的最后1个月，胎儿的发育很快，日粮中精料的比例应逐渐增加，以保证胎儿对营养的需要，也可让母体积蓄一定的养分，以供产后泌乳的需要。因此，加强妊娠后期的饲养，是保证胎儿正常发育的第二个关键性时期。

【注意】 妊娠母猪饲养要“抓两头”。

2. 妊娠母猪的饲养方式

我国群众在生产实践中，根据妊娠母猪的营养需要、胎儿发育规律以及母猪的不同体况，分别采取以下不同的饲养方式。

（1）“抓两头带中间”的饲养方式　对断奶后膘情差的经产母猪，从配种前几天开始至怀孕初期阶段加强营养，前后共约 1 个月加喂适量精料，特别是富含蛋白质饲料。通过加强饲养，使其迅速恢复繁殖体况，待体况恢复后再回到青粗饲料为主饲养，到妊娠 80 天后，由于胎儿增重速度加快，再次提高营养水平，增加精料量，既保证胎儿对营养的要求又使母猪为产后泌乳储备一定量的营养。

（2）“步步登高”的饲养方式　对处于生长发育阶段的初产母猪和生产任务重的哺乳期间配种的母猪，整个妊娠期的营养水平及精料使用量，按胎儿体重的增长，随妊娠期的进展而逐步提高。

（3）“前粗后精”的饲养方式　对配种前膘况好的经产母猪可以采取这种饲养方式。即在妊娠前期胎儿发育慢，母猪膘情又好者可适当降低营养水平，日粮组成以青粗饲料为主，相应减少精料喂量；到妊娠后期胎儿发育加快，需要营养增多，再按标准饲养，以满足胎儿迅速生长的需要。

（4）“低妊娠，高泌乳”的饲养方式　近 20 年来在母猪营养需要和生理特点研究的基础上，探索出“低妊娠，高泌乳”的饲养方式，即对妊娠母猪采取限量饲养，使妊娠期母猪的增重控制在 20 千克左右，而哺乳期则实行充分饲养。既符合妊娠母猪的生理特点，又可以最大限度地减少饲料消耗，提高饲养效果。因为，过去认为母猪在妊娠期体内的营养储备有利于哺乳期泌乳，现在则认为妊娠期在体内储备营养供给产后泌乳，造成营养的二次转化，要多消耗能量，不如哺乳期充分饲养经济，同时，由于妊娠期母猪代谢机能强，如果营养水平过高，母猪增重过多，体内会有大量脂肪沉积，使母猪过于肥胖，这不仅造成饲料的浪费，而且母猪妊娠期过于肥胖还会造成难产，产后易出现食欲不振、仔猪生后体弱、泌乳量不高等不良后果。资料表明，“高妊娠，高泌乳”的饲养方式比“低妊娠，高泌乳”饲养方式，养分损失要高出 1/4 以上。所以，近年来国内外普遍推行对妊娠母猪采取限量饲养，哺乳母猪则实行充分饲养的方法。

3. 妊娠母猪的饲喂方法

大型妊娠母猪的前期，每天平均饲喂配合饲料2千克，体型小的喂1.5千克，青绿多汁饲料3～4千克。大型妊娠母猪后期每天喂饲料3～3.5千克，体型小的喂2千克，青绿多汁饲料2千克。为了受精卵在子宫顺利着床，应在母猪妊娠的最初半个月加强饲养，每天多喂0.5千克饲料，这叫胎儿初发支持饲料，或叫坐胎支持饲料。

妊娠母猪应定时定量饲喂，以免过肥，不利于胎儿生长和发育，让猪充分饮水，特别是较热天气，母猪饮水量大增。

对妊娠前期的母猪，可把谷类饲料和饼类饲料的配比降低15%左右，把麸皮、优质草粉提高配比15%～20%。这样既适宜妊娠前期的营养要求，又能提高饲料单位重量的体积，有利于猪的饱感。

妊娠后期母猪的饲养，要将营养水平提高，每千克日粮含有粗蛋白质15%～16%。根据地方饲料资源，力求饲料多样化。

（四）妊娠母猪的管理

妊娠母猪管理好坏直接影响胚胎存活和产仔数。因此，在生产上需注意以下几方面的管理工作。

1. 避免机械损伤

妊娠母猪在妊娠后期宜单圈饲养，防止相互咬架、挤压造成死胎和流产。不可鞭打、追赶和惊吓怀孕母猪，以免造成机械性损伤，引起死胎和流产。

2. 注意环境卫生，预防疾病

凡是引起母猪体温升高的疾病（如子宫炎、乳房炎、乙型脑炎、流行性感冒等），都是造成胎儿死亡的重要原因。故要做好圈舍的清洁消毒和疾病预防工作，防止子宫感染和其他疾病的发生。

3. 保持适宜温度

夏季环境温度高，影响胚胎发育，容易引起流产和死胎，做好防暑降温尤其重要。降温措施一般有洒水、洗浴、搭凉棚、通风等。冬季要搞好防寒保温工作，防止母猪感冒、体温升高造成胚胎死亡或流产。

4. 加强消毒工作

妊娠母猪舍常规每周带猪消毒3次，采取隔日消毒。消毒药物有氯制剂、酸制剂、碘制剂、季铵盐类、甲醛、高锰酸钾等。

带猪要喷雾消毒，消毒要彻底，不留死角。带猪消毒切记浓度过大，一定要按标准配制消毒液。老场要用消毒力强的消毒剂，季铵盐类消毒剂多用于母猪床上清洗及新场的日常消毒。空舍净化消毒，其程序：清理清扫→冲洗→火碱喷洒→封闭熏蒸→进猪前用消毒剂喷洒消毒。

5. 做好妊娠母猪的驱虫、灭虱工作

蛔虫、猪虱最容易传染给仔猪，在母猪配种前应进行一次药物驱虫，并经常做好灭虱工作。

6. 防止突然更换饲料

妊娠后更换母猪料，产前10～15天起将饲料更换成产后饲料。更换饲料切忌突然更换，一般要有5～7天的过渡期，避免饲料发霉变质，以防引起母猪便秘、腹泻，甚至流产。

7. 适当增加饲喂次数

母猪妊娠后期应适当增加饲喂次数，每次不能喂得过饱，以免增大腹部容积，压迫胎儿造成死亡。母猪产前减料是防止母猪乳房炎和仔猪下痢的重要环节，必须引起足够重视。

8. 适当运动

妊娠母猪要给予适当的运动。无运动场的猪舍，要赶到圈外运动。在产前5～7天应停止驱赶运动。

9. 防止化胎、死胎和流产

母猪每次发情期排出的卵，大约有10%不能受精，有20%～30%的受精卵在胚胎发育过程中死亡，出生的活仔猪数只有排卵数的60%左右。防止化胎、死胎和流产措施如下。

① 合理饲养妊娠母猪，营养全面，尤其注意供给足量的维生素，矿物质和优质蛋白质。但不要把母猪饲养得过肥。

② 不喂发霉变质，有毒，有刺激性的饲料和冰冻饲料。冬季要饮温水。

③ 妊娠母猪的饲料不要急剧变化或经常变换，妊娠后期要增加饲喂次数，每次给料量不宜太多，避免胃肠内容物过多而压挤胎儿，产前要给母猪减料。

④ 注意防止母猪互相拥挤，咬斗，跳沟，滑倒等，不要追赶和鞭打母猪，妊娠后期一定要单圈饲养。

（五）母猪分娩前后的饲养管理

1. 分娩前的准备

（1）预产期的推算　猪的妊娠期是111～117天，平均114天。推算出每头妊娠母猪的预产期，是做好产前准备工作的重要步骤之一。

如果粗略地计算，一般是在配种月份上加4，在配种日上减6，就是产仔日期。例如配种期是4月20日，4+4=8，20-6=14，所以预产期是8月14日。但由于月份有大月、小月之分，所以精确日期应是8月12日。

（2）母猪临产征状　母猪妊娠期是114天，但实际产仔日期可能提早或延迟几天，临产前的母猪在生理和行为方面有很多变化，观察这些征状，要有专人照看，准备接产。产前表现与产仔时间见表5-4。引进的品种表现不明显。初产母猪比经产母猪做窝早。母猪起卧不安，不吃食，呼吸急促，排尿频繁，阴道流出黏液，就是即将临产的征状。

表5-4　产前表现与产仔时间表

产前表现	距产仔时间
乳房胀大(乳房基部与腹部之间出现明显界限)	15天左右
阴户红肿,尾根两侧下陷(塌胯)	3～5天
挤出乳汁(前部乳头能挤出奶时,乳汁透亮)	1～2天(从前排乳头开始)
衔草做窝	8～16小时
乳汁乳白色(最后一对乳头能挤出奶时)	6小时
每分钟呼吸90次左右	4小时左右
躺下、四肢伸直、阵缩间隔时间逐渐缩短	10～90分钟
阴户流出分泌物	1～20分钟

（3）接产的准备工作　在母猪分娩前10天，就应准备好产房。产房应当阳光充足，空气新鲜，温暖干燥（室温保持20℃以上，相对湿度在80%以上）。在寒冷地区要堵塞缝隙，生火或3%～5%石炭酸消毒地面，用生石灰液粉刷圈墙。产前3～5天在产房铺上新的清洁干草，把母猪赶进产房，让它习惯新的环境。用温水洗刷母猪，尤

其是腹部，乳房和阴户周围更应保持清洁，清洗后用毛巾擦干。母猪多在夜间产仔。接产用具如（护仔箱、毛巾、消毒药、耳号钳、称仔猪用的秤、手电筒和风灯等）都要准备齐全，放在固定位置。

2. 接产

初生仔猪的体重只占母猪的百分之一，一般情况下都不会难产，不论头先露或臀先露都能顺利产出。母猪整个分娩过程为 2～5 小时，个别长的可达十几个小时。每 5～30 分钟产一个仔猪。仔猪全部产出后 10～30 分钟后排出两串胎衣，分娩过程结束。

仔猪产出后就应立即将仔猪口、鼻的黏液擦净，用毛巾将仔猪全身擦干，在距离腹部 5 厘米处用手指将脐带揪断，比用剪刀剪断容易止血。用 5%的碘酒浸一下脐带断端，使脐带得到消毒；并易干燥收缩，三五天后会自然脱落。消毒脐带之后称重，打耳号，把仔猪放到护仔箱里，以免在母猪继续分娩的过程中被踩伤或压死。

有的仔猪生后不呼吸，但心脏仍在跳动，这种情况叫做“假死”。假死仔猪经过及时抢救，是能够成活的。抢救的方法是先将仔猪口、鼻的黏液掏出、擦净，然后将仔猪朝下倒提，继续使黏液控出，并用手连续拍打仔猪胸部，直到发出叫声，也可以将仔猪四肢朝上，一手托肩部，一手托臀部，一伸一屈，反复压迫和舒张胸部，进行人工呼吸，直到小猪发出叫声为止。

母猪分娩时间较长，可以在分娩间歇中把小仔猪从护仔箱里拿出来吃奶，保证仔猪在生后 1 小时吃到初乳。仔猪吮奶的刺激不但不会妨碍母猪分娩，而且有利于子宫收缩。

【注意】猪是两侧子宫角妊娠的，产出全部仔猪之后，先后有两串胎衣排出。接产员应检查一下胎衣是否全部排出，如果胎衣的最后端形成堵头，或胎衣上的脐带数与产仔头数一致，表示胎衣已经排尽。将胎衣和脏的垫草一起清除出去，防止母猪吞食胎衣形成恶癖。

3. 母猪分娩前后的饲养

(1) 分娩前的饲养　体况良好的母猪，在产前 5～7 天应逐步减少日粮 20%～30%，到产前 2～3 天进一步减少 30%～50%，避免产后最初几天泌乳量过多或乳汁过浓引起仔猪下痢或母猪发生乳房炎；体况一般的母猪不减料；体况较瘦弱的母猪可适当增加优质蛋白质饲料，以利于母猪产后泌乳。临产前母猪的日粮中，可适量增加麦麸等带轻泻性饲料，可调制成粥料饲喂，并保证供给饮水，以防猪便秘导致难产。产前2～3天不宜将母猪喂得过饱。

（2）分娩当天的饲养 母猪在分娩当天因失水过多，身体虚弱疲乏，此时可补喂2～3次麦麸盐水汤，每次麦麸250克，食盐25克，水2千克左右。

（3）分娩后的饲养 在分娩后2～3天内，由于母体虚弱，消化机能差，不可多喂精料，可喂些稀拌料（如稀麸皮料），并保证清洁饮水的供应，以后逐渐加料，经5～7天后按哺乳母猪标准饲喂。

4. 母猪分娩前后的管理

临产前应在产房内铺上清洁干燥的垫草，母猪产仔后立即更换垫草，清除污物，保持垫草和圈舍的干燥清洁。要防止贼风侵袭，避免母猪感冒引起缺奶造成仔猪死亡。保持母猪乳房和乳头的清洁卫生，减少仔猪吃奶时的污染。产后2～3天不让母猪到户外活动，产后第4天无风时可让母猪到户外活动。让母猪充分休息，尽快恢复体力。哺乳母猪舍要保持安静，有利于母猪哺乳。

【提示】要注意对产后母猪的观察，如有异常及时请兽医诊治。

五、哺乳母猪的饲养管理

（一）哺乳母猪的饲养

母乳是仔猪生后3周内的主要营养来源，是仔猪生长的物质基础。养好哺乳母猪，保证它有充足的乳汁，才能使仔猪健康成长，提高哺乳仔猪断奶窝重，并保证母猪有良好的体况，在仔猪断奶后母猪能及时发情配种，顺利进入下一个繁殖周期。如果哺乳期体重下降幅度太大，则会影响断奶后的正常发情配种和下一胎的产仔成绩。因此，无论是从保护母猪的正常体况角度，还是从提高仔猪的断奶窝重方面，都必须加强哺乳母猪的饲养。

1. 营养需要

哺乳母猪的营养需要量因品种、体重、带仔数不同而有差异。日粮营养水平建议为消化能12.96～13.38兆焦/千克，粗蛋白质15%～17%，钙0.75%～0.90%，磷0.5%～0.65%，食盐0.35%～0.45%，赖氨酸0.75%～0.90%。

2. 饲喂

哺乳母猪的饲料，要严防发霉变质，以免母猪发生中毒或导致仔猪死亡。在产后喂粥料 3～4 天，以后逐渐改喂干料或湿拌料，断奶前 3～5 天可减料 1/3 或 1/5。如果提早 30～35 天断奶，减料可以提前，逐渐改喂空杯母猪料。

根据哺乳母猪带仔的多少确定喂料量。每多带一头仔猪，按每猪维持料加喂 0.3～0.4 千克料。母猪的维持需要料量，一般按每 100 千克体重需 1.1 千克料计。例如，150 千克体重的母猪带 8 头仔猪，则每天平均喂 4.7～4.8 千克，如果只带 5 头仔猪，则每天只喂 3.3 千克料即可满足需要。每日一般饲喂 3 次，有条件的可搭配青绿多汁饲料，有较明显的催乳作用。

保证母猪充足的泌乳量，必须做好两个关键时期的饲养：一是母猪妊娠后期饲养。妊娠后期胎儿发育很快，母猪的乳腺也同时发育。如果营养不足，母猪乳腺发育不好，产仔后泌乳量就少。因此妊娠后期要加强营养，使母猪乳腺得到充分发育，为产仔后的泌乳打下基础。二是母猪产后的饲养。母猪产后 20 天左右达到泌乳高峰，以后逐渐下降。从产后第 5 天恢复正常喂量起，到产后 30 天以内，应给以充分饲养，母猪能吃多多精料就给多少精料，不限制其采食量，使它的泌乳能力得到充分发挥，仔猪才能增重量快、健康、整齐。猪乳中的蛋白质，钙、磷和维生素，都是从饲料中得到的。饲料中的蛋白质不但数量要够，而且品质要好。钙和磷不足能引起泌乳期母猪瘫痪和跛行。饲料中维生素丰富，则通过乳汁供给仔猪的维生素也多，能促使仔猪健康发育。

生产中许多猪场存在母猪产前产后减料（为避免母猪产前产后消化不良、便秘等）和断奶前后减料（为减少断奶母猪乳房炎等病的发生）两大误区。结果导致哺乳母猪在整个哺乳期至少有一周左右的时间是吃不饱的，满足不了哺乳期的营养需要。所以，母猪产前产后和母猪断奶前是不需要刻意去大幅度减少饲料的。

（二）哺乳母猪的管理

哺乳母猪的正确管理，对保证母仔的健康，提高泌乳量极为重要，应做好如下管理工作。

1. 保持适宜的环境

哺乳母猪舍一定要保持清洁、干燥和通风良好，冬季要注重防寒保暖。母猪舍肮脏潮湿是引起母、仔患病的常见原因，特别是舍内空气湿度过高，常会使仔猪患病和影响增重，应引起足够重视。

2. 注意运动，多晒太阳

合理运动和让猪多晒太阳是保证母仔健康，促进乳汁分泌的重要条件。产后 3～4 天开始让母猪带领仔猪到运动场内活动。

3. 保护好哺乳母猪的乳房和乳头

仔猪吸吮对母猪乳房乳头的发育有很大影响。特别是头胎母猪一定要注意让所有乳头都能均匀利用，以免未被利用的乳房发育不好，影响以后的泌乳量。当新生仔猪数少于母猪乳头数时，应训练仔猪吃 2 个乳头的乳，以防剩余的乳房萎缩。经常检查乳房，如发现乳房因仔猪争乳头而咬伤或被母猪后蹄踏伤时，应及时治疗，冬天还要防止乳头冻伤。腹部下垂的母猪，在躺卧时常会把下面一排乳头压住，造成仔猪吃不上奶，可用稻草捆成长 60 厘米左右的草把，垫在母猪腹下，使下面的乳头露出来，便于仔猪吮乳。腹部过分下垂的母猪，乳头经常拖在地上，应注意地面的平整；并经常保持地面清洁。

注意观察母猪膘况和仔猪生长发育情况。如果仔猪生长健壮，被毛有光泽，个体之间发育均匀，母猪体重虽逐渐减轻但不过瘦，说明饲养管理合适。如果母猪过肥或过瘦，仔猪瘦弱，生长不良，说明饲养管理存在问题，应及时查明原因，采取补救措施。

（三）生产中出现问题的处理

1. 母猪缺乳或无乳

在哺乳期内，有个别母猪在产后缺乳或无乳，导致仔猪发育不良或饿死。如遇到这种情况，应查明原因，及时采取相应措施加以解决，详见表 5-5。

2. 母猪拒绝哺乳仔猪

母猪产后拒绝哺乳仔猪有下列几种情况：一是母猪缺乳或少乳，仔猪总缠着母猪吮吸乳头，使母猪不安，或乳头发痛而拒绝哺乳。此种情况需要提高母猪饲料营养水平，加饲充足的催乳饲料，使母猪乳汁分泌量增加，则拒乳现象可以消失；二是母猪患乳房疾患或乳头擦伤，或因个别仔猪犬齿太长、太尖，哺乳时造成乳房疼痛而引起母猪拒乳。此种情况需请兽医及时治疗；三是初产猪没有哺乳经验而不哺乳，对仔猪吸吮刺激总是处于兴奋和紧张状态而拒绝哺乳。生产上可

表 5-5 母猪无乳和缺乳的原因和对策

原 因	措 施	催乳方法
妊娠母猪饲养管理不当，尤其是后期营养水平低，能量和蛋白质水平不足，母猪消瘦，乳房发育不良。营养不全面，能量水平高而蛋白质水平低，体内沉积了过多的脂肪，母猪过肥，泌乳很少	加强妊娠后期的营养，保持能量与蛋白质的适宜比例。对分娩后瘦弱缺奶或无奶的母猪，增加营养，多喂些虾、鱼等动物性饲料，也可以将胎衣煮给母猪吃，喂给优质青绿饲料等。对过肥无奶的母猪，要减少能量饲料，适当增加青饲料，同时还要增加运动	(1)先将母猪与仔猪暂时分开，每头母猪用 20 万～30 万单位催产素肌内注射，用药 10 分钟后让仔猪自行吃乳，一般用 1～2 次即可达到催乳效果；(2)在煮熟的豆浆中，加入适量的荤油，连喂 2～3 天；(3)花生仁 500 克，鸡蛋 4 枚，加水煮熟，分 2 次喂给，1 天后就能催乳；(4)海带 250 克泡涨后切碎，加入荤油 100 克，每天早晚各 1 次，连喂 2～3 天；(5)白酒 200 克，红糖 200 克，鸡蛋 6 枚。先将鸡蛋打碎加入糖搅匀，然后倒入白酒，再加少量精料搅拌，一次性喂给哺乳母，一般 5 小时左右产乳量大增；(6)将各种健康家畜的鲜胎衣(母猪自己的也可以)，用清水洗净，煮熟剁碎，加入适量的饲料和少许盐，分 3～5 次喂完；(7)将活泥鳅或鲫鱼 1500 克加生姜、大蒜适量及通草 5 千克拌料连喂 3～5 天，催乳效果很好；(8)用王不留行 35 克、通草 20 克、穿山甲 20 克、白术 30 克、白 20 克、黄芪 30 克、当归 20 克、党参 30 克，水煎加红糖喂
母猪年老或配种过早。年老母猪体弱，消化机能减退，饲料利用率低，自身营养不良；小母猪过早配种，身体还在生长，需要很多营养，配种易造成营养不足，生长受阻，乳腺发育不良，泌乳量低	要及时淘汰老龄母种猪，第七胎以后的母猪，繁殖机能下降，泌乳量低，要及时用青年母猪更新。在调整营养的基础上，给母猪喂催奶药	
母猪产后体温过高造成缺奶或无奶，发生乳房炎或子宫炎等都影响泌乳，使泌乳量下降	母猪患病要及时治疗	

采取醉酒法，用 2～4 两白酒拌适量料一次喂给哺乳母猪，然后把仔猪捉去吃奶，或者肌内注射盐酸氯丙嗪（冬眠灵），每千克体重 2～4 毫克，使母猪睡觉，也可在母猪卧时，用手轻轻抚摸母猪腹部和乳房，然后再让仔猪吸乳。经这次哺乳，母猪习惯后，就不会再拒绝哺乳。

3. 母猪吃小猪

生产中个别母猪有吃小猪现象是因为母猪吃过死小猪、胎衣或温水中的生骨肉（初生小猪的味道与其相似）；母猪产仔后，异常口渴，又得不到及时饮水，别窝小猪串圈入此圈，母猪闻出味不对，先咬伤、咬死，后吃掉；或者由于母猪缺乳，造成仔猪争乳而咬伤乳头，母猪因剧痛而咬仔猪，有时咬伤、咬死后吃掉。消除母猪吃小猪的办法：供给母猪充足营养，适当增加饼类饲料，多喂青绿、多汁饲料，每天喂骨粉和食盐，母猪产仔后，及时处理掉胎衣和死仔猪，不喂有生骨肉的温水，让母猪产前、产后饮足水，不使仔猪串圈等。

第二节 仔猪的饲养管理

仔猪是指出生到70日龄左右的仔猪，根据生长发育和饲养管理特点分为哺乳仔猪（出生到断奶，断奶时间为28～35日龄，就体重而言，一般为6～7千克到20千克左右）和断奶仔猪（或保育猪，断奶后至70日龄左右的）。哺乳仔猪饲养管理措施是抓好“三关”，获得最高的成活率和最大断乳窝重和个体重；断奶仔猪饲养管理措施是做好饲料、环境、管理制度的过渡，最大限度地降低应激危害，促进生长发育。

一、哺乳仔猪的饲养管理

（一）哺乳仔猪的生理特点

1. 生长发育快、机体代谢旺盛

猪出生时体重较小，但出生后生长发育特别快。仔猪出生重一般在1千克左右，10日龄时体重达出生重的2倍以上，30日龄达5～6倍，60日龄体重达17～19千克，是初生重的17倍左右，如按月龄的生长强度计算，第一个月的生长强度最大。仔猪生长发育迅速，物质代谢旺盛，对营养物质需求高，必须供给充足的、全面的平衡日粮。

2. 消化器官容积小、消化机能差

猪的消化器官出生时相对重量和容积较小，机能发育不完善。消化器官发育的晚熟，导致消化腺分泌及消化机能不完善。初生仔猪胃内仅有凝乳酶，而唾液和胃蛋白酶很少，为成年猪的1/4～1/3。同时，胃底腺不发达，不能制造盐酸，缺乏游离的盐酸，胃蛋白酶就没有活性，不能消化蛋白质，特别是植物蛋白，这时只有肠腺和胰腺的发育比较完全，肠淀粉酶、胰蛋白酶和乳糖酶活性较高，食物主要是在小肠内消化，所以初生仔猪可以吃乳而不能利用植物性饲料。

在胃液分泌上，成年猪由于条件反射作用，即使胃内没有食物，同样能大量分泌胃液。而仔猪的胃和神经系统之间的联系还没有完全建立，缺乏条件反射性的胃液分泌，只有食物进入胃内直接刺激胃壁后，才分泌少量胃液。到 35～40 日龄，胃蛋白酶才表现出消化能力，仔猪才可利用乳汁以外的多种饲料，并进入“旺食”阶段。直到 2.5～3 月龄，盐酸的浓度才接近成年猪的水平。哺乳仔猪消化机能不完善的又一表现是食物通过消化道的速度太快。

哺乳仔猪消化器官容积小，消化液分泌少，消化机能差，构成了它对饲料的质量、形态和饲喂方法、次数等饲养上要求的特殊性，生产中必须按照仔猪的营养特点进行科学的饲喂。

3. 调节体温的机能发育不全、抗寒能力差

仔猪初生时，大脑皮层发育不全，垂体和下丘脑的反应能力以及为下丘脑所必需的传导结构的机能较低，体温调节能力差；初生仔猪对体温的调节主要是靠皮毛、肌肉颤抖、竖毛运动和挤堆共暖等物理作用，但被毛稀疏、皮下脂肪少，保温、隔热能力差。初生仔猪体内的能源储备也是很有限的，每 100 毫升血液中，血糖的含量是 100 毫克，如吃不到初乳，两天可降到 10 毫克或更少，可因发生低血糖症而出现昏迷。

仔猪到第 6 天时化学的调节能力仍然很差，从第 9 天起才得到改善，20 日龄接近完善。仔猪化学调节体温机能的发育可以分为 3 个时期：贫乏调节期——出生后至第 6 天；渐近发育期——第 7～20 天；充分发育期——20 日龄以后。

在冷的环境中，不易维持正常体温，易被冻僵、冻死，故有小猪怕冷的说法。对初生仔猪保温是养好仔猪的特殊护理要求。

4. 缺乏先天免疫力、容易得病

免疫抗体是一种大分子的球蛋白，猪的胚胎构造复杂，在母猪血管与胎儿脐血管之间被 6～7 层组织隔开，限制了母猪抗体通过血液向胎儿转移，因而仔猪出生时没有先天免疫力。只有吃到初乳后，靠初乳把母体的抗体传递给仔猪，直到过渡到自体产生抗体而获得免疫力。

仔猪出生后 24 小时内，由于肠道上皮处于原始状态，球蛋白有可渗透性。同时乳清蛋白和血清蛋白的成分近似。因此，仔猪吸食初乳后，可不经转化即能直接吸收到血液中，使仔猪血清球蛋白的水平很快提高，免疫力迅速增加，肠壁的吸收能力随肠道的发育而渗透性改变，36～72小时后显著降低，所以仔猪出生后首先要让仔猪吃到初乳。

初乳中免疫球蛋白的含量虽高，但下降很快。仔猪10日龄以后才开始产生自身的免疫抗体，到30～35日龄前数量还很少，直到5～6月龄才达成年猪水平（每100毫升含γ-球蛋白65毫克），因此，这前三周是免疫空白期，仔猪不仅易患下痢，而且由于仔猪开始吃食，胃液又缺乏游离盐酸，对随饲料、饮水进入胃内的病原微生物没有抑制作用，也使得此期成为仔猪多病时期。

哺乳仔猪的生长发育快和生理上的不成熟性，决定了仔猪难养，成活率低，所以，必须根据其生理特点要求，提供良好的营养和适宜的环境条件。

（二）哺乳仔猪的饲养管理

1. 抓好初生关，提高仔猪成活率

仔猪生后20天内主要靠母乳生活，又怕冷、易生病，因此，使仔猪获得充足的母乳，维持适宜的温度和减少踩死是促使仔猪成活和健壮发育的关键措施。

固定乳头，吃足初乳　母猪产后3天内分泌的乳汁，称为初乳。初乳酸度高，有利于消化活动。初乳中的各种养分，在小肠内几乎能全部吸收。初乳对仔猪有特殊的生理作用，能增强仔猪的抗病能力、增进健康，提高抗寒能力，促进胎便排泄。仔猪出生后，即应放在母猪身边吃初乳。如果初生仔猪吃不到初乳，则很难成活，所以初乳对仔猪是不可缺少和替代的。

【特别注意】仔猪在生后前几天，进行固定乳头的训练，乳头一旦固定下来，一般到断奶很少更换。实行固定乳头措施，既能保证每头仔猪吃足初乳，同时又能提高全窝仔猪的均匀度。

初生仔猪开始吃乳时，往往互相争夺乳头，强壮的仔猪占据前边的乳头，而弱小的仔猪往往吃不上，或争夺中咬伤母猪乳头或仔猪颊部，引起母猪烦躁不安，影响母猪正常泌乳或拒绝哺乳，最后强壮的仔猪强占出乳多的乳头，甚至一头仔猪强占2个乳头，弱小仔猪只能

吸吮出乳少的乳头，结果就会形成一窝仔猪中强的愈强，弱的愈弱，到断乳时体重相差悬殊，严重的甚至会造成弱小仔猪死亡。饲养管理要注重使全窝仔猪生长均匀、健壮，提高成活率，应在仔猪出生后2～3天内，进行人工辅助，固定乳头，让仔猪吃好初乳。即母猪分娩后，第一次哺乳时，先用湿毛巾擦净母猪腹部和乳房、乳头，挤掉乳头内前几滴乳，再将仔猪放在母猪身边，让仔猪自寻乳头，待多数仔猪找到乳头后，对个别弱小或强壮争夺乳头的仔猪再适当调整。将发育较差、初生重小的仔猪放在前边乳头上吮乳，使其多吃初乳，以弥补其先天不足，体大强壮的仔猪固定在后边乳汁较少的奶头上。饲养员监视吮乳仔猪，不许打乱次序，每次哺乳都坚持既定顺序，经过几天的调教，仔猪就能按固定的顺序吮乳。这样不仅可以减少弱小仔猪死亡，而且还可使全窝仔猪发育匀称。对于初产母猪，此法可促进其后部乳房的发育，对提高以后的泌乳量和增加带仔数有重要作用。

人工固定乳头，一般采用“抓两头顾中间”的办法比较省事。把一窝中最强的、最弱的和最爱抢奶的仔猪控制住，强制其吃指定的乳头。至于一般的仔猪则可以让其自由选择乳头。在固定奶头时，最好先固定下边的一排，然后再固定上边的一排，这样既省事也容易固定好。此外，在乳头未固定前，让母猪朝一个方向躺卧，以利于仔猪识别自己吸吮的乳头。给仔猪固定乳头是一项细致的工作，特别是开始阶段，一定要细心照顾，必要时，可用各种颜色在仔猪身上做记号，便于辨认每头仔猪，以缩短固定乳头的时间。

2. 加强保温和防寒

母猪冬春季节分娩造成仔猪死亡的主要原因是冻死或被母猪压死。尤其是出生后5天内，仔猪受冻变得呆笨，行动不灵活、不会吸乳、好钻草堆，更易被母猪压死或引起低血糖、感冒、肺炎等病。因此，加强护理，作好防冻保温和防压至关重要。

仔猪的适宜舍内温度，生后1～3日龄是30～32℃，4～7日龄是28～30℃，15～30日龄是22～25℃，2～3月龄是22℃，成年猪是15℃。实际上，仔猪总是群居的，可以挤堆共暖，室温还可以略低些。

保温的办法很多，可根据自己的条件选择。为避免在严寒或酷暑季节产仔，可采用3～5月份及9～10月份间分娩的季节产仔制；如全年产仔制，应设产房，堵塞风洞，铺垫草，保持室内干燥。使舍温保持在28℃以上，相对湿度70%～80%。据研究，猪的失热关键在于地面导热，用1.2厘米厚的木板代替2.5厘米厚的水泥地面，等于提高地温12℃，如风速从每分钟6米加快到18米，等于降温5.6℃。所以，水泥地面一定要铺垫草。在密闭的猪舍内，用厚垫草（5～10厘米）、高密度的办法养育仔猪，猪舍内不生火加温也可取得良好效果。

仔猪的供暖方式：①红外取暖器保温，方法简单，在产栏内安装木箱，或塑料箱挂上这些取暖设备，箱内温度高低可靠调节热源的高低来解决，效果良好，不仅保证了适宜温度，而且红外线对小猪皮肤也很有好处；②在箱内挂白炽灯泡，箱口用麻袋或薄膜覆盖即可，甚至100瓦的灯泡即可解决取暖问题；③仔猪保温箱内放置电热板；④安装热风炉提高舍内温度；⑤地板下水暖保证仔猪活动区适宜温度。

3. 防压、防踩

仔猪生后1周内，压死、踩死数占总死亡数的绝大部分。这是由于初生仔猪体质较弱，行动不灵活，不会吸乳以及对复杂的外界环境不适应，特别是寒冷季节，喜挤在一起，好钻草堆或钻入母猪腹底部取暖，稍有不慎，就有可能被母猪压死、踩死；但在分娩后的第1天，由于母猪过分疲劳而不愿意活动，故很少压死仔猪，母猪压死仔猪的现象一般是在母猪排粪的时候。据观察，母猪通常一昼夜排粪6～7次，其中白天4～5次，平均4次，夜晚2次，即半夜及快天亮时各排1次。因此，初生仔猪的管理中，一定要掌握母猪的排粪习性，加强管理，防止仔猪受压被踩。大型母猪或过肥的母猪，体格笨重，腹大下垂，起卧时更易踩死、压死仔猪。此外，初生仔猪个体小，生活力弱或患病，也易造成压死。

防止母猪踩、压死仔猪，可以采取以下措施。

（1）保持母猪安静，减少母猪压死仔猪的机会　仔猪出生后如让其自由哺乳，容易发生仔猪争夺乳头咬架，造成母猪烦躁不安，时起时卧，易压死、踩死仔猪。故应在第一次哺乳时就需人工辅助固定乳头哺乳，这是防止仔猪争夺乳头的有效措施。

（2）剪掉仔猪獠牙　仔猪吸乳时，往往由于尖锐的獠牙咬痛母猪的乳头或仔猪面颊，造成母猪起卧不安，容易压死、踩死仔猪。故仔猪出生后，应及时用剪子或钳子剪掉仔猪獠牙，但要注意断面的整齐。

（3）保持环境安静　防止突然声响，避免母猪受惊，踩压仔猪。

（4）设置护仔间或护仔栏　中小型养猪场，最好专用产房，产房内设有铝合金材料或镀锌管焊接而成的分娩栏，每头母猪都安置在分娩栏内，从而可大大降低踩死、压死仔猪的可能性。在不采用分娩栏产仔的猪舍，除应保持圈舍的安静，注意提高产房的温度，地面平整，防止垫草过长、过厚外，可在栏圈内设置护仔间（以后可供补饲用），定时放出喂奶，这是保温和防止仔猪被压、被踩的有效办法。如果没有护仔间，也可在头5天内采用护仔筐，将母仔分开，每隔60～90分钟哺乳一次。还可在猪床靠墙的一面或三面用钢管、圆木或毛竹（直径5～10厘米）在离墙和地面各25～30厘米外装设护仔栏，以防母猪靠墙卧时，将仔猪挤压到墙边或身下致死。如发现母猪压住仔猪，可拍打母猪耳根，或提起母猪尾巴，令其站起，救出仔猪。

4. 寄养并窝

一头母猪所能哺乳的仔猪数受其有效乳头数的限制，同时也受到营养状态的限制。当分娩仔猪数超过母猪的有效乳头数，或因母猪分娩后死亡、缺乳等可以采取寄养或并窝的措施，以提高仔猪的成活率。并窝就是将母猪产仔数较少的2～3窝仔猪合并起来，给其中一头产乳性能好的母猪哺育，让其他母猪提早发情。而寄养则是将一头或数头母猪所产的多余的仔猪，另找一头母猪哺养，或者将全窝仔猪分别由其他几头母猪哺养。

（1）并窝寄养的时机　在出现下列情况时，应该实行寄养并窝。

① 母猪无乳。母猪丧失泌乳能力或产后因病不能养育仔猪和母猪死亡等情况，均需要给仔猪寻找代哺母猪，实施寄养。

② 母猪寡产或产仔过多。母猪产仔少或母猪产仔过多超过了母猪的有效乳头数，则需要将多余的仔猪寄养给其他代哺母猪。

③ 仔猪弱小。种猪场或母猪专业户，在分娩母猪多而且集中的情况下，将初生日龄相近的仔猪，让其吃足初乳后，按体质强弱由一头母猪哺养，就可以避免因弱小仔猪抢不着乳头，形成“乳僵”猪或因吸不到母乳而饿死。

（2）并窝寄养的方法　并窝寄养时，可能发生被寄养的仔猪不认代哺乳母猪而拒绝吃乳，一般多发生于先产的仔猪往后产的窝里寄养，其处理办法是，把寄养的仔猪暂停止哺乳2～3小时，待仔猪感到饥饿时，就会自己寻找代哺乳母猪的多余乳头吃乳。如果个别仔猪再继续拒绝吃乳，可人工辅助把乳头放入仔猪口中，强制挤奶哺乳，这样强化2～3次，寄养可获得成功。另外，也可能发生代哺乳母猪不认寄养仔猪而拒绝哺乳并追咬仔猪。母猪主要是靠嗅觉来辨别自己的仔猪和别的仔猪。因此，在寄养时可先将母猪隔开，然后把寄养的和原有的仔猪放在一起0.5～1小时，使两窝仔猪的气味一致后，而且这时母猪的乳房已膨胀，仔猪已有饥饿感，再将其放出哺乳，即易寄养成功。或将寄养的仔猪与原有仔猪同放一窝内，向窝内喷洒少量的酒，混淆仔猪间的气味，然后再让代哺母猪哺乳。

（3）并窝寄养的注意事项　由于母猪多余的乳头在3天内会丧失泌乳能力，为使寄养并窝成功，并窝寄养的母猪产仔日期尽量接近，最好不要超过3～4天。否则会出现以大欺小、以强凌弱的现象，或者大的仔猪霸占2个以上乳头，致使弱小仔猪抢不到乳头变成“乳僵猪”或被饿死。同时，过继的仔猪一定要吃到初乳。若是将没吃到初乳的仔猪寄养给产仔3天以后的母猪身边，这些仔猪将不能成活。另外，所选择的代哺母猪必须母性强，性情温顺，泌乳量高。不宜选择性情粗暴的母猪作代哺母猪，否则寄养并窝将难以成功。

（4）无寄养并窝条件的处理　在母猪产仔多而又无寄养并窝条件时，可采用轮流哺乳方法。把仔猪分为两组，其中一组与母猪乳头数相等，两组轮流哺乳，必要时加喂牛乳或羊乳，并进行早期断乳。这种方法较费劳力，工作繁重，夜间尚需值班人员照顾仔猪。对于超过了母猪的有效乳头数的多产仔猪或因疾病等母猪死亡的初生仔猪，在无寄养条件时，在24小时以内送到初生仔猪交易市场进行交易。对于产仔少于母猪有效乳头数的，则需要购买同期出生的仔猪进行代哺乳，以提高母猪的年生产力和仔猪的育成率。为了避免血统混杂，寄养时需要给仔猪打耳号，以便识别。

5. 抓好补料关，提高仔猪断奶重

仔猪是生长最快，饲料利用率高和单位增重耗料低的关键时期。随着仔猪日龄的增加，其体重及营养需要每日俱增。母猪的泌乳量虽在第3～4周达高峰以后才逐渐下降，但自第2周以后，仍不能满足仔猪体重日益增长的营养要求，第3周母乳只能满足95%左右，第4周只能满足80%左右。前4周龄仔猪每千克增重需0.8千克乳的干物质，如不能及时补料，弥补营养之不足，就会影响仔猪的正常生长发育。

传统方法是仔猪20～30日龄时才给补饲，由于补饲时间迟，在母猪泌乳下降时，仔猪还不能采食饲料，不能从饲料中得到足够的营养补充，因而营养不足，体重下降，瘦弱，抗病力下降，易发生血痢等疾病。补饲不及时严重影响仔猪发育，甚至形成僵猪。

"提前诱食，早期补饲"。即在仔猪和生后7～8天开始用诱食料(或称"开口料")，引诱仔猪开口吃饲料，逐渐养成采食饲料的习惯，待母猪泌乳下降时，仔猪已能大量采食饲料，这时通过补饲饲料供给仔猪快速生长的营养所需，以弥补母乳的不足。只有提前诱食和早期补饲，才能最大限度地提高哺乳仔猪断奶重。

(1) 补充矿物元素　主要有铁、铜和硒。

① 补铁和铜。铁是造血和防止营养性贫血所必需的元素。仔猪初生时体内铁的总储量约为50毫克，每日生长约需7毫克，至3周龄开始吃料前，共需200毫克，而母乳中含铁量很少（每100克乳中含铁0.2毫克），仔猪从母乳中每日仅能获得约1毫克的补充，而给母猪补饲铁也不能提高乳中铁的含量。仔猪体内的铁储量很快耗尽，若得不到补充，一般10日龄前后会因缺铁而出现食欲减退、被毛散乱、皮肤苍白、生长停止和发生白痢等，甚至死亡。因此，仔猪生后2～3天需补铁；铜也是造血和合成酶必需的原料，有促进生长之效，因此，给仔猪补铁的同时也需补铜。常用的补铁和铜方法有以下几种。

铁铜合剂补饲。仔猪生后3日起补饲铁铜合剂。把2.5克硫酸亚铁和1克硫酸铜研成粉末，溶于1000毫升水中，装于瓶内，当仔猪吸乳时，将合剂刷在乳头上令仔猪吸食或用小奶瓶喂给它，一日1～2次，共10毫升左右。当仔猪会吃料后，可将合剂拌入料中喂给。此法简便易行，价格便宜，适合小专业户或农户。

牲血素注射。仔猪生后2～3日，必须注射。这种针剂类型很多，国产、进口都有，名字不一、容量（10～100毫升）不一、含量不一。一次性皮下或肌内注射（按说明用），目前进口的质量比较好。

矿物质舔剂。为了满足猪对微量元素的需要，在仔猪生后第 2 天就开始在保温栏内设大盘子（平底），内装新鲜红土、骨粉、食盐、木炭粉和铁铜合剂混合，任仔猪自由舔食，甚至可以人工抹入口内。这种方法效果良好。

② 补硒。硒作为谷胱甘肽过氧化酶的成分，能防止细胞线粒体脂类过氧化，与维生素一起保护细胞膜的正常功能。当饲料中缺硒时，会导致仔猪腹泻、肝坏死和白肌病发生。我国大部分地区由于土壤中硒的含量相当稀少，影响到饲料中硒的含量，所以目前饲料添加剂内都加入了硒。补硒的方法是生后 3 日内肌内注射 0.1%亚硒酸钠 0.5 毫升，断乳时再注射一次。

（2）补充水　仔猪生长迅速，代谢旺盛，需水量大，如 5～8 周龄仔猪需水量为本身体重的 1/5。同时，母猪乳中含脂率高，仔猪常感口渴，需水量较多，如不喂给清水，仔猪就会喝脏水或尿液，容易引起下痢。因此，仔猪生后 3～5 日龄起就可在栏内设水槽，经常更换清洁水或加甜味剂。有条件的话可安装自动饮水器，效果更好。

另外，由于哺乳仔猪缺乏盐酸，3～20 日龄的仔猪（20 日龄后改用清水）饮用 0.8%的盐酸水，有补胃液分泌不全、活化胃蛋白酶之效，60 日龄体重可提高 13%。每头仔猪仅需盐酸 100 克，成本很低。

（3）补充饲料　补料目的除补充母乳之不足，促进胃肠发育外，还有解除仔猪牙床发痒，防止下痢的作用。仔猪开始吃食的早晚与其体质、母猪乳量、饲料的适口性及诱导训练方法有关。仔猪出生时已有上下第三门齿及犬齿 8 枚，6～7 日龄后前臼齿开始发生，牙床发痒，这时仔猪可离开母猪单独活动，对地面上的东西用闻、拱、咬的方式进行探究，特别喜欢啃咬垫草、木屑和母猪粪便中的谷粒等硬物、脏物来消除牙痒。同时，仔猪对这种探究行为有很大的模仿性，只要有一头猪开始拱咬，别的猪也很快来追逐，因此，我们可以利用仔猪这种探究行为和模仿争食的习性来引导其吃食。

① 诱食。诱食可从 5～7 日龄开始，经过 7～14 天的诱食训练，仔猪吃料，进入旺食期。诱食的方法有以下几种。

一是饲喂甜食。仔猪喜食甜食，对 5～7 日龄的仔猪诱食时，应选择香甜、清脆、适口性好的饲料，如带甜味的南瓜、胡萝卜切成小块，或将炒焦的高粱、玉米、大麦粒、豆类等喷上糖水或糖精水，并裹上一层配合饲料，拌少许青饲料，于上午 9 时至下午 3 时放在仔猪经常游玩的地方，任其自由采食。

二是强制采食。这种方法适用于优秀母猪的仔猪，因母乳充裕，一般诱导法不起作用，为使仔猪胃肠发育、早日开食，人工用稀粥状、甜味浓、适口易消化的料强制填塞；往往要配合母猪减水减料。

三是母教仔。这种方法适用于一些专业户和农户，在没有补饲间的情况下，把舍内地面冲洗干净、消毒，把饲料（母猪料）均匀撒在地面上，让母猪延长吃料时间，仔猪跟着母猪在地面上学吃料，短时间即可学会吃料。

四是大带小。有不少小规模猪场采用此法。仔猪 1 周龄可以自由活动时，即把母猪圈开，将人行道的只允许小猪出入的洞打开，在人行道上设补料槽。为已会吃料的仔猪补料，1 周龄的仔猪出来后，模仿较大的猪吃料，较大的猪会不让小猪吃料，越是这样，小猪越好奇，短时间之内也可学会吃料。

五是铁片上喂料。把给仔猪诱食的饲料撒在铁片上，或放在金属的浅盘内，利用仔猪喜欢舔食金属的习性，达到诱食的目的。

六是少喂勤添。仔猪具有“料少则抢，料多则厌”的特性，所以诱食的饲料要少喂勤添，促进仔猪吃料而不浪费饲料。

【注意】仔猪开始吃得很少，只是把食物当玩具，拱拱咬咬。当它吃进一点后，很快就可引起吃食的欲望和反射，为了加速仔猪采食反射的建立，应注意饲料、食槽及补饲地点不要轻易变更，且要选择仔猪喜食的饲料。

② 补料。目前，乳猪料多是全价颗粒料，具有价高质优、适口性好的特点。每日饲喂 4～6 次，饲喂量由少到多，进入旺食期后，夜间多喂一次。母猪泌乳量高时，应有意识地进行“逼料”，即每次喂乳后，将仔猪关进补料间，时间为 1～1.5 小时，仔猪产生饥饿感后会对补料间的饲料产生一定的兴趣，逼其吃料。仔猪 35 天后，生长快，采食量大增，此时除白天增加补饲外，在晚上 9～12 点增喂 1 次饲料。

（三）去势

商品猪场的小公猪和种猪场不能做种用的小公猪，3～5 日龄进行去势。用75%酒精和5%碘酊消毒。早去势，抓猪比较容易，可减少猪应激，在断奶前伤口就愈合，但小猪下痢时，去势要推迟。

（四）疾病防治

初生仔猪抗病能力差，容易患病死亡。仔猪腹泻病是危害最大的传染病，包括仔猪红痢、仔猪黄痢、仔猪白痢和传染性胃肠炎等。

仔猪红痢是因产气荚膜梭菌侵入仔猪小肠，引起小肠发炎造成的。该病多发生在生后3天以内的仔猪，最急性的病例病状不明显，突然不吃奶，精神沉郁，不见腹泻即死亡。病程稍长的，可见到不吃奶，精神沉郁，离群，四肢无力，站立不稳，先排灰黄或灰绿色稀便，后排红色糊状粪便，故称红痢。仔猪红痢发病快，病程短，死亡率高。

仔猪黄痢是由大肠杆菌引起的急性肠道传染病，多发生在生后3日龄左右，仔猪突然腹泻，粪便稀薄如水，呈黄色或灰黄色，有气泡并带有腥臭味。该病发病快，其死亡率随仔猪日龄的增长而降低。

仔猪白痢是仔猪腹泻病中最常见的疾病，多发生在30日龄以内的仔猪，以出生后10～20日龄发病最多，病情也较严重。主要症状为下痢，粪便呈乳白色、灰白色或淡黄白色，粥状或稍糊状，有腥臭味。诱发和加剧仔猪白痢的因素很多，如母猪饲养管理不当、膘情肥瘦不一、乳汁多少、浓稀变化很大，或者天气突然变冷，湿度加大，都会诱发仔猪白痢的发生。

仔猪传染性胃肠炎是由病毒引起的，不限于仔猪，各种猪均易感染发病，但仔猪死亡率高。症状是粪便很稀，严重时腹泻呈喷射状，伴有呕吐，脱水而死亡。

预防仔猪腹泻病的发生，是减少仔猪死亡、提高猪场经济效益的关键，预防措施如下。

1. 养好母猪

加强妊娠母猪和哺乳母猪的饲养管理，保证胎儿的正常生长发育，产出体重大、健康的仔猪，母猪产后有良好的泌乳性能。哺乳母猪饲料稳定，不吃发霉变质和有毒的饲料，保证乳汁的质量。

2. 保持猪舍清洁卫生

产房实行全进全出制，前批母猪、仔猪转走后，地面、栏杆、网床、空间要进行彻底清洗、严格消毒，消灭引起仔猪腹泻的病菌、病毒，特别是被污染的产房消毒更应严格消毒，最好是经过取样检验后再进母猪产仔。妊娠母猪进产房前对体表要进行喷淋刷洗消毒，临产前用0.1%高锰酸钾溶液擦洗乳房和外阴部，减少母体对仔猪的污染。产房的地面和网床上不能有粪便存留，随时清扫。

3. 保持良好的环境

产房应保持适宜的温度、湿度，控制有害气体的含量，使仔猪生活得舒服，体质健康，有较强的抗病能力，可防止或减少仔猪腹泻等疾病的发生。

4. 采用药物预防和治疗

对仔猪危害很大的黄痢病目前可用药物预防和治疗。口服药物预防治疗，可用增效磺胺甲氧嗪注射液，仔猪生后在第一次吃初乳前口腔滴服0.5毫升，以后每天两次，连续3天。如有发病的猪，继续投药，药量加倍。也可选用硫酸庆大霉素注射液，仔猪生后第一次吃初乳前口腔滴服10万单位，以后每天两次，连服3天，如有猪发病继续投药。仔猪黄痢也可用疫苗进行预防。但必须根据大肠杆菌的结构注射相对应的菌苗才会有效。

二、断奶仔猪的饲养管理

（一）仔猪断乳的适宜日龄

随着畜牧科学技术的发展，人们为了提高母猪的繁殖效率和提高仔猪的成活率和饲料效率，仔猪的断奶日龄在不断提早。已由传统的45～60日龄断奶逐渐提早到21～35日龄，甚至更早日龄，如超早期断奶（8～12日龄）等。

在生产实践中，确定仔猪断奶的时间应根据哺乳仔猪的发育状况、采食量、环境控制的条件及饲养管理水平等因素而决定。一般要求断奶时仔猪体重应达到5千克以上，日采食量应在25克以上。但对于一般猪场，以35日龄断奶较为稳妥，因这时的仔猪所需营养已有50%左右来自饲料，日采食量已达200克以上，个体重已达8.5千克以上，适应和抵御逆境的能力已较强，不会因断奶遭受较大影响。

（二）仔猪断乳的方法

1. 一次断乳

当仔猪达到预定的断乳日期，断然将母猪与仔猪分开。由于突然断乳，仔猪因食物和环境的突然改变，引起消化不良，情绪不安，增重缓慢或生长受阻，又易使母猪乳房胀痛或致乳房炎。但这一方法简单，使用时应于断乳前3～5天减少母猪的饲料喂量，加强母猪和仔猪的护理。

2. 分批断乳

按仔猪的发育、食量和用途分别先后断乳。一般是将发育好、食欲强、作肥育用的仔猪先断乳，体格弱、食量小、留作种用的仔猪适当延长哺乳期。这一方法的缺点是断乳拖长了时间，先断乳仔猪所吸吮的乳头成为空乳头，易患乳房炎。

3. 逐渐断乳

在仔猪预定断乳日期前4～6天，把母猪赶到较远的圈里，定时赶回让仔猪哺乳，哺乳次数逐日减少，至预定日期停止哺乳。这一方法可缓解突然断乳的刺激，也称为安全断乳。

【注意】断乳应激对仔猪影响很大，在生产中需选择适宜的方法。

（三）仔猪断乳前的准备

1. 清洁消毒

（1）清洁　断奶仔猪舍（保育舍）宜采用全进全出制生产方式。一批猪保育期结束后全部转入育成猪舍或育肥猪舍，之后彻底清理和冲洗圈舍，将地面、墙壁、屋顶及栏杆、料槽、漏缝地板等舍内设施的粪便、污物、灰尘用清洗机彻底冲刷干净，不留任何死角，同时将地下管道集中处理干净，并结合冲圈进行灭蝇和灭寄生虫工作，还要注意节约用水。

（2）消毒　圈舍冲洗干净后对圈舍及舍内设施分别用火碱、新过氧乙酸、灭毒威（酚类消毒剂）进行3次喷雾消毒，每次消毒间隔12～24小时，最后用石灰乳对网床、地面及墙壁进行涂刷消毒，必要时还需进行熏蒸消毒。做以上工作后关闭门窗，待干燥后进猪。

2. 设备用具的准备

安装好加温设备，可采用火炉和红外线或热风炉供热保暖；接猪前1天应将洗刷干净、晾干的灯泡、灯罩安装并调试好，开始升温预热房间，使舍内温度达到28℃左右。

准备好饲喂、饮水用具以及消毒防疫用具。

(四) 断奶仔猪的饲养

断奶仔猪处于强烈的生长发育阶段，各组织器官还需进一步发育，机能尚需进一步完善，特别是消化器官。猪乳汁极易被仔猪消化吸收，其消化率可高达100%，而断奶后所需的营养物质完全来源于饲料。主要能量来源的乳脂由谷物淀粉所替代，可以完全被消化吸收的酪蛋白变成了消化率较低的植物蛋白质，并且饲料中还含有一定量的粗纤维。据研究表明，断奶仔猪采食较多饲料时，其中的蛋白质和矿物质容易与仔猪胃内的游离盐酸相结合，不能充分抑制消化道内大肠杆菌的繁殖，常引起腹泻疾病。

为了使断奶仔猪能尽快地适应断奶后的饲料，减少断奶造成的不良影响，除对哺乳仔猪进行早期强制性补料和断奶前减少母乳（断奶前给母猪减料）的供给，迫使仔猪在断奶前就能进食较多补充饲料外，还要使仔猪进行饲料的过渡和饲喂方法的过渡。饲料的过渡就是仔猪断奶2周之内应保持饲料不变（仍然饲喂哺乳期补充饲料），并添加适量的抗生素、维生素和氨基酸，以减轻应激反应，2周之后逐渐过渡到吃断奶仔猪饲料。饲喂方法的过渡，即仔猪断奶后3～5天最好限量饲喂，平均日来食量为160克，5天后实行自由采食。

断奶仔猪栏内最好安装自动饮水器，保证随时供给仔猪清洁饮水，并在饮水中添加抗应激药物（如葡萄糖、电解多维、补液盐）以缓解断奶应激对仔猪的影响。断奶仔猪采食大量干饲料，常会感到口渴，需要饮用较多的水，如供水不足不仅会影响仔猪正常的生长发育，还会因饮用污水造成拉痢等疾病。应保证充足的饮水位置，每8头猪要有1个饮水点，最好每栏内再加一个方形饮水槽。仔猪饮水器与地面高度见表5-6。

表5-6 仔猪饮水器与地面高度

仔猪体重/千克	饮水器与地面高度/厘米
5	10～13
5～15	13～30
15～35	30～46

(五) 断奶仔猪的管理

1. 分群

幼猪栏多为长方形，长度1.8～2.0米，宽度约1.7米，面积为

3.06～3.40 平方米。每栏饲养幼猪 8～10 头。仔猪断奶后第 1～2 天很不安定，经常嘶叫寻找母猪，尤其是夜间更甚。为了稳定仔猪不安情绪，减轻应激损失，最好采取不调离原圈、不混群并窝的饲养方法。

仔猪到断奶日龄时，将母猪调回空怀母猪舍，仔猪仍留在产房饲养一段时间，待仔猪适应后再转入保育舍。由于是原来的环境和原来的同窝仔猪，可减少断奶刺激。此种方法缺点是降低了产房的利用率，需要较多的产栏。

工厂化养猪生产采取全年均衡生产方式，各工艺阶段设计严格，实行流水作业。仔猪断奶立即转入仔猪培育舍，产房内的猪全进全出，猪转走后立即清扫消毒，再转入待产母猪。断奶仔猪一般采取原窝培育，即将原窝仔猪（剔除个别发育不良个体）转入培育合关在同一栏内饲养；如果原窝仔猪过多或过少时，需要重新分群，可按其体重大小、强弱进行并群分栏，同栏的仔猪体重相差不应超过 1～2 千克。将各窝中的弱小仔猪合并分成小群进行单独饲养。合群仔猪会有争斗位次现象，可进行适当看管，防止咬伤。

2. 环境

为使仔猪尽快适应断奶后的生活，充分发挥其生长发育潜力，要创造良好的环境条件。

（1）温度　30～40 日龄断奶幼猪适宜的环境温度为 21～22℃，41～60 日龄为 21℃，61～80 日龄为 20℃。为了能保持适宜的温度，冬季要采取保温措施，除注意房舍防风保温和增加舍内养猪数量外，最好安装取暖设备，如暖气（包括土暖气在内）、热风炉和煤火炉等。在炎热的夏季则要防暑降温，可采取喷雾、淋浴、通风等降温方法，近年来许多猪舍采用了纵向通风降温，取得了良好效果。

（2）湿度　育仔舍内湿度过大可增加寒冷和炎热对猪的不良影响。潮湿有利于病原微生物的生长繁殖，可引起仔猪多种疾病。断奶幼猪舍适宜的相对湿度是 65%～75%。

（3）空气　猪舍空气中的有害气体对猪的毒害作用具有长期性、连续性和累加性，所以，保持空气新鲜非常重要。采取措施：适时通风换气降低舍内有害气体、粉尘及微生物含量；对舍栏内粪尿等有机物及时清除处理，减少氨气、硫化氢等有害气体的产生；保持舍内湿度适宜；及时清理舍内的炉灰和灰尘，及时清扫洒在地面上的粉料；

清扫地面时先适当洒水。

（4）噪声　尽量减少各种奇怪声响，防止仔猪惊群。

3. 调教管理

刚断乳的仔猪当其进入新的保育舍时，要认真对其进行调教，使其养成在固定的地方休息、采食和排泄粪便的习惯，这是保持猪舍卫生、干燥的重要手段。因为猪本来就有在阴暗、潮湿的墙角等地方排泄粪便，在干燥向阳的地方休息的天性。因此，饲养员在猪舍进猪之前应将猪舍打扫干净，并有意识将少量粪便堆放于粪沟和栏角处，以引诱仔猪到该处去排泄。并于进猪后一周内按时将猪驱赶到排泄粪便处，并不断巡视，发现随地乱排泄粪便的仔猪要进行鞭打教训，并及时清扫已排粪便，保持猪舍干净。使仔猪逐渐形成定位大小便的习惯。

4. 生产问题处理

（1）矫正仔猪咬尾、咬耳恶癖　有些猪场在保育仔猪阶段会发生咬尾巴、咬耳朵等恶癖。分析其原因，此现象与仔猪饲养密度过大，猪舍光线过强，饲料中缺乏某些营养元素，未使仔猪吃饱等因素有关。为防止仔猪咬尾巴、咬耳朵恶癖的发生，可采取以下措施。

① 除去病因。如适当调整饲养密度到合理水平，使每头仔猪至少占有栏地面积0.4～0.5平方米；补充饲料中各种微量元素，以防缺乏；调整饲料配方，防止营养物质失衡；调整猪舍内光线强度和舍内温度到适宜水平，以20～22℃为宜；调整饲料供给量，防止饲喂不足造成咬尾、咬耳恶癖。

② 在栏内吊挂一根硬木棍，或在栏内放入一些粗树枝等让仔猪空闲时咬玩。

③ 发现有个别仔猪形成咬尾、咬耳恶癖时，应将其抓出隔离，单独饲养，防止继续咬伤其他仔猪。

④ 一旦发现有被咬伤的仔猪时，也应将其隔离，单独饲养，防止被其他猪不断啃咬已受伤的部位。并对外伤进行处理，防止继发细菌感染而发病。

⑤ 为防止继续发生咬尾、咬耳恶癖现象，可于仔猪出生1～3天内将其尾巴在距尾根2～3厘米处剪掉，但要注意止血和消毒，防止出血过多和感染。

（2）瘦弱仔猪的处理和康复　可从以下方面着手。

① 发现大群内的瘦弱仔猪及时挑出隔离饲养。

② 提高弱仔栏的局部温度。弱仔栏要靠近火炉处，并加红外线灯供温。

③ 补充营养。在湿拌料中加入乳清粉、电解多维，在小料槽饮水中加入口服补液盐，对于腹泻仔猪还可加入痢菌净等抗菌药物，以促进体质的恢复。

5. 及时免疫、驱虫、去势

根据各场疫苗免疫程序，多种疫苗都要在保育期内注射。仔猪60日龄注射猪瘟、猪丹毒、猪肺疫和仔猪副伤寒等疫苗。为了使仔猪生长发育更快，猪场一般在保育期内还要对仔猪进行投药驱虫和阉割去势处理。

【注意】免疫、驱虫、去势这些工作最好不同时操作，以免对猪造成更大应激打击，影响仔猪健康和生长发育。

6. 其他管理

(1) 认真检查　检查饮水器供水是否正常，有无漏水或断水现象，并及时处理；检查舍内温度、湿度是否正常，空气是否新鲜，并及时调控使之符合仔猪的生长发育需要。

(2) 减少饲料浪费　每天检查料槽是否供料正常，及时维修破损料槽。防止饲料变质，及时清理发霉变质或被粪尿污染的饲料。

(3) 注意观察　上班时观察猪的采食情况、精神状态、呼吸状态，听猪的鸣叫是否正常，防止咬尾；观察猪群粪便有无腹泻、便秘或消化不良等疾病。

(4) 搞好环境卫生　猪舍内外要经常清扫，定期消毒，杀灭病菌。

(5) 预防仔猪腹泻　断乳仔猪由于受到各种应激的影响，加上仔猪免疫系统发育尚不完善，易造成仔猪营养性腹泻和病原性腹泻，发生腹泻时应在兽医指导下对症治疗，严防脱水。及时隔离和治疗发病猪。

第三节　育肥猪的饲养管理

一、生长育肥猪的生理特点和发育规律

根据育肥猪的生理特点和发育规律，我们按照猪的体重将其生长

过程划分为二个阶段，即生长期和肥育期。

（一）生长期

体重 20～60 千克为生长期。此阶段猪的机体各组织、器官的生长发育功能不很完善，尤其是刚刚 20 千克体重的猪，其消化系统的功能较弱，消化液中某些有效成分不能满足猪的需要，影响了营养物质的吸收和利用，并且此时猪胃的容积较小，神经系统和机体对外界环境的抵抗力也正处于逐步完善阶段。这个阶段主要是骨骼和肌肉的生长，而脂肪的增长比较缓慢。

（二）肥育期

体重 60 千克至出栏为肥育期。此阶段猪的各器官、系统的功能都逐渐完善，尤其是消化系统有了很大发展，对各种饲料的消化吸收能力都有很大改善；神经系统和机体对外界的抵抗力也逐步提高，逐渐能够快速适应周围温度、湿度等环境因素的变化。此阶段猪的脂肪组织生长旺盛，肌肉和骨骼的生长较为缓慢。

二、育肥猪的饲养方式

（一）地面饲养

将育肥猪直接饲养在地面上。这种方式的特点是圈舍和设备造价低，简单方便，但不利于卫生。目前生产中较多采用。

（二）发酵床饲养

在舍内地面上铺上 80～90 厘米厚的发酵垫料，形成发酵床，将猪养在铺有发酵垫料的地（床）面上。发酵床的材料主要是木屑（锯末）或稻皮，还有少量粗盐和不含化肥、农药的泥土（含有微生物多）。木屑占到 90%，其他 10%是泥土和少量的盐，将以上物质混合就形成了垫料。最后在垫料里均匀地播撒微生物原种，这些微生物原种是从土壤里而采集而来，然后在实验室培养，把这些微生物原种播撒到发酵床里而，充分拌匀后，就形成了我们所说的发酵床。一般在充分发酵 4～5 天之后可以养猪。其特点是无排放、无污染，节约人工，减少用药和疾病发生率，饲养成本降低，是一种新型的养猪方式。

（三）高架板条式半漏缝地板或漏缝地板饲养

将猪养在离地 50～80 厘米高的漏缝或半漏缝地板上。其优点是猪不与粪便接触，有利于猪体卫生和生长；有利于粪便和污水的清理和处理，舍内干燥卫生，疾病发生率低。

（四）笼内饲养

将猪养在猪笼内。猪笼的规格和结构一般如下：长 1～1.3 米，宽 0.5～0.6 米，高 1 米，笼的四边、四角主要着力部位选角铁或坚固的木料，笼的四面横条距离以猪头不能伸出为宜，笼底要铺放 3 厘米带孔木板。笼的后面须设置一个活动门，笼前端木板上方，留出一个 20 厘米高的横口，以便放置食槽。笼间距一般为 0.3～0.4 米。育肥猪实行笼养投资少，占地少；猪笼可根据气候、温度变化进行移动；猪体干净卫生。大大减轻猪病的发生；与圈养猪相比，笼养猪瘦肉率提高。

三、育肥猪的肥育方式

生长育肥猪的肥育方式主要为阶段肥育法和一贯肥育法。

（一）阶段肥育法

阶段肥育是根据猪的生理特点，按体重或月龄把整个肥育或划分为幼猪、架子猪和催肥三个阶段，采用一头一尾精细喂，中间时间吊架子的方式，即把精饲料重点用在小猪和催肥阶段，而在架子猪阶段尽量利用青饲料和粗饲料。

1. 幼猪阶段

从断奶体重 10 千克喂到 25～30 千克，饲养时间 2～3 个月。这段时间小猪生长快，对营养要求严格，应喂给较多的精饲料，保证其骨骼和肌肉正常发育。

2. 架子猪阶段

从体重 25～30 千克喂到 50 千克左右。饲养时间 4～5 个月，喂给大量青、粗饲料，搭配少量精料，有条件的可实行放牧饲养，酌情补点精料，促进骨骼、肌肉和皮肤的充分发育，长大架子，使猪的消化器官也得到很好的锻炼，为以后催肥期的大量采食和迅速增重打下良好的基础。

3. 催肥阶段

体重达 50 千克以上进入催肥期，饲喂时间约 2 个月，是脂肪沉积量最大的阶段，必须增加精饲料的供给量，尤其是含碳水化合物较多的精料，限制运动，加速猪体内脂肪沉积，外表呈现肥胖丰满。一般喂到 80～90 千克，即可出栏屠宰，平均日增重约为 0.5 千克左右。

阶段肥育法多用于边远山区农户养猪，它的优点是能够节省精饲料，而充分利用青、粗饲料，适合这些地区农户的缺粮条件，但猪增重慢，饲料消耗多，屠宰后胴体品质差，经济效益低。

（二）一贯肥育法

一贯肥育法又叫直线肥育法、一条龙肥育法或快速肥育法。这种肥育方法从仔猪断奶到肥育结束，全程采用较高的营养水平，给以精心管理，实行均衡饲养的方式。在整个肥育过程中，充分利用精饲料，自由采食，不加限制。在配料上，以猪在不同生理阶段的不同营养需要为基础，能量水平逐渐提高，而蛋白质水平逐渐降低。

快速肥育法的优点；猪增重快，肥育时间短，饲料报酬高，胴体瘦肉多，经济效益好。一般 6 个月体重可达 90～100 千克。

目前生产中，采用较多是一贯肥育法（快速饲喂法）。在整个的肥育期中，没有明显的阶段性。从小猪到商品猪的整个生产期内，猪的饲养是按照各个生理阶段的营养需要量调配的。由于育肥猪上市时间缩短，使猪场的一些设备如猪舍、用具等的使用率提高，使养猪生产者能够在较短的时间内收回投资，取得较好的经济效益。

四、育肥猪的饲养管理

肉猪按生长发育可划分为三期：体重 20～35 千克为生长期，体重 35～60 千克为发育期，60～90 千克为肥育期，或相应称为小猪、中猪、大猪。

【注意】肉猪饲养效果如何，小猪阶段是关键。因为小猪阶段容易感染疾病或造成生长受阻，体重达到中猪阶段就容易饲养了。因此，肥育之前必须做好圈舍消毒、选购优良仔猪、预防接种、去势和驱虫等准备工作。

（一）选择优良的仔猪

1. 选择优良猪种

不同品种或不同类型的猪生长速度、饲料利用率和胴体瘦肉率是不一样的，要想取得好的肥育效果，选择好的品种是很重要的。

2. 利用杂种优势

猪的经济类型不同，肥育效果和胴体品质也不同。如兼用型中白猪（即中约克夏猪）活重45.5千克时已长成满膘；后腿已很发达；肉用型的大白猪（即大约克夏猪）在同样体重时，仍在增加体长，后躯不发达。如按肉用型要求，中白猪体重达90千克时，已过于肥胖，但大白猪在90千克时，体型及肌肉同脂肪的比例均合乎肉用型的要求。因此在进行肥育时，必须全面了解猪的品种与类型，并采取不同的措施和不同的屠宰体重，才能达到提高肥育效果的目的。选择适宜的经济杂交组合，利用杂种猪的杂种优势生产肥育猪，是提高肥育效果的有效措施。

3. 选择初生重、断奶重大的仔猪进行肥育

在正常情况下，仔猪初生重大，生活力就强，体质健壮，生长快，断奶体重就大，后期的增重就快（表5-7、表5-8）。由表看出，仔猪初生重和断奶重与肥育效果关系密切，不但增重快，而且死亡率显著降低。若要提高仔猪初生重和断奶重，就必须重视种猪的选择和饲养管理，加强仔猪培育，才能为肥育期奠定良好基础。养猪生产是一个整体，忽视了任何一个环节都不能达到预期目的。

表5-7 初生重大小与哺乳期增重

初生重/千克	数量/头	30日龄平均重/千克	30日龄平均增重/千克	60日龄平均重/千克
0.75以下	10	4.00	3.30	10.20
0.75～0.89	25	4.67	3.85	11.20
0.90～1.04	40	5.08	4.10	12.85
1.05～1.19	46	5.32	4.19	13.00
1.20～1.34	50	5.66	4.38	14.00
1.35～1.49	36	6.17	4.47	15.55
1.50以上	5	6.85	5.25	16.55

表5-8 1月龄仔猪体重对育肥效果的影响

仔猪体重/千克	数量	208日龄体重/千克	增重效果/%	死亡率/%
5.0	967	73.4	100	12.2
5.1～7.5	1396	83.6	114	1.8
7.6～8.0	312	89.2	124	0.5

（二）实行公猪去势肥育

我国养猪生产实践证明，公母猪经去势肥育，性情安静，食欲增加，增重速度加快，脂肪沉积增强，肉的品质改善。但现在饲养的瘦肉型猪，因性成熟晚，肥育时只将公猪去势，母猪不进行去势。未去势的母猪和去势公猪经肥育，进行屠宰比较，前者肌肉发达，脂肪较少，可获得较瘦的胴体。

（三）科学饲养

1. 保持适宜的营养水平

提高日粮中的能量水平，能提高日增重，但降低胴体的瘦肉率。用高能和低能两种能量水平喂肥育猪，结果低能组比高能组平均日增重低 79 克，但膘厚降低 0.55 厘米，瘦肉率提高 5%；提高日粮中的蛋白质水平，除提高日增重外，还可以获得膘薄，眼肌面积大，瘦肉率高的酮体。许振英教授提出的不同类型的猪在不同的阶段的粗蛋白质水平，见表 5-9。

表 5-9 不同阶段的粗蛋白质水平

期别	开料期	生长期	肥育期
体重/千克	2～20	20～55	55～90
肉脂型猪粗蛋白质水平/%	22	16	12
瘦肉型猪粗蛋白质水平/%	22	16～17	高瘦肉率 16,高增重 14

肥育的效果还取决于日粮中的粗纤维水平。猪消化粗纤维的能力差，粗纤维水平越高，能量浓度相应越低，增重越慢，饲料利用率越低，对胴体品质来说，瘦肉比例虽有提高，但利用增加粗纤维的比例来提高瘦肉率，其总的经济效果也不好，如果搭配适当，一般含本地母猪血液的育肥猪粗纤维水平不超过 10%还是可行的，瘦肉型生长肥育猪则不宜超过 10%～12%。

生长期为满足肌肉和骨骼的快速增长，要求能量、蛋白质、钙和磷的水平较高，饲粮含消化能 12.97～13.97 兆焦/千克，粗蛋白质水平为 16%～18%，钙 0.50%～0.55%，磷 0.41%～0.46%，赖氨酸 0.56%～0.64%，蛋氨酸＋胱氨酸 0.37%～0.42%。肥育期要控制能量，减少脂肪沉积，饲粮含消化能 12.30～12.97 兆焦/千克，粗蛋白质水平为13%～15%，钙0.46%，磷0.37%，赖氨酸0.52%，蛋氨酸+胱氨酸0.28%。

2. 合理的饲喂量和饲喂次数

瘦肉型生长肥育猪由20千克开始到100千克时出栏，一般饲养3.5～4.5个月。为了充分满足其生长发育的需要，除应保证日粮营养价值外，还要给予足够的饲料数量，即随着体重的增长逐步增加饲料喂量。

在我国，肥育猪大多为瘦肉型品种公猪与当地母猪的杂交种。因此，每日饲料量应低于国外标准。根据我国调查资料和生产实践，在正常情况下，每头猪全期（20～90千克）耗混合料约计250千克。在4个多月的肥育期间，第一个月平均每头每日耗料1.2～1.6千克，第二个月1.7～2.1千克，第三个月2.2～2.6千克，第四个月2.7～3.0千克。料肉比约3.6左右。

生长肥育猪采用混合饲料生喂和限量饲养，在20～90千克肥育期间，每日饲喂2次和3次相比并不能改进日增重和饲料利用率。如果在一周的不同时间内少喂一次或两次饲料（即一周中有一天少给30%的饲料），对日增重及饲料利用率影响不大。

育肥猪最好采用定餐喂料。其优点是可以提高猪的采食量，促进生长，缩短出栏时间。同批次进行自由采食的猪和定餐喂料的猪相比，如果定餐喂料做得好，可以提前七到十天上市。定餐喂料的过程中，更易于观察猪群的健康状况。但定餐喂料饲养员工作量加大了，每天要分三到四餐喂料，同时对饲养员的素质要求也高，每餐喂料要做到准确，避免造成饲料浪费或者喂料不足的情况。

农家养猪由于以青粗饲料为主，采用加水稀喂的办法，日粮中营养物质浓度不高，饲料的体积大，可适当增加饲喂次数。但是在以精料为主的情况下，生长肥育猪一天喂两餐已足够。

3. 适当的饲料形态

生饲料喂猪具有节省燃料，节省饲养设备，节省劳动力，提高增重率，节省饲料，降低生产成本等好处，所以，要改变过去传统习惯，变喂熟料为生饲料。

饲料稠喂有利与提高对日粮的消化率，有利于猪的增重。稀喂和稠喂对日粮消化率不一样。汤料喂猪会减少各种消化液的分泌，冲淡消化液，降低消化酶的活性，影响饲料的消化吸收。养猪喂稀料的习惯应改变，料水比例以 1∶（0.5～2）为宜。稠喂时要注意给猪饮足水或安装自动饮水器。

干饲料喂猪省工，易掌握喂量，可促进唾液分泌与咀嚼，不必考虑饲料的温度，并能保持舍内的清洁干燥，剩料不易腐烂或冻结。但浪费饲料较多；湿饲料喂猪便于采食，浪费饲料少，并可以减少饮水次数或不用安置自动饮水器。一般来说，工厂化猪场为提高劳动定额，多采用干喂，而农家养猪，多采用湿喂。湿喂优于干喂。

颗粒饲料喂猪已逐步推广使用。制颗粒饲料前首先把原料磨碎成粉状，然后经过蒸气调温，加压使饲料透过孔模而形成颗粒。在调制过程中，蒸气可增加颗粒的耐久性，还要求减少对淀粉的破坏。颗粒料易于被猪采食干净，而不像粉料那样容易散失和污染而造成浪费，减少粉末飞扬以及运输时造成微粒分子下沉等损失，减少猪拣食，可改善猪的生产率及饲料利用率。但增加成本，且很难制成高脂肪含量的颗粒饲料（脂肪超过 6%）。

4. 自由采食和限量饲喂相结合

自由采食即不限量饲喂。猪在一昼夜中都能吃到饲料。限量饲喂，就是在一天中规定喂几次饲料，每次喂的饲料也有一定限量。自由采食，是国外养猪业普遍采用的一种方法。经过多次对比试验，不限量饲喂的猪，日增重高，胴体背膘较厚，限量饲养的猪，饲料利用率较高，背膘较薄。为了追求日增重，以不限量饲喂为好。为了得到较瘦的胴体，应采取限量饲喂。

为了防止自由采食时采食过量，沉积脂肪多，降低饲料利用率，有些猪场采用供料量为自由采食的 70%～80%；或把饲喂时间在上午或下午控制 1 小时，以限制采食量；或连续饲喂 3～4 天后停喂 1 天。何时开始限喂，应考虑脂肪沉积最多的时期，或测定背膘的厚度，还应考虑不影响日增重及饲料利用率。一般来说，体重 60 千克以上的猪，体脂沉积量显著增加，饲料利用率随体重增加而下降，从这点出发，在肥育前期（60 千克前）采用自由采食，使猪得到充分发育，而到了 60 千克以后，采用限量饲喂，限制能量的采食量，控制脂肪大量沉积，这样全期既可以提高日增重和饲料利用率，同时脂肪也不会沉积太多。

目前，在瘦肉型猪的饲养技术中，按育肥猪前后期分别施行自由采食和限量饲喂，已得到世界的公认，只不过各自限量程度不同。一般认为，育肥后期以限制自由采食20%～25%为好，过低过高都不适宜。

5. 饲料的更换

减少换料应激。转群以后要进行换料，可实行“三天换料”的方法：第一天，保育猪料和育肥料按2∶1配比饲喂；第二天，保育猪和育肥料按1∶1配比饲喂；第三天保育猪料和育肥料按1∶2配比饲喂。

6. 充足供水

肥育猪的需水量随环境温度、饲料采食量和体重大小而变化。需水量见表5-10。

表5-10　肥育猪需水量

季　节	为采食饲料风干重的倍数	占体重的百分比/%
春秋季	4	16
夏季	5	23
冬季	2～3	10

【喂料技巧】一是喂料量的估算。一般每天的喂料量是猪体重的3%～5%。比如，20千克的猪，按5%计算，那么一天大概要喂1千克料。以后每一个星期，在此基础上增加150克，这样慢慢添加，那么到了大猪80千克后，每天饲料的用量，就按其体重的3%计算。当然这个估计方法也不是绝对的，要根据天气、猪群的健康状况来定。二是三餐喂料量不一样，提倡“早晚多，中午少”。一般晚餐占全天耗料量的40%，早餐占35%，中餐占25%。三是喂料要注意“先远后近”的原则，以提高猪的整齐度。四是保证猪抢食。养肥猪就要让它多吃，吃得越多长得越快。怎么让猪多吃？得让它去抢。方法是每隔喂3～4天后可以减少一次喂料量，让猪有空腹感，下一顿再恢复正常料量。

（四）创造适宜的环境条件

在适宜的环境条件下，肥育猪才能发挥生产的潜力。温度、湿度、气流、光照、灰尘和微生物、有毒气体、噪声、圈养密度，更换栏舍都能影响猪的肥育效果。

1. 温度

肥育猪的适宜温度为18～20℃，温度过高或过低都能影响猪的肥育效果。当温度过高时（超过32℃），由于猪的散热加快，呼吸频率显著增加，以至引起猪的体温升高。这时猪的食欲下降，采食量大大减少而影响增重效果。温度降低时（4℃以下），由于导热和气流对流增加，猪体散热较多而加速了猪体热能的分解，这时猪为了维持它对热能的需要，采食量显著增加，但增重速度并不一定加快。因此，低温同样对肥育效果不利。据报道，气温在适宜的情况下，每下降1℃，猪的日增重约减少17.8克。

冬季气温过低，肉猪采食量大而增重少，因为有相当多的能量消耗于维持体温。例如，70～100千克的肉猪，在适宜气温（15～20℃）下日增重790～850克，每增长1千克活重耗料3.8～4千克，而在5℃以下，则日增重只有540克，每增重1千克活重耗料9.5千克。

为减少维持消耗，提高肉猪冬季饲养效果，必须采取保温措施。针对不同条件的保温措施：封闭式猪舍，安装暖帘，铺厚垫草，多装猪，卧满圈，舍内吃睡，舍外排便，利用猪体放散的热量保持舍内温度。

2. 湿度

肥育猪舍的适宜相对湿度为75%～80%。湿度增大，日增重和饲料报酬降低。

3. 饲养密度

饲养密度对生长肥育猪有很大影响。许多研究认为，每圈饲养头数以不超过8～12头为宜，每头占用面积以不少于0.8～1.2米^{2}为适宜。当每头猪占用面积少于0.6米^{2}时，不仅日增重和饲料利用率明显降低，而且残废仔猪数有所增加。圈养密度及每圈饲养头数对肥育效果的影响见表5-11。工厂化猪场还要注重猪质量，切勿留养僵猪。

表5-11 圈养密度对肥育的影响

每头占用面积/平方米	试验期增重/千克	平均日采食量/千克	饲养利用率/%
0.5	40.4	2.42	4.09
1.0	41.8	2.37	3.86
2.0	44.7	2.36	3.69

4. 卫生

保持环境清洁卫生，定期进行消毒，减少疾病发生。

（五）加强管理

1. 调教

猪在新编群或调圈时，要及时调教，使其养成在固定位置排便、睡觉、采食和饮水的习惯。这样可减轻劳动强度，保持栏舍卫生，有利于猪的增重。

调教要根据猪的生活习性进行。猪喜欢卧睡，在适宜的圈养密度下，约有60%的时间躺卧或睡觉。猪一般喜欢在高处木板上、垫草上卧睡。夏天喜睡在有风凉快处，冷天喜睡在温暖处。猪排便也有一定的规律，一般多在洞口、门口、低处、湿处、圈角排便。排便时间在喂食前或睡觉刚起来时。在进入新的环境或受惊吓时排便较勤。要根据猪的这些习性进行调教。调教的成败关键是要抓得早，猪群进入新圈立即开始调教，重点抓两项工作：

（1）要防止强夺弱食　在猪新合群或调入新圈时，要建立新的群居秩序。为使所有的猪都能充分采食，要备有足够的饲槽和水槽长度。对霸槽的猪要勤赶，使不敢接近饲槽的猪能得到采食的槽位。经过一段时间的看管后，就能养成分开排列，同时上槽采食的习惯。

（2）固定位置训练　使猪采食、卧睡、排便位置固定，保持圈栏干燥卫生。猪入圈前，事先要把猪栏打扫干净，将猪卧睡处铺上垫草，饲槽投入饲料，水槽装上水，并在指定排便处堆放少量粪便，泼点水，然后把猪赶入圈内。个别猪不在指定位置排便时，要及时将其所排粪便铲到指定位置，并结合守候看守，经过三五天就会养成采食、睡卧、排便定位的习惯。

2. 减少编群的刺激

据试验，15～90千克一直养在一个圈内的肥育猪，日增重为725～734克，肉料比为1∶(2.77～3.03)，如果移挪一次圈，编一次群，日增重为693～724克，肉料比为1∶(2.93～3.09)。全窝同圈肥育（不换圈，不编群）可缩短肥育期。

第六章

<<<<<

猪场疾病防治

核心提示

猪病防控必须树立"防重于治"、"养防并重"的观念，采取营养保健、隔离、卫生、消毒、免疫接种以及药物预防等综合措施。同时，发病时要及时诊断治疗，将损失降低到最低程度。但生产中存在重治疗轻预防的误区，忽视环境、营养等条件改善，严重影响到疾病防控，必须加以纠正。

第一节　猪场疾病综合控制

一、科学饲养管理

（一）满足营养需要

营养不足或不平衡不仅易引起营养缺乏症，而且影响免疫系统的正常运转，导致机体的免疫机能低下。所以要供给全价平衡日粮，保证营养全面、充足。选用优质、洁净的饲料原料，避免饲料原料霉变和掺假，按照营养要求配制饲料以及科学饲喂等。

（二）供给充足卫生的饮水

水是重要的营养素，保证饮水的充足供应，特别是在炎热的高温季节。保证猪饮用水的洁净卫生，符合饮用水标准，并定期进行饮水消毒，避免污染和传播疾病。

（三）保持适宜的环境条件

保持适应的温度、湿度、光照、通风以及新鲜空气等。根据外界气候变化，做好舍内小气候环境的控制，做好防暑降温、防寒保温工作，保持适宜的饲养密度和适量通风，改善猪舍的空气环境；注意卫生管理，保持环境清洁，使猪群生活在一个舒适、安静、干燥、卫生的环境中。

（四）减少应激

应避免或减轻应激。定期药物预防或疫苗接种等多种因素均可对猪群造成应激，包括捕捉、转群、断奶、免疫接种、运输、饲料转换、无规律的供水供料等生产管理因素，以及饲料营养不平衡或营养缺乏、温度过高或过低、湿度过大或过小、不适宜的光照、突然的音响等环境因素。实践中应尽可能通过加强饲养管理和改善环境条件，避免和减轻以上两类应激因素对猪群的影响，防止应激造成猪群免疫效果不佳、生产性能和抗病能力降低。为了减弱应激的影响，可以在应激发生的前后两天在饲料或饮水中加入维生素 C、维生素 E 和电解多维以及镇静剂等。

（五）实行标准化饲养

着重抓好母猪进产房前和分娩前的猪体消毒、初生仔猪吃好初乳、固定乳头和饮水及开食的正确调教、断奶和保育期饲料的过渡等几个问题，减少应激，防止母猪 MMA 综合征、仔猪断奶综合征等疾病的发生。

二、猪场的隔离卫生

（一）科学选址

应选择在背风、向阳、地势高燥、通风良好、水电充足、水质卫生良好、排水方便的沙质土地带建猪场，易使猪舍保持干燥和卫生环境。最好配套有鱼塘、果林、耕地，以便于污水的处理。猪场应处于交通方便的位置，但要和主要公路、居民点、其他繁殖场至少保持 2 千米以上的距离的间隔，并且尽量远离屠宰场、废物污水处理站和其他污染源。

（二）合理布局

猪场的要分区规划，并且严格做到生产区和生活管理区分开，生产区周围应有防疫保护设施。生产区按配种怀孕舍、分娩舍、保育舍、生长测定舍、育成舍、装猪台从上风向下风方向排列。规模化猪场可采用三点式布局。

（三）消毒防疫设施完善

生产区周围最好有围墙和防疫沟，并且在围墙外种植荆棘类植物，形成防疫林带，只留人员入口、饲料入口和出猪舍，减少与外界的直接联系；猪场大门必须设立宽于门口、长于大型载货汽车车轮一周半的水泥结构的消毒池，并装有喷洒消毒设施。建有人员消毒室或洗浴室；生活管理区和生产区之间的人员入口和饲料入口应以消毒池隔开。

（四）全进全出

采取“全进全出”的饲养制度。“全进全出”的饲养制度是有效防止疾病传播的措施之一。“全进全出”使得猪场能够做到净场和充分的消毒，切断疾病传播的途径，从而避免患病猪或病原携带者将病原传染给日龄较小的猪群。

（五）加强隔离管理

1. 人员隔离

人员必须在更衣室沐浴、更衣、换鞋，经严格消毒后方可进入生产区，生产区的每栋猪舍门口必须设立消毒脚盆，生产人员经过脚盆再次消毒工作鞋后进入猪舍，生产人员不得互相串舍，各猪舍用具不得混用。严禁闲人进场，外来人员来访必须在值班室登记，把好防疫第一关；全场工作人员禁止兼任其他畜牧场的饲养、技术工作和屠宰贩卖工作；休假返场的生产人员必须在生活管理区隔离二天后，方可进入生产区工作，猪场后勤人员应尽量避免进入生产区。

2. 车辆隔离

外来车辆必须在场外经严格冲洗消毒后才能进入生活管理区和靠近装猪台，严禁任何车辆和外人进入生产区。

3. 装猪台的隔离

装猪台平常应关闭，严防外人和动物进入；禁止外人（特别是猪贩）上装猪台，卖猪时饲养人员不准接触运猪车；任何猪一经赶至装猪台，不得再返回原猪舍；装猪后对装猪台进行严格消毒。

4. 饲料运输隔离

饲料应由本场生产区外的饲料车运到饲料周转仓库，再由生产区内的车辆转运到每栋猪舍，严禁将饲料直接运入生产区内。生产区内的任何物品、工具（包括车辆），除特殊情况外不得离开生产区，任何物品进入生产区必须经过严格消毒，特别是饲料袋应先经熏蒸消毒后才能装料进入生产区。有条件的猪场最好使用饲料塔，以避免已污染的饲料袋引入疫病。

5. 选种、引种隔离

种猪场应设种猪选购室，选购室最好和生产区保持一定的距离，介于生活区和生产区之间，以隔墙（留密封玻璃观察窗）或栅栏隔开，外来人员进入种猪选购室之前必须先更衣换鞋、消毒，在选购室挑选种猪。

尽量做到自繁自养，如从外地引进场内的猪，要严格进行检疫。要在隔离猪舍饲养和观察至少3周，确认无病后，方可并入生产群。

6. 生活区禁养畜禽

场内生活区严禁饲养畜禽。尽量避免猪、狗、禽鸟进入生产区。生产区内肉食品要由场内供给，严禁从场外带入偶蹄兽的肉类及其制品。

（六）搞好卫生

1. 保持猪舍和猪舍周围环境卫生

及时清理猪舍的污物、污水和垃圾，定期打扫猪舍和设备用具的灰尘，每天进行适量的通风，保持猪舍清洁卫生；不在猪舍周围和道路上堆放废弃物和垃圾。

2. 保持饲料和饮水卫生

保证饲料不霉变，不被病原污染，饲喂用具勤清洁、消毒；饮用水符合卫生标准，水质良好，饮水用具要清洁，饮水系统要定期消毒。

3. 无害化处理废弃物

（1）粪便的处理 妥善处理猪场粪污，可避免对环境造成污染，同时，将其作为再生资源利用，变废为宝。猪粪通常有两种利用方式，一种是用作肥料，另一种是作为能源物质，如生产沼气等。尿和污水经净化处理后作为水资源或肥料重新利用，如用于农田灌溉或鱼塘施肥。猪场不同的清粪工艺，对粪污的后处理影响较大，采用粪尿分离方式，污水量小，粪含水量较低，粪和污水都易处理；采用水冲清粪或粪尿混合方式，污水量大，粪污稀，需经固液分离后，再分别处理，处理难度大。

① 用作肥料。猪场粪污的最佳利用途径是作肥料还田。粪肥还田可改良土壤，提高作物产量，生产无公害绿色食品，促进农业良性循环和农牧结合。猪粪用作肥料时，有的将鲜粪作基肥直接施入土壤，也可将猪粪发酵、腐熟堆肥后再施用。一般来说，为防止鲜粪中的微生物、寄生虫等对土壤造成污染，以及为提高肥效，粪便应经发酵或高温腐熟处理后再使用，这样安全性更高。

腐熟堆肥过程也就是好气性微生物分解粪便中有机物的过程，分解过程中释放大量热能，使肥堆温度升高，一般可达60～65℃，可杀死其中的病原微生物和寄生虫卵等，有机物则大多分解成腐殖质，有一部分分解成无机盐类。腐熟堆肥必须创造适宜条件，堆肥时要有适当的空气，如粪堆上插秸秆或设通气孔保持良好的通气条件，以保证好气性微生物繁殖。为加快发酵速度，也可在堆底铺设送风管，头20天经常强制送风；同时应保持60%左右的含水量，水分过少影响微生物繁殖，水分过多又易造成厌氧条件，不利于有氧发酵；另外，需保持肥料适宜的碳氮比（26～35）∶1，碳比例过大，分解过程缓慢，过低则使过剩的氮转变成氨而丧失掉。鲜猪粪的碳氮比约为12∶1，碳的比例不足，可加入秸秆、杂草等来调节碳氮比。自然堆肥效率较低，占地面积大，目前已有各种堆肥设备（如发酵塔、发酵池等）用于猪场粪污处理，效率高、占地少、效果好。

② 生产沼气。固态或液态粪污均可用于生产沼气。沼气是厌气微生物（主要是甲烷细菌）分解粪污中含碳有机物而产生的一种混合气体，其中甲烷占60%～75%，二氧化碳占25%～40%，还有少量氧、氢、一氧化碳、硫化氢等气体。沼气可用于照明、作燃料、或发电等。沼气池在厌氧发酵过程中可杀死病原微生物和寄生虫，发酵粪便产气后的沼渣还可再用作肥料。目前，在我国推广面积较大的是常温发酵，因此，大部分地区存在低温季节产气少，甚至不产气的问题，此外，用沼液、沼渣施肥，施用和运输不便，并且因只进行沼气发酵一级处理，往往不能做到无害化，有机物降解不完全，常导致二

次污染。如果用产生的沼气加温，进行中温发酵，或采用高效厌氧消化池，可提高产气效率、缩短发酵时间，对沼液用生物塘进行二次处理，可进一步降低有机物含量，减少二次污染。

(2) 污水处理 猪场必须专设排水设施，以便及时排除雨、雪水及生产污水。全场排水网分主干和支干，主干主要是配合道路网设置的路旁排水沟，将全场地面径流或污水汇集到几条主干道内排出；支干主要是各运动场的排水沟，设于运动场边缘，利用场地倾斜度，使水流入沟中排走。排水沟的宽度和深度可根据地势和排水量而定，沟底、沟壁应夯实，暗沟可用水管或砖砌，如暗沟过长（超过200米），应增设沉淀井，以免污物淤塞，影响排水。但应注意，沉淀井距供水水源应在200米以上，以免造成污染。大型猪场污水排放量很大，在没有较大面积的农田或鱼塘消纳时，为避免造成环境污染，应利用物理的、化学的、生物学的方法进行综合处理，达到无害化，然后再用于灌溉或排入鱼塘。

污水处理可采用两级或三级处理。两级处理包括预处理（一级处理）和好氧生物处理（二级处理）。一级处理是用沉淀分离等物理方法将污水中悬浮物和可沉降颗粒分离出去，常采用沉淀池、固液分离机等设备，再用厌氧处理降解部分有机物，杀灭部分病原微生物；二级处理是用生物方法，让好氧生物进一步分解污水中的胶体和溶解的有机物，并杀灭病原微生物，常用方法有生物滤池、活性污泥、生物转盘等。猪场污水一般经两级处理即达到排放或利用要求，当处理后要排入卫生要求较高的水体时，则必须进行三级处理。

猪粪的利用还有其他多种形式，但许多处理方法投资大、耗能多，其应用受到限制。猪粪的各种处理和利用形式都有其缺点和局限性，在初建和设计猪场时就考虑到粪污的后处理问题，选择合适的场址（考虑农牧结合）和选择适宜的生产工艺，可大大降低粪污处理的难度，同时节约大量能源。

(3) 病死猪的处理 病死猪必须及时无害化处理，坚决不能图一己私利而出售。处理方法如下。

① 焚烧法。焚烧是一种较完善的方法，但不能利用产品，且成本高，故不常用。但对一些危害人、畜健康极为严重的传染病病畜的尸体，仍有必要采用此法。焚烧时，先在地上挖一十字形沟（沟长约

2.6 米，宽 0.75～1.0 米，深 0.5～0.7 米），在沟的底部放木柴和干草作引火用，于十字沟交叉处铺上横木，其上放置畜尸，畜尸四周用木柴围上，然后洒上煤油焚烧，至尸体烧成黑炭为止（图 6-1）。或用专门的焚烧炉焚烧。

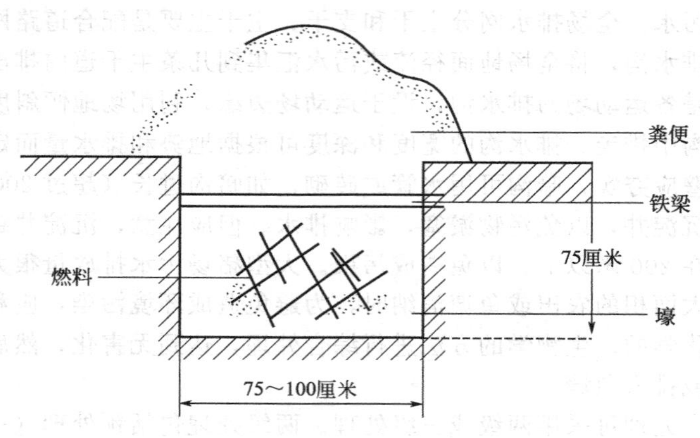

图 6-1 焚烧死猪的壕沟

② 高温处理法。此法是将畜禽尸体放入特制的高温锅（温度达 150℃）内或有盖的大铁锅内熬煮，达到彻底消毒的目的。也可用普通大锅，经 100℃以上的高温熬煮处理。此法可保留一部分有价值的产品，但要注意熬煮的温度和时间，必须达到消毒的要求。

③ 土埋法。此法是利用土壤的自净作用使其无害化。此法虽简单但不理想，因其无害化过程缓慢，某些病原微生物能长期生存，从而污染土壤和地下水，并会造成二次污染，所以不是最彻底的无害化处理方法。采用土埋法，必须遵守卫生要求，埋尸坑远离畜舍、放牧地、居民点和水源，地势高燥，尸体掩埋深度不小于 2 米。掩埋前在坑底铺上 2～5 厘米厚的石灰，尸体投入后，再撒上石灰或洒上消毒药剂，埋尸坑四周最好设栅栏并作上标记。

④ 发酵法。将尸体抛入尸坑内，利用生物热的方法进行发酵，从而起到消毒灭菌的作用。尸坑一般为井式，深达 9～10 米，直径 2～3米，坑口有一个木盖，坑口高出地面 30 厘米左右。将尸体投入坑内，堆到距坑口 1.5 米处，盖封木盖，经 3～5 个月发酵处理后，尸体即可完全腐败分解。

在处理畜尸时，不论采用那种方法，都必须将病畜的排泄物、各种废弃物等一并进行处理，以免造成环境污染。

4. 灭鼠杀虫

（1）灭鼠　鼠是人、畜多种传染病的传播媒介，鼠还盗食饲料，咬坏物品，污染饲料和饮水，危害极大，猪场必须加强灭鼠工作。

① 防止鼠类进入建筑物。鼠类多从墙基、天棚、瓦顶等处窜入室内，在设计施工时注意墙基最好用水泥制成，碎石和砖砌的墙基，应用灰浆抹缝。墙面应平直光滑，防鼠沿粗糙墙面攀登。砌缝不严的空心墙体，易使鼠隐匿营巢，要填补抹平。为防止鼠类爬上屋顶，可将墙角处做成圆弧形。墙体上部与天棚衔接处应砌实，不留空隙。瓦顶房屋应缩小瓦缝和瓦、椽间的空隙并填实。用砖、石铺设的地面，应衔接紧密并用水泥灰浆填缝。各种管道周围要用水泥填平。通气孔、地脚窗、排水沟（粪尿沟）出口均应安装孔径小于 1 厘米的铁丝网，以防鼠窜入。

② 器械灭鼠。器械灭鼠方法简单易行，效果可靠，对人、畜无害。灭鼠器械种类繁多，主要有夹、关、压、卡、翻、扣、淹、粘、电等。近年来还研究和采用电灭鼠和超声波灭鼠等方法。

③ 化学灭鼠。化学灭鼠效率高、使用方便、成本低、见效快，缺点是能引起人、畜中毒，有些老鼠对药物有选择性、拒食性和耐药性。所以，使用时需选好药剂和注意使用方法，以保安全有效。灭鼠药剂种类很多，主要有灭鼠剂、熏蒸剂、烟剂、化学绝育剂等。猪场的鼠类以饲料库、猪舍最多，是灭鼠的重点场所。饲料库可用熏蒸剂毒杀。投放的毒饵，要远离猪笼和猪栏，并防止毒饵混入饲料。鼠尸应及时清理，以防被人、畜误食而发生二次中毒。选用鼠吃惯了的食物作饵料，突然投放，饵料充足，分布广泛，以保证灭鼠的效果。常用的灭鼠药物有敌鼠钠盐、氯敌鼠（氯鼠酮）、杀鼠灵（华法令）等。敌鼠钠盐毒饵制备：取敌鼠钠盐 5 克，加沸水 2 升搅匀，再加 10 千克杂粮，浸泡至毒水全部吸收后，加入适量植物油拌匀，晾干备用。

（2）杀虫　蚊、蝇、蚤、蜱等吸血昆虫会侵袭猪并传播疫病，因此，在猪生产中，要采取有效的措施防止和消灭这些昆虫。

① 环境卫生。搞好猪场环境卫生，保持环境清洁、干燥，是杀灭蚊蝇的基本措施。蚊虫需在水中产卵、孵化和发育，蝇蛆也需在潮

湿的环境及粪便等废弃物中生长。因此，填平无用的污水池、土坑、水沟和洼地。保持排水系统畅通，对阴沟、沟渠等定期疏通，勿使污水储积。对储水池等加盖，以防蚊蝇飞入产卵。对不能清除或加盖的防火储水器，在蚊蝇孳生季节，应定期换水。永久性水体（如鱼塘、池塘等），蚊虫多滋生在水浅而有植被的边缘区域，修整边岸，加大坡度和填充浅湾，能有效地防止蚊虫孳生。猪舍内的粪便应定时清除，并及时处理，储粪池应加盖并保持四周环境的清洁。

② 物理杀灭。利用机械方法以及光、声、电等物理方法，捕杀、诱杀或驱逐蚊蝇。我国生产的多种紫外线光或其他光诱器，效果良好。此外，还有可以发出声波或超声波并能将蚊蝇驱逐的电子驱蚊器等，都具有防除效果。

③ 生物杀灭。利用天敌杀灭害虫，如池塘养鱼即可达到鱼类治蚊的目的。此外，应用细菌制剂——内菌素杀灭吸血蚊的幼虫，效果良好。

④ 化学杀灭。化学杀灭是使用天然或合成的毒物，以不同的剂型（粉剂、乳剂、油剂、水悬剂、颗粒剂、缓释剂等），通过不同途径（胃毒、触杀、熏杀、内吸等），毒杀或驱逐蚊蝇。化学杀虫法具有使用方便、见效快等优点，是当前杀灭蚊蝇的较好方法。常用的药物见表6-1。

表6-1 常用的杀虫剂及使用方法

名称	性状	使用方法
敌百虫	白色块状或粉末。有芳香味；低毒、易分解、污染小；杀灭蚊（幼）、蝇、蚤、蟑螂及家畜体表寄生虫	25%粉剂撒布，1%溶液喷雾；0.1%溶液畜体涂抹，0.02克/千克体重口服驱除畜体内寄生虫
敌敌畏	黄色、油状液体，微芳香；易被皮肤吸收而中毒，对人、畜有较大毒害，畜舍内使用时应注意安全。杀灭蚊（幼）、蝇、蚤、蟑螂、螨、蜱	0.1%～0.5%溶液喷雾，表面喷洒；10%熏蒸
马拉硫磷	棕色、油状液体，强烈臭味；其杀虫作用强而快，具有胃毒、触毒作用，也可作熏杀，杀虫范围广。对人、畜毒害小，适于畜舍内使用。世界卫生组织推荐的室内滞留喷洒杀虫剂；杀灭蚊（幼）、蝇、蚤、蟑螂、螨	0.2%～0.5%乳油喷雾，灭蚊、蚤；3%分剂喷洒灭螨、蜱

续表

名称	性状	使用方法
倍硫磷	棕色、油状液体，蒜臭味；毒性中等比较安全；杀灭蚊(幼)、蝇、蚤、臭虫、螨、蜱	0.1%的乳剂喷洒，2%粉剂、颗粒剂喷洒、撒布
二溴磷	黄色、油状液体、微辛辣；毒性较强；杀灭蚊(幼)、蝇、蚤、蟑螂、螨、蜱	50%的油乳剂。0.05%～0.1%用于室内外蚊、蝇、臭虫等，野外用5%浓度
杀螟松	红棕色、油状液体，蒜臭味；低毒、无残留；杀灭蚊(幼)、蝇、蚤、臭虫、螨、蜱	40%的湿性粉剂灭蚊蝇及臭虫；2毫克/升灭蚊
地亚农	棕色、油状液体，酯味；中等毒性，水中易分解；杀灭蚊(幼)、蝇、蚤、臭虫、蟑螂及体表害虫	滞留喷洒0.5%，喷浇0.05%；撒布2%粉剂
皮蝇磷	白色结晶粉末，微臭；低毒，但对农作物有害；杀灭体表害虫	0.25%喷涂皮肤，1%～2%乳剂灭臭虫
辛硫磷	红棕色、油状液体，微臭；低毒、日光下短效；杀灭蚊(幼)、蝇、蚤、臭虫、螨、蜱	2克/米^{2}室内喷洒灭蚊蝇；50%乳油剂灭成蚊或水体内幼蚊
杀虫畏	白色固体，有臭味；微毒；杀灭家蝇及家畜体表寄生虫(蜱、蚊、蠓)	20%乳剂喷洒，涂布家畜体表，50%粉剂喷洒体表灭虫
双硫磷	棕色、黏稠液体；低毒稳定；杀灭幼蚊、人蚤	5%乳油剂喷洒，0.5～1毫升/升撒布，1毫克/升颗粒剂撒布
毒死蜱	白色结晶粉末；中等毒性；杀灭蚊(幼)、蝇、螨、蟑螂及仓储害虫	2克/米^{2}喷洒物体表面
西维因	灰褐色、粉末；低毒；杀灭蚊(幼)、蝇、臭虫、蜱	25%的可湿性粉剂和5%粉剂撒布或喷洒
害虫敌	淡黄色、油状液体；低毒；杀灭蚊(幼)、蝇、蚤、蟑螂、螨、蜱	2.5%稀释液喷洒，2%粉剂，1～2克/米^{2}撒布，2%气雾
双乙威	白色结晶，芳香味；中等毒性；杀灭蚊、蝇	50%可湿性粉剂喷雾、2克/米^{2}喷洒灭成蚊
速灭威	灰黄色粉末；中毒；杀灭蚊、蝇	25%的可湿性粉剂和30%乳油喷雾灭蚊
残撒威	白色结晶粉末、酯味；中等毒性；杀灭蚊(幼)、蝇、蟑螂	2克/米^{2}用于灭蚊、蝇，10%粉剂局部喷洒灭蟑螂
胺菊酯	白色结晶；微毒；杀灭蚊(幼)、蝇、蟑螂、臭虫	0.3%油剂，气雾剂，需与其他杀虫剂配伍使用

三、严格消毒

猪场消毒就是将养殖环境、养殖器具、动物体表、进入的人员或物品、动物产品等存在的微生物全部或部分杀灭或清除掉的方法。消毒的目的在于消灭被病原微生物污染的场内环境、畜体表面及设备器具上的病原体，切断传播途径，防止疾病的发生或蔓延。因此，消毒是保证猪群健康和正常生产的重要技术措施。

（一）消毒的方法

猪场常用的有机械性清除（如清扫、铲刮、冲洗等机械方法和适当通风）、物理消毒（如紫外线和火焰、煮沸与蒸汽等高温消毒）、化学药物消毒和生物消毒等消毒方法。

（二）化学消毒的方法

化学消毒方法是利用化学药物杀灭病原微生物以达到预防感染和传染病的传播、流行的方法。此法最常用于养殖生产。常用的有浸泡法、喷洒法、熏蒸法和气雾法。

1. 浸泡法

主要用于消毒器械、用具、衣物等。一般洗涤干净后再行浸泡，药液要浸过物体，浸泡时间以长些为好，水温以高些为好。在猪舍进门处消毒槽内，可用浸泡药物的草垫或草袋对人员的靴鞋消毒。

2. 喷洒法

喷洒地面、墙壁、舍内固定设备等，可用细眼喷壶；对舍内空间消毒，则用喷雾器。喷洒要全面，药液要喷到物体的各个部位。一般喷洒地面，每平方米面积需要 2 升药液；喷墙壁、顶棚，每平方米 1 升。

3. 熏蒸法

适用于可以密闭的猪舍。这种方法简便、省事，对房屋结构无损，消毒全面，猪场常用此方法。常用的药物有福尔马林（40%的甲醛水溶液）、过氧乙酸水溶液。为加速蒸发，常利用高锰酸钾的氧化作用与福尔马林配合使用。实际操作中要严格遵守下面基本要点：畜舍及设备必须清洗干净，因为气体不能渗透到猪粪和污物中去，所以不能发挥应有的效力；畜舍要密封，不能漏气。应将进出气口、门窗和排气扇等的缝隙糊严。

4. 气雾法

气雾粒子是悬浮在空气中的气体与液体的微粒，直径小于 200 纳米，分子量极小，能在空气中悬浮较长时间，可到处漂移，能穿透畜舍的周围及其空隙。气雾是消毒液从气雾发生器中喷射出的雾状微粒，是消灭气载病原微生物的理想办法。全面消毒猪舍空间时，每立方米用5%过氧乙酸溶液2.5毫升喷雾。

（三）常用的消毒药物

应该选择无残留、不会在猪体内产生有害积累、对人和猪安全的消毒剂。猪场常用的消毒剂见表6-2。

表6-2 猪场常用消毒药品

名称	常用浓度	作用	应用范围
草木灰	20%	有杀菌作用，但对芽孢和病毒无效	用于地面及圈舍消毒
石炭酸	3%～5%	有杀菌作用，但对芽孢和病毒无效	猪舍、墙壁、地面用具、运输车车辆、运动场。多用于喷洒
煤酚皂液（来苏儿）	2%～5%	有杀菌作用，但对芽孢无效	猪舍、墙壁、地面用具、粪便，1%～2%可作手臂消毒
氢氧化钠（苛性钠、火碱、烧碱）	2%	有强大的杀菌和腐蚀作用，对芽孢和病毒、虫卵有很强的杀灭作用	猪舍、墙壁、地面、用具、运输车辆、运动场。加热效果好。对金属、人和动物体有腐蚀作用
生石灰（氧化钙）	10%～20%	有杀菌作用，但对芽孢和结核杆菌无效	墙壁、地面、污水沟、粪池等。10%～20%的石灰乳喷洒或涂刷；或用新鲜的石灰撒布，现用现配
福尔马林（40%甲醛溶液）	2%～5%	对细菌、芽孢、真菌和病毒都有杀灭作用	2%的用于浸泡器具；3%～5%的用于圈舍、地面、墙壁、用具的喷洒消毒。配合高锰酸钾可熏蒸消毒
漂白粉（含氯石灰）	3%～5%	有杀菌作用，对金属有腐蚀性，对皮肤有刺激性	3%～5%澄清剂消毒饲槽等用具；10%～20%乳剂消毒圈舍及排泄物
过氧乙酸（过醋酸）	0.1%～0.5%	能杀死细菌、霉菌、芽孢和病毒	猪舍、地面、食槽等。可用0.2%～0.5%的溶液喷雾消毒
次氯酸钠	0.05%～1.5%	对细菌、病毒有杀灭作用	0.3%～1.5%溶液用于圈舍、用具等喷洒消毒；0.1%溶液可在圈舍内喷雾消毒
复合酚	0.3%～1%	有杀菌作用	猪舍、用具、运动场、运输车辆、排泄物，喷洒消毒猪舍、用具消毒

续表

名　称	常用浓度	作　用	应用范围
新洁尔灭	0.1%～0.2%	有杀菌作用，但对芽孢和病毒无效	猪舍、用具消毒。也可用于手和皮肤的消毒，忌与肥皂、碘和碱等配合
百毒杀(50%)	0.3%～1%	有强大杀菌作用，对芽孢和病毒有很强的杀灭作用	猪舍外环境消毒，带猪喷雾消毒
灭毒威	0.2%	有强大杀菌作用，对芽孢和病毒有很强的杀灭作用	猪舍外环境消毒，带猪喷雾消毒
爱迪伏	5%～10%	有强大杀菌作用，对芽孢和病毒有很强的杀灭作用	猪舍外环境消毒，带猪喷雾消毒

（四）猪场的消毒程序

1. 车辆消毒

车辆进入场区要经过车辆消毒池，对车轮进行消毒，消毒池内消毒液可选用2%～5%火碱（氢氧化钠）、1%菌毒敌、1∶300特威康、1∶(300～500）喷雾灵中的任一种。消药液每周更换1～2次，雨过天晴后立即更换，确保消毒效果。还要对车身进行消毒，车身可用2%过氧乙酸或1%灭毒威喷雾消毒。

2. 人员消毒

所有人员进入场区大门必须进行鞋底消毒，并经自动喷雾器进行喷雾消毒。进入生产区的人员必须淋浴、更衣、换鞋、洗手，并经紫外线照射15分钟。严禁外来人员进入生产区，必要时需经生产部长批准。病猪隔离人员和剖检人员操作前后都要进行严格消毒。进入猪舍人员应先踏消毒盆（池），再洗手后方可进入。消毒池的消毒液每3天更换一次。

3. 环境消毒

（1）生产区的垃圾实行分类堆放，并定期收集。

（2）每逢周六进行环境清理、消毒和焚烧垃圾。

（3）消毒时用3%的氢氧化钠喷湿，阴暗潮湿处撒生石灰。

（4）生产区道路、每栋舍前后、生活区、办公区院落或门前屋后4～10月份每7～10天消毒一次，11月至次年3月每半月一次。

4. 猪舍消毒

（1）空栏消毒 可按以下程序操作。

① 清扫。首先对空舍的粪尿、污水、残料、垃圾和墙面、顶棚、水管等处的尘埃进行彻底清扫，并整理归纳舍内饲槽、用具，当发生疫情时，必须先消毒后清扫。

② 浸润。对地面、猪栏、出粪口、食槽、粪尿沟、风扇匣、护仔箱进行低压喷洒，并确保充分浸润，浸润时间不低于30分钟，但不能时间过长，以免干燥、浪费水且不好洗刷。

③ 冲刷。使用高压冲洗机，由上至下彻底冲洗屋顶、墙壁、栏架、网床、地面、粪尿沟等。要用刷子刷洗藏污纳垢的缝隙，尤其是食槽、护仔箱壁的下端，冲刷不要留死角。

④ 消毒。晾干后，选用广谱高效消毒剂，消毒舍内所有表面、设备和用具，必要时可选用2%～3%的火碱进行喷雾消毒。30～60分钟后低压冲洗，晾干后用另一种广谱高效消毒药（0.3%好利安）喷雾消毒。

⑤ 复原。恢复原来栏舍内的布置，并检查维修，做好进猪前的充分准备，并进行第二次消毒。

⑥ 进猪。进猪前1天再喷雾消毒。

（2）熏蒸消毒 封闭猪舍冲刷干净、晾干后，最好进行熏蒸消毒。用福尔马林（40%甲醛溶液）、高锰酸钾熏蒸。方法：熏蒸前封闭所有缝隙、孔洞，计算房间容积，称量好药品。按照福尔马林∶高锰酸钾∶水＝2∶1∶1的比例配制，福尔马林用量一般为14～42毫升/米^2。容器应大于甲醛溶液加水后容积的3～4倍。放药时一定要把甲醛溶液倒入盛高锰酸钾的容器内，室温最好不低于24℃，相对湿度在70%～80%。先从猪舍一头逐点倒入，倒入后迅速离开，把门封严，24小时后打开门窗通风。无刺激味后再用消毒剂喷雾消毒一次。

（3）带猪消毒 正常情况下选用新过氧乙酸或喷雾灵等消毒剂。夏季每周消毒2次，春秋季每周消毒1次，冬季2周消毒1次。如果发生传染病每天或隔日带猪消毒1次，带猪消毒前必须彻底清扫，消毒时不仅限于猪的体表，还包括整个猪舍的所有空间。应将喷雾器的喷头高举空中，喷嘴向上，让雾料从空中缓慢地下降，雾粒直径控制在80～120微米，压力为0.2～0.3千克/厘米^2。注意不宜选用刺激性大的药物。

5. 用具消毒

定期对料槽、产仔箱、喂料器等用具进行消毒。一般先将用具清洗干净后，可用0.1%的新洁尔灭或0.2%～0.5%过氧乙酸消毒，然后在密闭的室内熏蒸24小时。猪笼可以使用火焰喷灯进行喷射消毒(金属笼具)。

6. 运动场消毒

对运动场地面进行预防性消毒时，可将运动场最上面一层土铲去3厘米左右，用10%～20%新鲜石灰水或5%漂白粉溶液喷洒地面，然后垫上一层新土夯实。对运动场进行紧急消毒时，要在地面上充分洒上对病原体具有强烈作用的消毒剂，2～3小时后，将最上面一层土铲去9厘米以上，喷洒10%～20%石灰水或5%漂白粉溶液，垫上一层新土夯实，再喷洒10%～20%新鲜石灰水或5%漂白粉溶液，5～7天后，就可以将猪重新放入。如果运动场是水泥地面，可直接喷洒对病原体具有强烈作用的消毒剂。

7. 粪便消毒

患传染病和寄生虫病病畜的粪便可以利用焚烧法、化学药物法、掩埋法和生物法进行消毒。生产中常用的生物热消毒法，即采用堆粪法生物热消毒的处理。在距猪场100～200米或以外的地方设一个堆粪场，在地面挖一浅沟，深约20厘米，宽1.5～2米，长度不限，随粪便多少确定。先将非传染性的粪便或垫草等堆至25厘米厚，其上堆放欲消毒的粪便、垫草等，高达1.5～2米，然后在粪堆外再铺上10厘米厚的非传染性的粪便或垫草，并覆盖10厘米厚的沙子或土，如此堆放3周至3个月，即可用以肥田，如图6-2所示。当粪便较稀时，应加些杂草，太干时倒入稀粪或加水，使其不稀不干，以促使其迅速发酵。

8. 特定消毒

(1) 兽医防疫人员的消毒　兽医防疫人员进入猪舍必须在消毒池

内进行鞋底消毒，在消毒盆内洗手消毒。出入猪舍时要在消毒盆内洗手消毒；兽医防疫人员在一栋猪舍工作完毕后，要用消毒液浸泡的纱布擦洗注射器和提药盒。

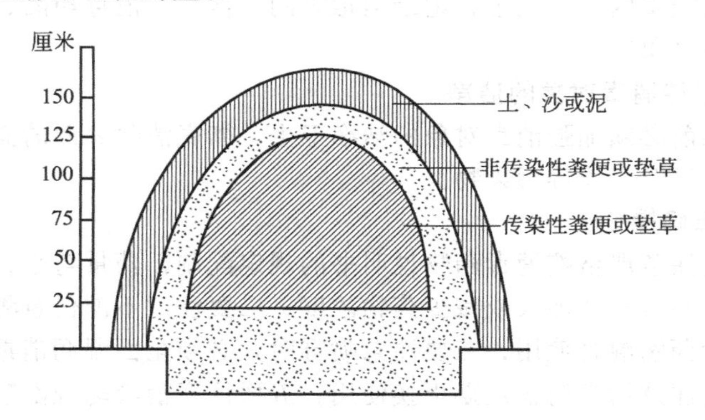

图 6-2　粪便生物热消毒的堆粪法

（2）生产过程的消毒

① 猪转群或部分调动时必须将道路和需用的车辆、用具消毒，在用前、用后分别喷雾消毒。参加人员需换上洁净的工作服和胶鞋，并经过紫外线照射 15 分钟。

② 接产母猪有临产征兆时，就要将猪笼、用具设备和猪体洗刷干净，并用 1/600 的百毒杀或 0.1%高锰酸钾溶液消毒。

③ 在剪耳、注射等前后，都要对器械和术部进行严格消毒。消毒可用碘酊或 70%的酒精棉。

④ 饲料袋每月清洗并浸泡消毒 1 次。

（3）术部和器械消毒

① 术部消毒。如阉割手术时，术部首先要用清水洗净擦干，然后涂以 3%碘酊，待干后再用 70%～75%酒精消毒，待酒精干后方可实施手术，术后创口涂 3%碘叮。

② 器械消毒。手术刀、手术剪、缝合针、缝合线可用煮沸消毒，也可用 70%～75%酒精消毒，注射器用完后里外冲刷干净，然后煮沸消毒。医疗器械每天必须消毒一遍。

③ 发生传染病或传染病平息后，要强化消毒，药液浓度加大，消毒次数增加。

（五）消毒注意事项

1. 做好消毒记录

要有完整的消毒记录，记录消毒时间、株号、消毒药品、使用浓度、消毒对象等。

2. 保持消毒对象的洁净

消毒前必须加强消毒对象的洁净卫生，彻底清除表面的粪尿、污水、垃圾以及尘埃等污染物。

3. 正确操作

一要注意严格按消毒药物说明书的规定配制，药量与水量的比例要准确，不可随意加大或减少药物浓度；二要注意不准任意将两种不同的消毒药物混合使用；三要注意喷雾时，必须全面湿润消毒物的表面；四要注意消毒药物定期更换使用；五要注意消毒药现配现用，搅拌均匀，并尽可能在短时间内一次用完；六要注意保证消毒药物与消毒对象的接触时间。

四、确切免疫接种

免疫接种通常是使用疫苗和菌苗等生物制剂作为抗原接种于猪体内，激发机体产生特异性免疫力，免疫接种是预防传染病的有效手段。在疫苗的使用和管理中应该严格规范，具体参见 NY5031 无公害食品—生猪饲养兽医防疫准则，同时兽医防疫部门对猪繁殖和呼吸系统综合征、猪传染性胃肠炎、猪瘟、水泡病、尼帕病毒脑炎等进行定期检测，以确保猪群的健康。

（一）疫苗的种类及管理

1. 疫苗的种类

疫苗分为活疫苗和灭活苗两类。凡将特定细菌、病毒等微生物毒力致弱制成的疫苗称活疫苗（弱毒苗）。活疫苗具有产生免疫快、免疫效力好、免疫接种方法多和免疫期长等特点，但存在散毒和造成新疫源以及毒力返祖的潜在危险等问题。用物理或化学方法将病原微生物灭活的疫苗称为灭活苗。灭活苗具有安全性好、不存在返祖或返强现象、便于运输和保存、对母源抗体的干扰作用不敏感以及适用于多毒株或多菌株制成多价苗等特点，但存在成本高、免疫途径单一、生产周期长等不足。猪场常用的疫苗见表 6-3。

表 6-3 猪常用的生物制品

名 称	作 用	使用和保存方法
猪瘟兔化弱毒疫苗	猪瘟预防接种；4 天后产生免疫力，免疫期 9 个月	每头猪臀部或耳根肌内注射 1 毫升；保存温度 4℃，避免阳光照射
猪瘟兔化毒疫牛体反应苗	猪瘟预防接种；4 天后产生免疫力，免疫期 1 年	每头猪股内、臀部或耳根肌内或皮下注射 1 毫升；4℃保存不超过 6 个月，－20℃保存不超过 1 年。避免阳光照射
猪瘟、猪肺疫、猪丹毒三联苗	猪瘟、猪肺疫、猪丹毒的预防接种；猪瘟免疫期 1 年，猪丹毒和猪肺疫为 6 个月	按规定剂量用生理盐水稀释后，每头肌内注射 1 毫升。－15℃保存期为 12 个月，0～8℃保存期为 6 个月
猪伪狂犬病弱毒苗	猪伪狂犬病预防和紧急接种。免疫后 6 天能产生坚强的免疫力，免疫期 1 年	按规定剂量用生理盐水稀释后，每头肌内注射 1 毫升。－20℃保存期为 1.5 年，0～8℃保存期为半年，10～15℃则为 15 天
猪细小病毒氢氧化铝胶疫苗	细小病毒病的预防。免疫期 1 年	母猪每次配种前 2～4 周内颈部肌内注射 2 毫升。避免冻结和阳光照射，4～8℃有效期为 1 胎次
猪传染性萎缩性鼻炎油佐剂二联灭活疫苗	预防支气管败血波氏杆菌和产毒性多杀性巴氏杆菌感染引起的萎缩性鼻炎。免疫期 6 个月	母猪产前 4 周接种，颈部皮下注射 2 毫升，新引进的后备母猪立即注射 1 毫升。4℃保存 1 年，室温保存 1 个月
猪传染性胃肠炎、猪轮状病毒二联弱毒疫苗	预防猪传染性胃肠炎、猪轮状病毒性腹泻。免疫期为一胎次	用生理盐水稀释，经产母猪及产后备母猪于分娩前 5～6 周各肌内注射 1 毫升。4℃阴暗处保存 1 年，其他注意事项可参见说明
猪传染性胃肠炎与猪流行性腹泻二联灭活疫苗	预防猪传染性胃肠炎和猪流行性腹泻两种病毒引起的腹泻。接种后 15 天开始产生免疫力，免疫期为 6 个月	一般于产前 20～30 天后海穴注射接种 4 毫升；避免高温和阳光照射，2～8℃保存，不可冻结，保存期 1 年
口蹄疫疫苗	预防口蹄疫病毒引起的相关疾病。免疫期 2 个月	每头猪 2 毫升，2 周后再免疫一次。疫苗在 2～8℃保存，不可冻结，保存期 1 年
猪气喘病弱毒冻干活菌苗	预防猪气喘病；免疫期 1 年	种猪、后备猪每年春、秋各一次免疫，仔猪 15 日龄至断奶首免，3～4 月龄种猪二免。胸腔注射，4 毫升/头

续表

名　称	作　用	使用和保存方法
猪链球菌氢氧化铝胶菌苗	预防链球菌病；免疫期6个月	60日龄首免，以后每年春秋免疫一次，3毫升/头
传染性胸膜肺炎灭活油佐剂苗	预防传染性胸膜肺炎	2～3月龄猪间隔2周2次接种
猪肺疫弱毒冻干苗	预防猪肺疫；免疫期6个月	仔猪70日龄初免，1头份/头；成年猪每年春秋各免疫一次
繁殖呼吸道综合征冻干苗	预防繁殖呼吸道综合征	3周龄仔猪初次接种，种母猪配种前2周再次接种。大猪2毫升/头，小猪1毫升/头
抗猪瘟血清	猪瘟的紧急预防和治疗，注射后立即起效。必要时12～24小时再注射一次，免役期为14天	采用皮下或颈静脉注射，预防剂量为1毫升/千克体重，治疗加倍。本制品在2～15℃条件下保存3年

2. 疫苗管理

(1) 疫苗的采购　采购疫苗时，一定要根据疫苗的实际效果和抗体监测结果，以及场际间的沟通和了解，选择规范而信誉高且有批准文号的生产厂家生产的疫苗；到有生物制品经营许可证的经营单位购买；疫苗应是近期生产的，有效期只有2～3个月的疫苗最好不要购买。

(2) 疫苗的运输　运输疫苗要使用放有冰袋的保温箱，做到“苗随冰行，苗到未溶”。途中避免阳光照射和高温。疫苗如需长途运输，一定要将运输的要求交待清楚，约好接货时间和地点，接货人应提前到达，及时接货。疫苗运输过程中时间越短越好，中途不得停留存放，应及时运往猪场放入17℃恒温冰箱，防止冷链中断。

(3) 疫苗的保管　保管前要清点数量，逐瓶检查苗瓶有无破损，瓶盖有无松动，标签是否完整，并记录生产厂家、批准文号、检验号、生产日期、失效日期、药品的物理性状与说明书是否相符等，避免购入伪劣产品；仔细查看说明书，严格按说明书的要求储存；许多疫苗是在冰箱内冷冻保存，冰箱要保持清洁和存放有序，并定时清理冰箱的冰块和过期的疫苗。如遇停电，应在停电前1天准备好冰袋，以备停电用，停电时尽量少开箱门。

（二）免疫接种的方法

1. 肌内注射

（1）注射部位 注射部位应注意避开大血管和神经丛的路径。一般选择肌肉丰满的臀部或颈部和股内侧。较瘦的猪最好在颈部注射。

（2）注射方法 先对注射部位进行消毒，若该部位毛较多，应先剪毛后消毒。将针头垂直刺入肌肉内 2～4 厘米，抽动注射器活塞，无回血现象时即可缓慢注入药液。注完后，用酒精棉球压迫针孔处拔出针头。

经产母猪、后备母猪、公猪最好选用 16 号 3.8～4.4 厘米长的针头，以垂直角度刺入皮肤，这样可保证疫苗液的注射深度，同时还可防止针头弯折。日龄较小、体重较轻的猪及商品猪可选择小号、短一些的针头以 45 度左右倾斜进针。

（3）注意事项 一是每注射一栏猪更换一枚针头，防止传染。吸药时，绝不能用已给动物注射过的针头吸取，可用一个灭菌针头，插在瓶塞上不拔出、裹以挤干的酒精棉花专供吸药用，吸出的药液不应再回注瓶内；二是液体在使用前应充分摇匀，每次吸苗前再充分振摇。冻干苗加稀释液后应轻轻振摇匀；三是注射器刻度要清晰，不滑杆、不漏液。注射的剂量要准确，不漏注、不白注。进针要稳，拔针宜速，不得打“飞针”以确保苗液真正足量地注射于肌肉；四是注射部位要准确。肌肉注射部位，有颈部、臀部和后腿内侧等供选择。

2. 皮下注射

（1）注射部位 部位多选在皮肤较薄、富有皮下组织、松弛可移动而活动性较小的部位。进针部位位于耳后凹陷处疏松皮下或腹侧、腹下皮肤、股内侧等处。将药液注射到皮肤与肌肉之间的疏松组织中。

（2）注射方法 先将要注射的部位消毒，然后用左手指提起皮肤，使这部位皮肤呈三角皱褶，右手在皱褶中央将注射器针头斜向刺入皮下，一般针头与皮肤呈 45 度角，深度 3 厘米左右，这时放开左手，将药液推入组织内，拔出针头后要再消毒一次，并用酒精棉球轻揉注射部位皮肤，以使药液加速消散和吸收。

皮下注射时，每一个注射点不宜注入过多的药液。如注射剂量大时可以分点注射。刺激性大的药物不要皮下注射，否则易引起局部炎症、肿胀和疼痛。一般建议用比较短的针头如12号或14号，1.2～2.5厘米长。

(3) 注意事项　注射部位为在耳后或股内侧皮下疏松结缔组织部位。避免注射到脂肪组织内。其他同肌内注射。

3. 交巢穴注射

在交巢穴注射口蹄疫疫苗、蓝耳病疫苗、大肠杆菌苗等，剂量减半，抗体水平产生良好，没有流产和其他不良反应。

(1) 注射部位　交巢穴即尾根下方肛门上方的凹陷处。

(2) 注射方法　用7号或9号针头向凹陷中央前上方刺入2～4厘米。可将仔猪头朝下倒提，在尾根与肛门之间的凹陷处（交巢穴）用酒精消毒后，将软管输液针头垂直刺入（软管可防止脱针、弯针）注射即可。

(3) 注意事项　同肌内注射。

（三）免疫程序的制定

猪场必须根据本场的实际情况，考虑本地区的疫病流行特点，结合畜禽的种类、年龄、饲养管理、母源抗体的情况以及疫苗的性质、类型和免疫途径等各方面因素和免疫监测结果，制定适合本场的免疫程序，千万不能生搬硬套别人的免疫程序。要充分考虑到影响免疫程序制定的主要问题，科学制定适合本场的免疫程序。

1. 制定免疫程序需考虑的因素

(1) 母源抗体干扰　母源抗体（被动免疫）对新生仔猪十分重要，但给疫苗的接种带来一定的影响。在母源抗体水平高时不宜接种弱毒疫苗，并在适当日龄加强免疫接种一次弱毒苗。

(2) 猪场发病史　制定免疫程序时要考虑本地区猪病疫情和该猪场已发生过什么病、发病日龄、发病频率及发病批次，依此确定疫苗的种类和免疫时机。对本地区、本场尚未证实发生的疾病，必须证明确实已受到严重威胁时才计划接种。

(3) 免疫方法　接种疫苗的方法有注射、饮水、滴鼻等，应根据疫苗的类型、疫病特点及免疫程序来选择每次免疫的接种途径。

(4) 季节性　许多疫病具有较强的季节性，指定程序时要给予考虑。如春夏季预防乙型脑炎，秋冬季和早春预防传染性胃肠炎和流行性腹泻。

（5）不同疫苗之间的干扰　不同疫苗之间的干扰影响接种时间的科学安排，如果不注意就会影响免疫效果。如在接种猪伪狂犬病弱毒疫苗和蓝耳病疫苗时，必须与猪瘟兔化弱毒疫苗的免疫注射间隔1周以上，否则前者对后者的免疫有干扰作用。

2. 猪群的免疫参考程序

各种猪群的免疫程序参考表6-4～表6-7。

表6-4　商品猪的参考免疫程序

免疫时间	使用疫苗	免疫剂量和方式
1日龄	猪瘟弱毒疫苗①	1头份，肌内注射
7日龄	猪喘气病灭活疫苗②	1头份，胸腔注射
20日龄	猪瘟弱毒疫苗	2头份，肌内注射
21日龄	猪喘气病灭活疫苗②	1头份，胸腔注射
23～25日龄	高致病性猪蓝耳病灭活疫苗	1头份，肌内注射
23～25日龄	猪传染性胸膜肺炎灭活疫苗②	1头份，肌内注射
23～25日龄	链球菌Ⅱ型灭活疫苗②	1头份，肌内注射
28～35日龄	口蹄疫灭活疫苗	1头份，肌内注射
28～35日龄	猪丹毒疫苗、猪肺疫疫苗或猪丹毒-猪肺疫二联苗②	1头份，肌内注射
28～35日龄	仔猪副伤寒弱毒疫苗②	1头份，肌内注射
28～35日龄	传染性萎缩性鼻炎灭活疫苗②	1头份，颈部皮下注射
55日龄	猪伪狂犬基因缺失弱毒疫苗	1头份，肌内注射
55日龄	传染性萎缩性鼻炎灭活疫苗②	1头份，颈部皮下注射
60日龄	口蹄疫灭活疫苗	2头份，肌内注射
60日龄	猪瘟弱毒疫苗	2头份，肌内注射
70日龄	猪丹毒疫苗、猪肺疫疫苗或猪丹毒-猪肺疫二联苗②	2头份，肌内注射

① 在母猪带毒严重，垂直感染引发哺乳仔猪猪瘟的猪场实施。

② 根据本地疫病流行情况可选择进行免疫。

注：猪瘟弱毒疫苗建议使用脾淋疫苗。

表6-5　种母猪参考免疫程序

免疫时间	使用疫苗	免疫剂量和方式
每隔4～6个月	口蹄疫灭活疫苗	2头份，肌内注射

续表

免疫时间	使用疫苗	免疫剂量和方式
初产母猪配种前	猪瘟弱毒疫苗	2头份,肌内注射
	高致病性猪蓝耳病灭活疫苗	1头份,肌内注射
	猪细小病毒灭活疫苗	1头份,颈部肌内注射
	猪伪狂犬基因缺失弱毒疫苗	1头份,肌内注射
经产母猪配种前	猪瘟弱毒疫苗	2头份,肌内注射
	高致病性猪蓝耳病灭活疫苗	1头份,肌内注射
产前4～6周	猪伪狂犬基因缺失弱毒疫苗	1头份,肌内注射
	大肠杆菌双价基因工程苗	1头份,肌内注射
	猪传染性胃肠炎、流行性腹泻二联苗	1头份,后海穴注射

注：1. 种猪70日龄前免疫程序同商品猪；2. 乙型脑炎流行或受威胁地区，每年3～5月份（蚊虫出现前1～2月），使用乙型脑炎疫苗间隔一个月免疫两次；3. 猪瘟弱毒疫苗建议使用脾淋疫苗；4. 猪传染性胃肠炎、流行性腹泻二联苗根据本地疫病流行情况可选择进行免疫。

表6-6　种公猪参考免疫程序

免疫时间	使用疫苗	免疫剂量和方式
每隔4～6个月	口蹄疫灭活疫苗	2头份,肌内注射
每隔6个月	猪瘟弱毒疫苗	2头份,肌内注射
	高致病性猪蓝耳病灭活疫苗	1头份,肌内注射
	猪伪狂犬基因缺失弱毒疫苗	1头份,肌内注射

注：1. 种猪70日龄前免疫程序同商品猪。

2. 乙型脑炎流行或受威胁地区，每年3～5月份（蚊虫出现前1～2月），使用乙型脑炎疫苗间隔一个月免疫两次。

3. 猪瘟弱毒疫苗建议使用脾淋疫苗。

表6-7　猪群的免疫参考程序

阶段	免疫时间	使用疫苗	免疫剂量和方式	备注
仔猪	15日龄	猪喘气病灭活苗或弱毒苗	1头份,胸腔注射	
	20日龄	猪瘟活细胞苗	2头份,肌内注射	
	30日龄	仔猪副伤寒弱毒苗	1头份,肌内注射	
		猪喘气病灭活苗或弱毒苗	1头份,胸腔注射	
	60日龄	猪瘟、猪肺疫、猪丹毒三联苗	2头份,肌内注射	

续表

阶段	免疫时间	使用疫苗	免疫剂量和方式	备注
后备种猪	6月龄到配种前1个月	猪细小病毒弱毒疫苗	1头份，肌内注射	
	母猪配种前1周	猪瘟、猪肺疫、猪丹毒三联苗	2头份，肌内注射	2次/年
繁殖种公母猪	公猪每年4月、10月	猪喘气病灭活苗或弱毒苗	2头份，肌内注射	2次/年
	母猪配种前1个月	猪乙型脑炎弱毒苗	1头份，肌内注射	建议
	产前40天、15天	大肠杆菌三价灭活苗	1头份，肌内注射	建议
	产前40天	猪伪狂犬病灭活苗	1头份，肌内注射	建议

注：商品猪群按70日龄前的免疫程序进行。

（四）影响免疫效果的因素

免疫应答是一种复杂的生物学过程，影响因素很多，必须了解认识主要影响因素，尽量减少不良因素的影响，提高免疫接种的效果。

1. 疫苗的质量

疫苗是指具有良好免疫原性的病原微生物经繁殖和处理后制成的生物制品，接种动物能产生相应的免疫效果，疫苗质量是免疫成败的关键因素，疫苗质量好必须具备的条件是安全和有效。农业部要求生物制品生产企业到2005年必须达到GMP标准，以真正合格的SPF胚生产出更高效、无污染的弱毒活疫苗，利用分子生物学技术深入研究毒株进行新疫苗研制，将病毒中最有效的免疫原提取出来生产疫苗，同时进一步改善疫苗辅助物（如保护剂、稳定剂、佐剂、免疫修饰剂等），可望大幅度提高常规疫苗的免疫力，使用疫苗的单位必须到具备供苗资格的单位购买。通常弱毒苗和湿苗应保存于－15℃以下，灭活苗和耐热冻干弱毒苗应保存于2～8℃，灭活苗要严防冻结，否则会破乳或出现凝集块，影响免疫效果。

2. 免疫的剂量

弱毒苗接种后在体内有个繁殖过程，接种到猪体内的疫苗必须含有足量的有活力的抗原，才能激发机体产生相应抗体，获得免疫。若免疫的剂量不足将导致免疫力低下或诱导免疫力耐受；而免疫的剂量过大也会产生强烈应激，使免疫应答减弱甚至出现免疫麻痹现象。猪场应根据疫苗的说明酌情确定免疫剂量。

3. 干扰作用

同时免疫接种两种或多种弱毒苗往往会产生干扰现象。产生干扰的原因可能有两个方面：一是两种病毒感染的受体相似或相同，产生竞争作用；二是一种病毒感染细胞后产生干扰素，影响另一种病毒的复制，例如初生仔猪用伪狂犬病基因缺失弱毒苗滴鼻后，疫苗毒在呼吸道上部大量繁殖，与伪狂犬病病毒竞争地盘，同时又干扰伪狂犬病病毒的复制，起到抑制和控制病毒的作用。

4. 环境因素

猪体内免疫功能在一定程度上受到神经、体液和内分泌的调节。当环境过冷过热、湿度过大、通风不良时，都会引起猪体不同程度的应激反应，导致猪体对抗原免疫应答能力下降，接种疫苗后不能取得相应的免疫效果，表现为抗体水平低、细胞免疫应答减弱。多次的免疫虽然能使抗体水平很高，但并不是疾病防治要达到的目标，有资料表明，动物经多次免疫后，高水平的抗体会使动物的生产力下降。

5. 应激因素

高免疫力本身对动物来说就是一种应激反应。免疫接种是利用疫苗的致弱病毒去感染猪机体，这与天然感染得病一样，只是病毒的毒力较弱而不发病死亡，但机体经过一场恶斗来克服疫苗病毒的作用后才能产生抗体，所以在接种前后应尽量减少应激反应。集约化猪场的仔猪，既要实施阉割、断尾、驱虫等保健措施，又要发生断奶、转栏、换料等饲养管理条件变化，此阶段免疫最好多补充电解质和维生素，尤其是维生素 A、维生素 E、维生素 C 和复合维生素 B 更为重要。

（五）免疫接种的管理

1. 疫苗使用前要检查

使用前要检查药品的名称、厂家、批号、有效期、物理性状、储存条件等是否与说明书相符。仔细查阅使用说明书与瓶签是否相符，明确含量、稀释液、每头剂量、使用方法及有关注意事项，并严格遵守，以免影响效果。对过期、无批号、油乳剂破乳、失真空及颜色异常或不明来源的疫苗禁止使用。

2. 免疫前后的管理

（1）防疫前的 3～5 天可以使用抗应激药物、免疫增强保护剂，以提高免疫效果。

（2）在使用活病毒苗时，用苗前后严禁使用抗病毒药物；用活菌苗时，防疫前后10天内不能使用抗生素、磺胺类等抗菌、抑菌药物及激素类药物。

（3）及时认真填写免疫接种记录，包括疫苗名称、免疫日期、舍别、猪别、日龄、免疫头数、免疫剂量、疫苗性质、生产厂家、有效期、批号、接种人等。每批疫苗最好存放1～2瓶，以备出现问题时查询。

（4）有的疫苗接种后能引起过敏反应，需详细观察1～2日，尤其接种后2小时内更应严密监视，遇有过敏反应者，注射肾上腺素或地塞米松等抗过敏解救药。

（5）有的猪、有的疫苗免疫后应激反应较大，表现采食量降低，甚至不吃或体温升高，应饮用电解质水或口服补液盐或熬制的中药液。尤其是保育舍仔猪，免疫接种后采取以上措施能减缓应激。

（6）接种疫苗后，活苗经7～14天、灭活苗经14～21天才能使机体获得免疫保护，这期间要加强饲养管理，尽量减少应激因素，加强环境控制，防止饲料霉变，搞好清洁卫生，避免强毒感染。

（7）如果发生严重反应或怀疑疫苗有问题而引起死亡，尽快向生产厂家反映或冷藏包装同批次的制品2瓶寄回厂家，以便找查原因。

3. 疫苗接种效果的检测

（1）定期检测抗体　一个季度抽血分离血清进行一次抗体监测，当抗体水平合格率达不到要求时应补注一次，并检查其原因；一般情况下，疫苗的进货渠道应当稳定，但因特殊情况需要换用新厂家的某种疫苗时，在疫苗注射后30天即进行抗体监测，抗体水平合格率达不到要求时，则不能使用该疫苗，应改用其他厂家疫苗进行补注。

（2）实践观察　注重在生产中考查疫苗的效果，如长期未见初产母猪流产，说明细小病毒苗的效果尚可。

五、合理用药预防

合理的用药预防就是在猪容易发病的几个关键时期，提前用药物预防，能够起到很好的保健作用，降低猪场的发病率。这比发病后再治要省钱省力，又能确保猪正常繁殖生长，还可以用比较便宜的药物达到防病的目的，收到事半功倍的效果，提高养猪经济效益。

可供选择的保健用药有头孢类、泰妙菌素、土霉素、利高霉素、强力霉素、阿莫西林、氟苯尼考、替米考星、磺胺类等，或直接使用呼圆康等中草药复方制剂。用药前要摸清常发病种类，做好细菌分离和耐药性试验，确定敏感药物，并注意药物定期轮换。猪场保健预防用药的时间和方法见表6-8。

表6-8　猪场药物保健程序

猪别	日龄(时间)	用药目的	使用药物	剂量	用法
公猪	每月或每季度一次	预防呼吸道疾病	支原净	150克/吨	连续7天混饲给药
			土霉素钙盐预混剂	1000克/吨	连续7天混饲给药
		驱虫	伊维菌素预混剂	1000克/吨	连续7天混饲给药
后备母猪	进场第1周	预防呼吸道疾病	氟苯尼考预混剂2%	1000克/吨	连续7天混饲给药
			泰乐菌素	0.02%	连续7天混饲给药
		抗应激	抗应激药物	按说明	连续7天混饲给药
	配种前1周	抗菌	长效土霉素	5毫升	肌内注射1次
母猪	产前7～14天	驱虫	伊维菌素预混剂	2000克/吨	连续7天混饲给药
	产前7天至产后7天	预防产后仔猪呼吸道及消化道疾病、母猪产后感染	强力霉素	200克/吨	连续7～14天混饲给药
			阿莫西林	200克/吨	连续7～14天混饲给药
	断奶后	母猪炎症	长效土霉素	5毫升	肌内注射1次
商品猪	吃初乳前	预防新生仔猪黄痢	庆大霉素	1～2毫升	口服
	3日龄内	预防缺铁性贫血	补铁剂	1毫升/头	肌内注射
		补硒、提高抗病力	亚硒酸钠、维生素E	0.5毫升/头	肌内注射
	补料第1周	预防新生仔猪黄痢	强力霉素	200克/吨	连续7天混饲给药
			阿莫西林	0.015%	连续7天混饲给药
	断奶前后1周	预防呼吸道及消化道疾病促生长抗应激	替米考星 抗应激药物	适量	连续7天混饲给药
			先锋霉素	适量	连续7天混饲给药
			支原净粉 或阿莫西林粉＋ 抗应激药物	0.0125% 0.0125% 适量	饮水或混饲给药7天
		驱虫、促生长	伊维菌素预混剂	1000克/吨	连续7天混饲给药

续表

猪别	日龄(时间)	用药目的	使用药物	剂量	用法
商品猪	转入生长育肥期第1周(8～10周龄)	驱虫、促生长	伊维菌素预混剂	1000克/吨	连续7天混饲给药
		抗菌、促生长	氟苯尼考预混剂2%	2000克/吨	连续7天混饲给药
			土霉素钙盐预混剂	1000克/吨	连续7天混饲给药
所有猪群	每周1～2次	常规消毒	消毒威、卫康或农福等	适量	带猪体、猪舍内喷雾消毒

六、重视驱虫

猪的内、外寄生虫病亦是妨碍猪群生产力正常发挥的疾病。猪场内实行定期驱虫制度，可以减少或防止寄生虫病对猪群的危害。

猪场一般每年春秋二季对猪群各进行1次驱虫；对断奶后到6月龄的猪，进行1～3次驱虫；妊娠母猪在产前3个月驱虫。对外寄生虫一旦发现，应及时扑灭。

驱虫应有的放矢，事前做粪便虫卵检查，掌握猪体内寄生虫的种类及危害程度，以便于有针对性地选择高效驱虫药物，提高驱虫效果。常用驱虫药见表6-9。

表6-9　常用驱虫药

药物名称	制剂	使用方法	使用剂量	备注
左旋咪唑	针剂	肌内注射	每千克体重8毫克	对肠道线虫有效
	粉、片剂	口服	每千克体重8毫克	对鞭毛虫无效
精制敌百虫(兽用)	结晶	口服	每千克体重0.1～0.2克	对肠道线虫有效
	粉末	喷洒	1%～2%	外用对疥螨有杀灭作用
伊维菌素(阿维菌素)	针剂	皮下注射	每千克体重0.3毫克	可同时驱杀肠道线虫及疥螨
	粉、片剂	口服	每千克体重0.3～0.5毫克	
增效磺胺制剂	针剂	肌内注射	每千克体重20～25毫克	用于防治猪球虫病、弓形体病
	粉、片剂	口服	每千克体重30毫升	

续表

药物名称	制剂	使用方法	使用剂量	备注
呋喃唑酮(痢特灵)	粉、片剂	口服	每千克体重10～15毫克	防治猪球虫病
	添加剂	喂服	每千克饲料400～600毫克,连用3天	
盐酸氯苯胍	粉、片剂	口服	每千克体重12～24毫克	对球虫及弓形体有效
杀虫脒	油乳剂	喷洒	0.1%～0.2%	外用杀蚧螨

第二节 常见猪病防治

一、传染病

（一）猪瘟（HC）

猪瘟（“烂肠瘟”）是由猪瘟病毒引起的一种急性、热性、接触性传染病。

【病原】猪瘟病毒属于黄病毒科瘟病毒属，单股RNA病毒。病毒存在于病猪全身各个组织和体液中。在自然干燥过程中病毒迅速死亡，在腐败尸体中存活2～3天。被猪瘟病毒污染的环境，如保持干燥，经1～3周失去传染性。冰冻条件下，猪瘟病毒的毒力可保持数日。－25℃保持一年以上。在冷冻病猪肉中，病毒可存活数周至数月。腌制或熏制的病猪肉中，病毒可存活半年以上。腐败易使病毒失活，如血液及尸体中的病毒，由于腐败作用，2～3天失活。病猪的粪尿在堆积发酵后，数日失去传染力。含病毒的组织和血液，加0.5%苯酚与50%甘油后，在室温下可保存数周，病毒仍然存活，很适用于病料的送检。

猪瘟病毒对消毒药的抵抗力较强。对污染圈舍、用具、食槽等最有效的消毒剂是2%～4%烧碱、5%～10%漂白粉、0.1%过氧乙酸、1∶200强力消毒灵、1∶200菌毒灭Ⅱ型等。在寒冷的冬季，为防止烧碱溶液结冰，可加入5%食盐。

【流行特点】不同年龄、品种、性别的猪均易感。一年四季都可发生。病猪是主要传染源，病毒存在于各器官组织、粪、尿和分泌物中，易感猪采食了被病毒污染的饲料、饮水，接触了病猪和猪肉，以及污染的设备用具，或吸入含有大量病毒的飞沫和尘埃后，都可感染发病。此外，畜禽、鼠类、鸟类和昆虫也能机械性带毒，促使本病的发生和流行；发生过猪瘟场地上的蚯蚓、病猪体内的肺丝虫均含有猪瘟病毒，也会引起感染。处于潜伏期和康复期的猪，虽无临床症状，但可排毒，这是最危险的传染源，要注意隔离防范。流行特点是先有一头至数头猪发病，经一周左右，大批猪随后发病。

【临床症状和病理变化】潜伏期一般为7～9天，最长21天，最短2天。

（1）最急性型　此型少见。常发生在流行初期。病猪无明显的临床症状，突然死亡。病程稍长的，体温升高到41～42℃，食欲废绝，精神萎顿，眼和鼻黏膜潮红，皮肤发紫、出血，极度衰弱，病程1～2天。常无明显病变，仅能看到肾、淋巴结、浆膜、黏膜的小点状出血。

（2）急性型　这是常见的一种类型。病猪食欲减少，精神沉郁，常挤卧在一起或钻入垫草中。行走缓慢无力，步态不稳。眼结膜潮红，眼角有多量黏脓性分泌物，有时将上下睑粘在一起。鼻孔流出黏脓性分泌物。耳后、四肢、腹下、会阴等处的皮肤，有大小不等、数量不一的紫红色斑点，指压不褪色。公猪包皮积尿，挤压时，流出白色、混浊、恶臭的尿液。粪便恶臭，附有或混有黏液和潜血。体温40.5～41.5℃。幼猪出现磨牙、站立不稳、阵发性痉挛等神经紊乱症状。病程1～2周。后期卧地不起，勉强站立时，后肢软弱无力，步态踉跄，常并发肺炎和肠炎。

死亡病猪主要呈现典型的败血症变化。全身淋巴结肿大，呈紫红色，切面周边出血，或红白相间，呈现大理石样病变。肾不肿大，土黄色，被膜下散在数量不等的小出血点。膀胱黏膜有针尖大小出血点。脾不肿大，边缘有暗紫色的出血性梗死，有时可见脾被膜上有小米粒至绿豆大小紫红色凸出物。皮肤、喉头黏膜、心外膜、肠浆膜等有大小不一、数量不等的出血斑点。盲、结肠黏膜出血，形成钮扣状溃疡。

（3）慢性型　病程一个月以上。病猪食欲时好时坏，体温时高时低，便秘与腹泻交替发生，皮肤有出血斑或坏死斑点。全身衰弱无力，消瘦贫血，行走无力，个别猪逐渐康复。

慢性型除具有急性型的剖检病变之外，较典型的病变是回盲口、盲肠和结肠的黏膜上形成大小不一的圆形钮扣状溃疡。该溃疡呈同心圆轮状纤维素性坏死，突出于肠黏膜表面，褐色或黑色，中央凹陷。

非典型猪瘟是近年来国内外发生较普遍的一种猪瘟病型，据报道这种类型的猪瘟是由低毒力的猪瘟病毒引起的。其主要临床特征是缺乏典型猪瘟的临床表现，病猪体温微热或中热，大多在腹下有轻度的淤血或四肢发绀。有的自愈后出现干耳和干尾，甚至皮肤出现干性坏疽而脱落。这种类型的猪瘟病程1～2个月，甚至更长。有的猪有肺部感染和神经症状。新生仔猪常引起大量死亡。自愈猪变为侏儒猪或僵猪。

【诊断】可根据流行特点、典型症状、剖检变化及免疫接种情况等作出初步诊断。如果出现高稽留热，以便秘为主的出血性肠炎，体表皮薄处常有出血斑。剖检见淋巴结、脾、胆囊、肾、膀胱、喉头和大肠有病变等均为诊断的依据。应注意与猪丹毒、猪肺疫、猪副伤寒等病鉴别诊断（表6-10）。

表6-10　急性猪瘟、猪丹毒、猪肺疫、猪副伤寒等病鉴别要点

	急性猪瘟	猪丹毒	猪肺疫	猪副伤寒	猪败血性链球菌
流行特点	不分年龄、季节均可发病；传染快；发病率和和死亡率均很高。但由于预防接种，提高了猪群免疫水平，多呈散发性，有的可突然康复	2～3月龄猪多发；常呈地方性流行病；多见于炎热季节；血吸虫可传播此病	不良因素加剧此病发生。早春和晚秋多发；常呈散发性疾病；常因猪瘟、猪喘气病继发而来	多见于1～4月龄的仔猪；此病与猪群的饲养管理及卫生条件密切相关。天冷多雨季节多见；常为散发性；以慢性经过为主，常为猪瘟继发感染	初次流行呈急性暴发；发病率和死亡率都很高，5～11月份多见；各种年龄猪都可发生，但哺乳仔猪自然病例较少
临床症状	体温升高至41℃左右稽留；急性肠炎，以便秘为主；脓性结膜炎；皮肤常有出血点；齿龈、扁桃体坏死、溃疡，公猪阴鞘积脓；偶见神经症状	体温升至42℃或者以上；病初粪便多无变化；有时呕吐；皮肤充血潮红，指压褪色，死前不久有的出现疹块	体温升至41.5℃左右；咽喉部急性肿胀，指压敏感，呼吸极度困难，口、鼻流出泡沫液，常窒息死亡；或呈胸膜肺炎症状	体温升至41～42℃；肠炎，常有腹泻，排出恶臭，带有稀粪；耳、嘴同四肢下部皮肤发紫	体温升至41～43℃，多发生关节炎；有的呈现神经症状；少数皮肤充血潮红；有的有出血点；后期呼吸困难

续表

	急性猪瘟	猪丹毒	猪肺疫	猪副伤寒	猪败血性链球菌
病理变化	全身黏膜、浆膜出血，咽喉、肾、膀胱、胆囊、淋巴结、大肠明显；淋巴结肿大、充血、出血，切面呈大理石纹；脾不肿大，有的有出血性梗塞区；大肠出血性炎症，病程稍长的有“扣状肿”	皮肤潮红；胃底及十二指肠、空肠前段出血性炎，脾肿大充血，呈樱桃红色；肾充血肿大，有“大红肾”之称	咽喉部皮下及周围组织出血性浆膜浸润；脾不肿胀；肺急性水肿或肺有胸膜炎病变	皮肤发紫；肠系膜淋巴结索状肿；大肠黏膜卡它性出血性炎症，有的有散在浅表的糠麸样痂皮；肝有时有小坏死灶	浆膜腔液体增多，微混浊、混有纤维素絮片或凝块，浆膜上有纤维素沉积；脾、肾常肿大；脑膜充血，脑切面有小点出血；关节肿大，关节腔液增多，微混浊，混有纤维絮片或凝块

【防治】

（1）预防措施　措施如下：

① 坚持自繁自养　减少猪流动，防止疫病发生。如需从外单位引入种猪时，应从健康无病的猪场引进。在场外隔离一个月以上，并进行猪瘟疫苗注射，经观察确实无病，才可混入原猪群饲养。

② 切实做好预防接种工作　在本病流行的猪场和地区可实行以下免疫方法：a. 超前免疫：在仔猪出生后及未吃初乳之前，肌注 2 头份（300 个免疫剂量）猪瘟兔化弱毒疫苗，1～1.5 小时后，再让仔猪吃母乳。35 日龄前后强化免疫 4 头份，免疫期可达 1 年以上。b. 大剂量免疫：种公猪每年春秋两次免疫，每头每次肌注 4 头份（600 个免疫剂量）猪瘟兔化弱毒疫苗。仔猪离乳后，给母猪肌注 4～6 头份猪瘟兔化弱毒疫苗。仔猪在 25～30 日龄时肌注 2 头份猪瘟兔化弱毒疫苗，60～65 日龄时肌注 4 头份猪瘟兔化弱毒疫苗。

在无猪瘟流行的地区，可按常规的春秋两季防疫注射和 2～4 头份剂量进行，要做到头头注射，个个免疫，并做好春秋季未注射猪的补针工作。

③ 搞好日常饲养管理，保持圈舍干燥和环境清洁卫生。圈舍和环境定期用 2%～4%的火碱水消毒。

（2）发病后的措施　措施如下。

① 迅速诊断，及早上报疫病并隔离病猪，对圈舍、场地、饲养用具用 3%～5%火碱水浸泡或喷洒消毒。

② 紧急接种。对疫区、疫场未发病的猪，用4头份猪瘟兔化弱毒疫苗进行紧急接种，5～7天产生免疫力。经验证明，采取紧急接种的方法，能有效地制止新的病猪出现，缩短流行过程，减少经济损失，是防制猪瘟流行的切实可行的积极措施。

③ 治疗。常用于优良的种猪或温和型猪瘟。抗猪瘟高免血清，1毫升/千克体重，肌注或静注；苗源抗猪瘟血清，2～3毫升/千克体重，肌注或静注；猪瘟兔化弱毒疫苗20～50头份，分2～3点肌注，2天1次，注射2次。卡那霉素，20毫升/千克体重，每天1次。该方对35千克以上的病猪有一定疗效。另外湖北省天门市根瘟灵研究所研制的中草药制剂“根瘟灵”注射液，有清热解毒、消炎、抗病毒，增强免疫力的功效，对早、中期和慢性猪瘟有效，但在使用该药时，严禁使用安乃近、地塞米松、氢化可的松等肾上腺皮质激素类药物，以防影响疗效。

④ 消毒。流行结束后，对污染猪舍、运动场和用具以及猪场环境进行彻底清洗消毒。清洗、消毒处理后的病猪圈，需空15天后，才能放入健康猪饲养。

⑤ 死猪和病猪肉的处理。对病死的猪应深埋，不许乱扔。急宰猪应在指定地点进行，病猪肉必须彻底煮熟后方可利用；对污染的废物、带毒的废水应采取深埋，消毒等措施；工作人员要严格消毒，防止疫情扩散。

（二）口蹄疫

口蹄疫是由口蹄疫病毒引起的，主要侵害猪、牛、羊等偶蹄兽的一种急性接触性传染病。临床上以口腔黏膜、蹄部及乳房皮肤发生水疱和溃烂为特征。特征性的病理变化是在毛少的皮肤（口角、鼻镜、乳房、蹄缘、蹄间隙）和皮肤型黏膜（唇、舌、颊、腭、龈）出现水疱，心肌、骨骼肌变性、坏死和炎症反应。传染性强，传播速度很快，不易控制和消灭。

【病原】口蹄疫病毒属于微小RNA病毒科、鼻病毒属中的一种病毒，共有7个主要的抗原性血清型，A型、O型、C型、SAT-1型、SAT-2型、SAT-3型和Asia-1型。每一类型又分若干亚型，各型之间的抗原性不同，不同型之间不能交叉免疫，但症状和病变基本一致。本病毒对外界环境的抵抗力很强，广泛存在于病畜的组织中，特别是水疱液中含量最高。

【流行特点】传染源是病畜和带毒动物。病畜的各种分泌物和排泄物，特别是水疱破裂以后流出的液体都含有病毒，这些病毒污染环境，再感染健康动物。通过直接或间接接触，病毒可进入易感动物的呼吸道、消化道和损伤的黏膜，均可引起发病。如皮肤、黏膜感染，病毒先在侵入部位的表皮和真皮细胞内复制，使上皮细胞发生水疱变性和坏死，以后细胞间隙出现浆液性渗出物，从而形成一个或多个水疱，称为原发性水疮液，病毒在其中大量复制，并侵入血流，出现病毒血症，导致体温升高等全身症状。最危险的传播媒介是病猪肉及其制品，还有泔水，其次是被病毒污染的饲养管理用具和运输工具。传播性强，流行猛烈，常呈流行性发生。动物长途运输，大风天气，病毒可跳跃式向远处传播。多发生于冬春季，到夏季往往自然平息。

【临床症状】潜伏期1～2天，病猪以蹄部水疱为主要特征，病初体温升高至40～41℃，精神不振，食欲减退或不食，蹄冠、趾间出现发红、微热、敏感等症状，不久形成黄豆大、蚕豆大的水疱，水疱破裂后表面形成出血烂斑，引起蹄壳脱落。患肢不能着地，常卧地不起。病猪乳房也常见到斑，尤其是哺乳母猪，乳头上的皮肤病灶较为常见。其他部位皮肤上的病变少见。有时出现流产、乳房炎及慢性蹄变形。吃奶仔猪的口蹄疫，通常突然发病，角弓反张，口吐白沫。倒地四肢划动，尖叫后突然死亡。病程稍长者可见到口腔及界面上水病和糜烂；病死率可达60%～80%。

病变主要在黏膜（唇、舌、消化道黏膜、呼吸道黏膜）及毛少皮肤（口角、鼻盘、乳房、缘、蹄间隙）出现水疱。口蹄疫水疱液初期半透明，淡黄色，后由于局部上皮细胞变性、崩解、白细胞渗出而变成混浊的灰色。水疱发生糜烂，大量水疱液向外排出，轻者可修复，局部上皮细胞再生或结缔组织增生形成疤痕，如严重或继发感染，病变可深层发展，形成溃疡。有的恶性病例主要损伤心肌和骨骼肌。如心肌变性、局灶性坏死，坏死的心肌呈条纹状灰黄色，质软而脆，与正常心肌形成红黄相间的纹理，称为“虎斑心”。镜下见心肌纤维肿大，有的出现变性、坏死、断裂，进一步溶解、钙化。间质充血，水肿淋巴细胞增生或浸润，导致以坏死为主的急性坏死灶性心肌炎。

【诊断】根据临床症状、剖检变化和流行情况作出初步诊断。确诊需要通过实验室检测。

【防治】

(1) 预防措施 主要措施：

① 严格隔离消毒。严禁从疫区（场）买猪以及肉制品，不得使用未经煮开的洗肉水、泔水喂猪。非本场生产人员不得进入猪场和猪舍，生产人员进入要消毒；猪舍及其环境定期进行消毒。

② 提高机体抵抗力。加强饲养管理，保持适宜的环境条件，改善环境卫生，增强猪体的抵抗力。

③ 预防接种。可用与当地流行的相同病毒型、亚型的弱毒疫苗或灭活疫苗进行免疫接种。

(2) 发病后措施 主要措施：

① 发现本病后，应迅速报告疫情，划定疫点、疫区，及时严格封锁。病畜及同群畜应隔离急宰。同时，对病畜舍及受污染的场所、用具等彻底消毒，对受威胁区的易感畜进行紧急预防接种，在最后一头病畜痊愈或屠宰后14天内，未再出现新的病例，经大消毒后可解除封锁。

② 疫点严格消毒，猪舍、场地和用具等彻底消毒。粪便堆积发酵处理，或用5%氨水消毒。

③ 口腔用0.1%的高锰酸钾或食醋洗漱局部，然后在糜烂面上涂以1%～2%明矾或碘酊甘油，也可用冰硼散。蹄部可用3%紫药水或来苏儿洗涤，擦干后涂松馏油或鱼石脂软膏等，再用绷带包扎。乳房可用肥皂水或2%～3%硼酸水洗涤，然后涂以青霉素软膏等，定期将奶挤出，以防发生乳房炎；恶性口蹄疫病猪可试用康复猪血清进行防治，效果良好。

（三）猪传染性胃肠炎

猪传染性胃肠炎（TGE）是由猪传染性胃肠炎病毒感染引起的猪的一种急性、高度接触性肠道传染病。临床特征为严重腹泻、呕吐、脱水。10日龄以内的哺乳仔猪病死亡率高达60%～100%，5周龄以上的死亡率很低，成年猪一般不会死亡。

【病原】病原属冠状病毒属，单股RNA病毒。该病毒呈球形和多边形，只有一个血清型。急性期，病猪的全部脏器均含有病毒，但很快消失。病毒在病猪小肠黏膜、肠内容物和肠系膜淋巴结中存活时间较长。此病毒对外界环境的抵抗力不强，干燥、温热、阳光、紫外线均可将其杀死。不耐热，56℃经 45 分钟，65℃经 10 分钟可灭活；但冷冻情况下较稳定，在－18℃条件下能保存 18 个月，在液氮中保存 3 年毒力不变。一般的消毒剂，如烧碱、福尔马林（40%甲醛溶液）、来苏尔、菌毒敌、菌毒灭和敌菲特等都能使该病毒失活。

【流行特点】该病世界各国均有发生。只有猪感染发病，其他动物均不感染。断奶猪、育肥猪及成年猪都可感染发病，但症状轻微，能自然康复。10 日龄以内的哺乳仔猪病死率最高（60%以上），其他仔猪随日龄的增长死亡率逐步下降。

病猪和康复后带毒猪是本病的主要传染源。传染途径主要是消化道，即通过摄入含有病毒的饲料和饮水而传染。在湿度大，猪比较集中的封闭式猪舍中，也可通过空气和飞沫经呼吸道传染。

该病在新疫区呈流行性发生，老疫区呈地方性流行。人、车辆和动物等也可成为机械性传播媒介。发病季节一般是 12 月至翌年 4 月之间，炎热的夏季则很少发生。

【临床症状和病理变化】潜伏期一般 16～18 小时，有的 2～3 小时，长的 72 小时。临床症状和病理变化见表 6-11。

表 6-11　猪传染性胃肠炎的临床症状和病理变化

<table>
<tr><th>类型</th><th>临床症状</th><th>病理变化</th></tr>
<tr><td>哺乳仔猪</td><td>突然发生呕吐，接着发生剧烈水样腹泻，呕吐一般发生在哺乳之后。腹泻物呈乳白色或黄绿色，带有未消化的小块凝乳块，气味腥臭。在发病后期，由于脱水，粪便呈糊状，体重迅速减轻，体温下降，常于发病后 2～7 天死亡，耐过的仔猪，被毛粗糙，皮肤淡白，生长缓慢。5 日龄以内的仔猪，病死率为 100%</td><td rowspan="4">病变主要集中在胃肠道。胃内充满凝乳块，胃底部黏膜轻度充血。肠管扩张，肠壁变薄，弹性降低，小肠内充满白色或黄绿色水样液体，肠黏膜轻度充血，肠系膜淋巴结肿胀，肠系膜血管扩张、充血，肠系膜淋巴管内缺少乳白色乳糜。其他脏器病变不明显。病死仔猪脱水明显。病理组织学检查，主要表现为空肠黏膜绒毛变短、萎缩，上皮细胞变性、坏死及脱落</td></tr>
<tr><td>育肥猪</td><td>发病率接近 100%，突然发生水样腹泻，食欲大减或绝食，行走无力，粪便呈灰色或灰褐色，含有少量未消化的食物。在腹泻初期，可出现呕吐。在发病期间，脱水和失重明显。病程 5～7 天</td></tr>
<tr><td>母猪</td><td>母猪常与仔猪一起发病。哺乳母猪发病后，体温轻度升高，泌乳停止，呕吐，食欲不振，腹泻，衰弱，脱水。妊娠母猪似有一定抵抗力，发病率低，且腹泻轻微，一般不会导致流产。病程 3～5 天</td></tr>
<tr><td>成年猪</td><td>感染后常不发病。部分猪呈现轻度水样腹泻或一过性软便，脱水和失重不明显</td></tr>
</table>

【诊断】根据流行特点、临床症状和病理变化可以进行诊断。诊断要点是本病多发生于冬季，大、小猪都易感，发病突然，传播迅速，往往在数日内传遍整个猪群。主要症状是严重的腹泻、脱水和失重，10日龄以内的仔猪发病后病死率高，随日龄的增长病死率逐渐降低；大猪发病后很少死亡，常在5天左右自行康复。病理剖检时，空肠壁薄，肠内容物呈水样，肠系膜淋巴管内缺乏乳白色乳糜。

注意与猪流行性腹泻和猪轮状病毒病鉴别诊断：

（1）猪流行性腹泻　多发生于寒冷季节，大小猪几乎同时发生腹泻，大猪在数日内康复，乳猪有部分死亡。病理变化与猪传染性胃肠炎十分相似，但猪流行性腹泻的传播速度比较缓慢，病死率低于传染性胃肠炎。要确切区分开，必须进行实验室诊断，即应用荧光抗体或免疫电镜可检测猪流行性腹泻病毒抗原或病毒。

（2）猪轮状病毒病　以寒冷季节多发，常与仔猪白痢混合感染。症状和病理变化较轻微，病死率低。应用荧光抗体或免疫电镜可检出轮状病毒。

【防治】

（1）预防措施　主要措施如下。

① 做好隔离卫生。在该病的发病季节，严格控制从外单位引进种猪，以防止将病原带入；并认真做好科学管理和严格的消毒工作，防止人员、动物和用具传播该病；实行“全进全出”制，妥善安排产仔时间和严格隔离病猪等。

② 免疫接种。可选用猪传染性胃肠炎弱毒疫苗，或传染性胃肠炎和猪流行性腹泻二联疫苗。怀孕母猪产前45天和15天，经肌肉和鼻腔内别接种1毫升，使母猪产生足够的免疫力，从而使得哺乳仔猪由母乳获得被动免疫。也可在仔猪出生后，每头口服1毫升，使其产生主动免疫。

③ 口服高免血清或康复猪的抗凝全血　新生仔猪未哺乳前口服高免血清或康复猪的抗凝全血，每天1次，每次5～10毫升，连用3天。

④ 该病流行季节，每吨饲料拌入痢菌净纯粉150克或乳酸环丙沙星80～100克，可防治肠道细菌感染。

（2）发病后措施　对发病仔猪进行对症治疗，可减少死亡，促进早日康复。

① 应用大剂量猪瘟弱毒苗或鸡新城疫疫苗肌内注射，3 天 2 针，对 1 周内的患猪具有较好的治疗效果。

② 应用猪干扰素、转移因子、白细胞介素等生物制品并配合一定量的黄芪多糖肌内注射效果较好。

③ 辅助治疗，让患猪口服或自由饮服补液盐（葡萄糖 25.0 克，氯化钠 4.5 克，氯化钾 0.05 克，碳酸氢钠 2.0 克，柠檬酸 0.3 克，乙酸钾 0.2 克，温水 1000 毫升），也可腹腔注射加入适量地塞米松、维生素 C 的葡萄糖氯化钠溶液或平衡液（葡萄糖氯化钠溶液 500 毫升，11.2%乳酸钠 40 毫升，5%氯化钙 4 毫升，10%氯化钾 2.5 毫升）；为了防止继发感染可选用庆大霉素、恩诺沙星、环丙沙星、氯霉素等抗菌药物，内服、肌注或静注。

（四）猪流行性腹泻（PED）

猪流行性腹泻是由猪流行性腹泻病毒引起的一种急性肠道传染病，其特征是腹泻、呕吐和脱水。目前世界各地许多国家都有本病流行。

【病原】猪流行性腹泻病毒属于冠状病毒科冠状病毒属。病毒粒子呈多形性，倾向球形，外有囊膜，病毒只能在肠上皮组织培养物内生长。经免疫荧光和免疫电镜试验证明，本病毒与猪传染性胃肠炎病毒、猪血球凝集性脑脊髓炎病毒，新生犊牛腹泻病毒、犬肠道冠状病毒、猫传染性腹膜炎病毒无抗原关系。与猪传染性胃肠炎病毒进行交叉中和试验，猪体交互保护试验、EL1SA 试验等，都证明此病毒与猪传染性胃肠炎病毒没有共同的抗原性。病毒对外界环境和消毒药抵抗力不强，一般消毒药都可将它杀死。

【流行特点】各种年龄猪对病毒都很敏感，均能感染发病。哺乳仔猪、断奶仔猪和育肥猪感染发病率 100%，成年母猪为 15%～90%。本病多发生于冬季，夏季极为少见。我国多在 12 月至次年 2 月发生流行。病猪是主要传染源，在肠绒毛上皮和肠系膜淋巴结内存在的病毒，随粪便排出，污染周围环境和饲养用具，散播传染。本病主要经消化道传染，但有人报道本病还可经呼吸道传染，并可由呼吸道分泌物排出病毒。

【临床症状和病理变化】临床表现与典型的猪传染性胃肠炎十分

相似。经口人工感染，潜伏期1～2日，在自然流行中，可能更长。哺乳仔猪一旦感染，症状明显，表现呕吐、腹泻、脱水、运动僵硬等症状，呕吐多发生于哺乳和吃食之后，体温正常或稍偏高，人工接种仔猪后12～20小时出现腹泻，呕吐于接种病毒后12～80小时出现。脱水见于接毒后20～30小时，最晚见于90小时。腹泻开始时排黄色粘稠便，以后变成水样便并混杂有黄白色的凝乳块，腹泻最严重时(腹泻10小时左右)排出的几乎全部为水样粪便。同时，患猪常伴有精神沉郁、厌食、消瘦、衰竭和脱水。症状的轻重与年龄大小有关，年龄越小，症状越重。1周以内的哺乳仔猪常于腹泻后2～4日脱水死亡，病死率约50%。新生仔猪感染本病死亡率更高。断奶猪、育成猪症状较轻，腹泻持续4～7日，逐渐恢复正常。成年猪症状轻，有的仅发生呕吐、厌食和一过性腹泻。

尸体消瘦脱水，皮下干燥，胃内有多量黄白色的乳凝块。小肠病变具有示病性，通常肠管膨满扩张、充满黄色液体，肠壁变薄、肠系膜充血，肠系膜淋巴结水肿。镜下小肠绒毛缩短，上皮细胞核浓缩，破碎。至腹泻12小时，绒毛变得最短，绒毛长度与隐窝深度的比值由正常7∶1降为3∶1。

【诊断】此病的流行特点、临床症状和病理变化与猪传染性胃肠炎十分相似，但本病的死亡率低，在猪群中的传播速度也较猪传染性胃肠炎缓慢，且不同年龄的猪均易感染。本病确诊主要依靠实验室检查。

【防治】

(1) 预防措施　主要措施如下。

① 平时特别是冬季要加强防疫工作，防止本病传入，禁止从病区购入仔猪，防止狗、猫等进入猪场，应严格执行进出猪场的消毒制度。

② 应用猪流行性腹泻和传染性胃肠炎二联苗免疫接种。妊娠母猪于产前30日接种3毫升，仔猪10～25千克接种1毫升，25～50千克接种3毫升，接种后15日产生免疫力，免疫期母猪为一年，其他猪6个月。

(2) 发病后措施　主要措施如下。

① 隔离封锁。一旦发生本病，应立即封锁，限制人员参观，严

格消毒猪舍用具、车辆及通道。将未感染的预产期20日以内的怀孕母猪和哺乳母猪连同仔猪隔离到安全地区饲养。紧急接种，中国农业科学院哈尔滨兽医研究所研制的猪腹泻氢氧化铝灭活苗可用于该病的免疫。

② 干扰疗法。对发病母猪可用猪干扰素、白细胞介素、转移因子治疗，还可大剂量猪瘟疫苗和鸡新城疫疫苗肌内注射，3天2次。

③ 对症疗法。对症治疗可以降低仔猪死亡率，促进康复。病猪群饮用口服补液盐溶液（常用处方：氯化钠3.5克，氯化钾1.5克，碳酸氢钠2.5克，葡萄糖20克，常水1000毫升）。猪舍应保持清洁、干燥。对2～5周龄病猪可用抗生素治疗，防止继发感染。可试用康复母猪抗凝血或高免血清口服，1毫升/千克体重，连用3日，对新生仔猪有一定的治疗和预防作用。

（五）猪水疱病（SVD）

猪水疱病是由猪水疱病病毒引起的一种急性传染病。主要临床特征是在蹄部、口腔、鼻部、母猪的乳头周围产生水疱。各种年龄和品种的猪都容易感染。SVD在临床上与口蹄疫、水疱性口炎、水疱疹极为相似，但牛、羊等家畜不发生水疱病。

【病原】猪水疱病病毒属小RNA病毒科，肠道病毒属，无类脂质囊膜。本病毒对乙醚和酸稳定，在污染的猪舍内可存活8周以上，在病猪粪便内12～17℃可生存130天，病猪腌肉3个月仍可分离出病毒，在低温下可保存2年以上；本病毒不耐热，60℃ 30分钟和80℃ 1分钟即可灭活。本病毒对消毒药抵抗力较强，常用消毒药在常规浓度下短时间内不能杀死。pH值在2～12.5都不能使病毒灭活。常用消毒药中：0.5%农福、0.5%菌毒敌、5%氨水、0.5%的次氯酸钠等均有良好消毒效果。

【流行特点】猪水疱病一年四季均可发生。在猪群高度密集、调运频繁的猪场，传播较快，发病率亦高，可达70%～80%，但死亡率很低，在密度小、地面干燥、阳光充足、分散饲养的情况下，很少引起流行。

各种年龄品种的猪均可感染发病，而其他动物不发病，人类有一定的感受性；发病猪是主要传染源，健猪与病猪同居24～45小时，即可在鼻黏膜、咽、直肠检出病毒，经3天可在血清中出现病毒。在病毒血症阶段，各脏器均有病毒，带毒的时间：鼻黏膜7～10天，口腔7～8天，咽8～12天，淋巴结和脊髓15天以上；病毒主要经破损的皮肤、消化道、呼吸道侵入猪体，主要是通过接触感染，如饲喂含病毒而未经消毒的泔水和屠宰下脚料、牲畜交易、运输工具（被污染的车辆）等。被病毒污染的饲料、垫草、运动场、用具及饲养员等往往造成本病的传播，据报道本病可通过深部呼吸道传播，气管注射发病率高，经鼻需大量病毒才能引起感染。所以认为通过空气传播的可能性不大。

【临床症状和病理变化】潜伏期，自然感染一般为2～5天，有的延至7～8天或更长，人工感染最早为36小时。临床上一般将本病分为典型、轻型和隐性型三种。

表6-12 猪水疱病临床症状和病理变化

类型	临床症状	病理变化
典型水疱病	特征性的水疱常见于主趾和附趾的蹄冠上。部分猪体温升高至40～42℃，上皮苍白肿胀，在蹄冠和蹄踵的角质与皮肤结合处首先见到。在36～48小时，水疱明显凸出，大小如黄豆至蚕豆大不等，里面充满水疱液，继而水疱融合，很快发生破裂，形成溃疡，真皮暴露形成鲜红颜色，病变常环绕蹄冠皮肤的蹄壳，导致蹄壳裂开，严重时蹄壳可脱落。病猪疼痛剧烈，跛行明显，严重病例，由于继发细菌感染，局部化脓，导致病猪卧地不起或呈犬坐姿式。严重者用膝部爬行，食欲减退，精神沉郁。水疱有时也见于鼻盘、舌、唇和母猪的乳头上。仔猪多数病例在鼻盘上发生水疱。一般情况下，如无并发其他疾病不易引起死亡，病猪康复较快，病愈后两周，创面可痊愈，如蹄壳脱落，则相当长的时间才能恢复。初生仔猪发生本病可引起死亡。有的病猪偶可出现中枢神经系统紊乱症状，表现为前冲、转圈、用鼻磨擦或用牙齿咬用具，眼球转圈，个别出现强直性痉挛	肉眼病变主要在蹄部，约有10%的病猪口腔、鼻端亦有病变，但口部水疱通常比蹄部出现晚。病理剖检通常内脏器官无明显病变，仅见局部淋巴结出血和偶见心内膜有条纹状出血
轻型水疱病	只有少数猪，只在蹄部发生一两个水疱，全身症状轻微，传播缓慢，并且恢复很快，一般不易察觉	
隐性型水疱病	不表现任何临床症状，但血清学检查，有滴度相当高的中和抗体，能产生坚强的免疫力，这种猪可能排出病毒，对易感猪有很大的危险性，所以应引起重视	

【诊断】临床上与口蹄疫、猪水疱性口炎容易混淆。要确诊必须进行实验室检查。

【防治】

（1）预防措施　可从以下几方面进行预防。

① 控制本病的重要措施是防止将病猪带到非疫区。不从疫区调入猪和猪肉产品。运猪和饲料的交通工具应彻底消毒。屠宰的下脚料和泔水等要经煮沸后方可喂猪，猪舍内应保持清洁、干燥，平时加强饲养管理，减少应激，加强猪的抗病力。

② 加强检疫、隔离、封锁制度。检疫时应做到“两看”（看食欲和跛行）、“三查”（查蹄、口和体温），隔离应至少7天未发现本病，方可并入或调出，发现病猪就地处理，对其同群猪同时注射高免血清，并上报、封锁疫区。封锁期限一般以最后一头病猪恢复后20天后才能解除，解除前应彻底消毒一次。

③ 免疫接种。我国目前制成的猪水疱病BEI灭活疫苗，效检平均保护率达96.15%。免疫期5个月以上。对受威胁区和疫区定期预防能产生良好效果。

（2）发病后措施　对发病猪，可采用猪水疱病高免血清预防接种，剂量为0.1～0.3毫升/千克体重，保护率达90%以上。免疫期一个月。在商品猪中应用，可控制疫情，减少发病，避免大的损失。

（六）猪轮状病毒感染

猪轮状病毒感染是一种主要发生于仔猪的急性肠道传染病。其特征是腹泻和脱水，成年猪常呈隐性经过，本病感染率和死亡率均较高。

【病原】轮状病毒属于呼肠孤病毒科轮状病毒属。已证明有7个不同的轮状病毒的血清群，其中A群轮状病毒最普遍。猪轮状病毒对理化因素有较强的抵抗力。在室温能保存7个月。加热60℃ 30分钟仍存活；但63℃ 30分钟则被灭活。pH值在3～9稳定。能耐超声波振荡和脂溶剂。0.01%碘、1%次氯酸钠和70%酒精可使病毒丧失感染力。

【流行特点】患病的人、病畜和隐性患畜是本病的传染源。病毒主要存在于消化道内，随粪便排到外界环境，污染饲料、饮水、垫草和土壤等，经消化道途径使易感猪感染。

该病的易感宿主很多，其中以犊牛、仔猪、初生婴儿的轮状病毒病最常见。轮状病毒有一定的交叉感染性，人的轮状病毒能引起猴、仔猪和羔羊感染发病，犊牛和鹿的轮状病毒能感染仔猪。可见，轮状病毒可以从人或一种动物传给另一种动物，只要病毒在人或一种动物中持续存在，就可造成本病在自然界中长期传播。这也许是本病普遍存在的重要因素。

猪轮状病毒病传播迅速，呈地方性流行。多发生在晚秋、冬季和早春。应激因素（特别是寒冷、潮湿）、不良的卫生条件、饲喂不全价饲料和其他疾病的袭击等，对疾病的严重程度和病死率均有很大影响。

【临床症状和病理变化】潜伏期12～24小时。在疫区由于大多数成年猪都已感染过而获得了免疫，所以得病的多是8周龄以内的仔猪，发病率50%～80%。病初精神萎顿，食欲减退，不愿走动，常有呕吐。迅速发生腹泻，粪便水样或糊状，色黄白或暗黑。腹泻越久，脱水越明显，严重的脱水常见于腹泻开始后的3～7天，体重可减轻30%。症状轻重决定于发病日龄和环境条件，特别是环境温度下降和继发大肠杆菌病，常使症状严重，病死率增高。一般常规饲养的仔猪出生头几天，由于缺乏母源抗体的保护，感染发病症状重，病死率可高达100%；如果有母源抗体保护，则1周龄的仔猪一般不易感染发病。10～21日龄哺乳仔猪症状轻，腹泻1～2天即迅速痊愈，病死率低，3～8周龄或断乳2天的仔猪，病死率一般10%～30%，严重时可达50%。

病变主要限于消化道，特别是小肠。肠壁菲薄，半透明，含有大量水分、絮状物及黄色或灰黑色液体。有时小肠广泛性出血，小肠绒毛短缩扁平，肠系膜淋巴结肿大。

【诊断】根据发生在寒冷季节、多侵害幼龄动物、突然发生水样腹泻、发病率高和病变集中在消化道等特点作出初步诊断。注意与仔猪黄痢、白痢、猪传染性胃肠炎及流行性腹泻等鉴别诊断。确诊需要实验室检查。

【防治】

（1）预防措施 加强饲养管理，认真执行兽医防疫措施，增强母猪及仔猪的抵抗力。在疫区，对经产母猪的新生仔猪应及早饲喂初乳，接受母源抗体的保护以免受感染，或减轻症状。

（2）发病后措施 本病无特效药物，发病后采取辅助措施。

① 将病猪隔离在清洁、干燥和温暖的猪舍内，加强护理，减少应激，避免密度过大；对环境、用具等进行消毒。并停止哺乳，配制口服补液盐自饮，每千克体重 30～40 毫升，每日两次，同时内服收敛剂，如次硝酸铋或鞣酸蛋白。使用抗生素或磺胺类药物以防继发感染。脱水和酸中毒时，可静注或腹腔注射 5%葡萄糖盐水和 5%碳酸氢钠溶液。

② 新生仔猪口服抗血清还能得到保护。

（七）猪痘

猪痘是由猪痘病毒和痘苗病毒感染引起的一种传染病。猪痘病毒只对猪有致病性，主要发生于 4～6 周龄仔猪，成年猪有抵抗力。猪痘主要通过接触感染。

【病原】两种病毒均属痘病毒科，脊椎动物痘病毒亚科猪痘病毒属，有囊膜。猪痘病毒仅能使猪发病，痘苗病毒能使猪和其他多种动物感染。病毒抵抗力不强，58℃下 5 分钟灭活，直射阳光或紫外线下迅速灭活。对碱和大多数常用消毒药均较敏感。但能耐干燥，在干燥的痂皮中能存活 6～8 周。

【流行特点】猪痘病毒只能使猪感染发病，不感染其他动物。多发生于 4～6 周龄仔猪及断奶仔猪，成年猪有抵抗力。由猪痘病毒感染引起的猪痘，各种年龄的猪均可感染发病，常呈地方性流行性。猪痘病毒极少发生接触感染，主要由猪虱传播，其他昆虫如蚊、蝇等也可传播。

【临床症状和病理变化】潜伏期 4～7 天。发病后，病猪体温升高，精神食欲不振，鼻、眼有分泌物。痘疹主要发生于躯干的下腹部、肢内侧、背部或体侧部等处。痘疹开始为深红色的硬结节，凸出于皮肤表面，略呈半球状，表面平整，见不到形成水疮即转为脓疮，并很快结成棕黄色痂块，脱落后遗留白色疤痕而痊愈，病程 10～15 天。猪痘多为良注经过，病死率不高，如饲养管理不当或有继发感染，常使病死率增高，特别是幼龄仔猪。

猪痘病变多发生于猪的无毛或少毛部位的皮肤上，如腹部、胸侧、四肢内侧、眼睑、吻突、面额等。典型的痘疹呈圆形、半球状突出于皮肤表面（直径可达 1 厘米），痘疹坚硬，表面平整，红色或乳白色，周围有红晕，以后坏死，中央干燥呈黄褐色，稍下陷，最后形成痂皮，痂皮脱落后，可遗留白色疤痕。

【诊断】一般根据病猪典型痘疹和流行病学资料即可作出确诊。必要时可进行病毒分离与鉴定。

【防治】

（1）隔离卫生　搞好环境卫生，消灭猪虱、蚊和蝇等；新购入的猪要隔离观察 1～2 周，防止带入传染源。

（2）加强饲养管理　科学饲养管理，增强猪体抵抗力。

（3）发病后措施　发现病猪要及时隔离治疗，可试用康复猪血清或痊愈血治疗。康复猪可获得坚强的免疫力。

（八）猪伪狂犬病

伪狂犬病是由伪狂犬病病毒感染引起的一种急性传染病。感染猪临床特征为体温升高，新生仔猪表现神经症状，还可侵害消化道。但成年猪常为隐性感染，可有流产、死胎及呼吸症状，无奇痒。

【病原】伪狂犬病病毒是疱疹病毒科甲型疱疹病毒亚科猪疱疹J病毒Ⅰ型，是 DNA 型疱疹病毒。本病毒对外界抵抗力较强，在污染的猪舍环境中能存活 1 个多月，在肉中可存活 5 周。对热有一定抵抗力，44℃下 5 小时约 30%的病毒保持感染力；56℃下 15 分钟，70℃下 5 分钟，100℃下 1 分钟，可使病毒完全灭活；－30℃以下保存，可长期保持毒力稳定，但在－15℃保存12 周则完全丧失感染力。紫外线、γ 射线照射可使病毒失活。一般消毒药都可杀死该病毒。对乙醚和氯仿等有机溶剂敏感。用 1%石炭酸 15 分钟可杀死病毒，1%～2%苛性钠溶液可立即杀死。

【流行病学】主要传染源是病猪、带毒猪和带毒鼠类。健康猪与病猪、带毒猪直接接触可感染。主要传播途径是消化道、呼吸道和损伤的皮肤、配种等。各种年龄的猪都易感，但随年龄的不同其症状和死亡率有很大差异，成年猪病程稍长，仔猪发病呈急性经过。母猪感染伪狂犬病后 6～7 天乳中有病毒，持续 3～5 天，乳猪因吃奶而感染。妊娠母猪感染本病时，常可侵入子宫内的胎儿。仔猪日龄越小，发病率和死亡率越高，随着日龄增长而发病率和死亡率下降，断乳后的仔猪多不发病。

【临床症状和病理变化】潜伏期一般为3～6天，短的36小时，长的达10天。临床症状随年龄增长有差异。

哺乳仔猪及断乳仔猪症状严重，往往体温升高，呕吐、下痢、厌食、精神沉郁，有的见眼球上翻，视力减弱，呼吸困难，呈腹式呼吸；继而出现神经症状，发抖，共济失调，间歇性痉挛，后躯麻痹，做前进或后退动作，倒地四肢划动。常伴有癫痫样发作或昏睡，触摸时肌肉抽搐，最后衰竭死亡。神经症状出现后1～2天内死亡，病死率可达100%。

2月龄以上猪，症状轻微或隐性感染，表现一过性发热，咳嗽、便秘，有的病猪呕吐，多在3～4天恢复。如出现体温继续升高，病猪又出现神经症状，震颤、共济失调，头向上抬，背弓起，倒地后四肢痉挛，间歇性发作。成年猪呈隐性感染，很少见到神经症状。

怀孕母猪感染，表现为咳嗽、发热、精神不振。随后发生流产，木乃伊胎、死胎和弱仔，这些仔猪1～2天内出现呕吐和腹泻，运动失调，痉挛，角弓反张，通常在24～36小时内死亡。

病变表现为鼻腔卡他性或化脓出血性炎，扁桃体水肿并伴以咽炎和喉头水肿，勺状软骨和会厌皱襞呈浆液性浸润，并常有纤维素性坏死性假膜覆盖，上呼吸道内有大量泡沫样液体；喉黏膜和浆膜可见点状或斑状出血。淋巴结特别是肠淋巴结和下颌淋巴结充血，肿大，间有出血。心肌松软，心内膜有斑状出血，肾呈点状出血性炎症变化，胃底部可见大面积出血，小肠黏膜充血、水肿，黏膜形成皱褶并有稀薄黏液附着，大肠呈斑块出血。脑膜充血、水肿，脑实质有点状出血；肝表面有大量针尖大小的黄白色坏死灶；病程较长者，心包液、胸腹腔液、脑脊液都明显增多。

患病流产母猪，胎盘绒毛膜出现凝固样坏死，滋养层细胞变性。流产胎儿的肝、脾、肾上腺、脏器淋巴结也出现凝固性坏死变化。

【诊断】猪伪狂犬病无特征性剖检变化，对该病的诊断必须结合流行病学，并采用实验室诊断方法确诊。

【防治】

(1) 预防措施　可从以下几方面进行预防。

① 加强饲养管理，搞好环境卫生和消毒，坚持杀虫灭鼠，定期检测猪群，阳性猪妥善处理。实行自繁自养，实行全进全出管理，严

禁猪场混养多种畜禽。防止购入种猪时带进病原，要定期隔离观察，无传染病者方可进猪场。

② 本病流行地区应进行免疫接种。伪狂犬病的弱毒苗、灭活苗、野毒灭活苗及基因缺失苗已研制成功。公猪每 3～4 个月免疫一次，母猪配种前 7～10 天和产前 20～30 天各免疫一次，新生仔猪 1～3 日龄滴鼻免疫，30～50 日龄肌内注射 1～2 头份。

(2) 发病后措施　主要措施：

① 本病尚无有效药物治疗，必要时用高免血清治疗，可降低死亡率。

② 病死猪深埋，用消毒药消毒猪舍和环境，粪便发酵处理。严禁散养禽类，阻止犬、猫进入猪场。

（九）猪细小病毒感染

猪细小病毒感染是由猪细小病毒（PPV）引起的母猪繁殖障碍的一种传染病，特征为死胎、木乃伊胎、流产、死产和初生仔猪死亡。各种猪均可感染 PPV，但除了怀孕母猪外，其他种类的猪感染后均无明显临床症状。

【病原】猪细小病毒分类上属于细小病毒科细小病毒属，无囊膜。PPV 对热抵抗力很强，在 70℃经 2 小时仍有感染性，在 80℃经 5 分钟可失去血凝性和感染性。在 4℃以下病毒稳定，在－70～－20℃能存活一年以上。pH 值 3～9 时病毒稳定。对氯仿、乙醚等脂溶剂有抵抗力。甲醛熏蒸和紫外线照射需较长时间才能将其死。0.5%漂白粉、2%火碱液 5 分钟可杀死病毒。

【流行特点】猪是唯一的已知宿主，不同品种、性别和年龄的均可感染，包括胚胎、仔猪、母猪、公猪、SPF 猪。各种不同的猪 PPV 的阳性率也不相同，经产母猪的阳性率一般高达 80%～100%，初产母猪一般为 60%～80%，公猪（包括野公猪）为 30%～50%，后备猪为 40%～80%，育肥猪为 60%。本病一般呈地方流行或散发。

感染 PPV 的母猪是 PPV 的主要传染源。感染的母猪可由阴道分泌物、粪便、尿及其他分泌物排毒。PPV 能通过胎盘传染给胎儿，引起垂直传播。感染 PPV 的母猪所产的死胎、活胎、仔猪及子宫内排泄物中均含有高滴度的病毒。被感染的种公猪也是最危险的传染源，感染了 PPV 的公猪可在其精细胞、精索、附睾、附性腺中分离到PPV，在急性感染期，病毒可经多种途径排出，包括精液。感染公猪在配种时，可将PPV的传播给易感母猪；污染的猪舍是PPV的主要储藏所。急性感染猪的排泄物及分泌物内的病毒可存活数月，在病猪移出空圈4个半月，用通常方法清扫，当再放进易感猪时，仍可被感染。

本病的主要传播途径为消化道、呼吸道以及生殖道。仔猪、胚胎、猪主要是被感染PPV的母猪在其生前经胎盘或在其生后经口鼻垂直传播感染。公猪、育肥猪、母猪主要是被污染的食物、环境经呼吸道、消化道感染，初产母猪的感染途径主要是与带PPV的公猪交配时感染。鼠类在传播该病上也许起一定作用。猪在感染PPV 1～6天可产生病毒血症，持续1～5天，1～2个星期后主要通过粪便排毒，感染后7～9天可检出HI抗体，21天内滴度可达1∶15000且能持续数年。

PPV的感染与动物年龄呈正相关，5～6月龄猪的抗体阳性率为8%～29%，7～10月龄时就上升为46%～67%，11～16月龄就高达84%～100%。死亡主要表现在新生仔猪、胚胎、胎猪，母猪怀孕早期感染时，胚胎、胎猪死亡率可高达80%～100%，其他猪一般无死亡。在阳性猪中有30%～50%的带毒猪。

本病主要发生于春夏或母猪产仔季节和交配后的一段时间。此外，本病还可引起产仔瘦小、弱仔，母猪发情不正常，久配不孕等症状。对公猪的授精率和性欲没有明显影响。

【临床症状和病理变化】仔猪和母猪的急性感染通常都呈亚临床感染，但在其体内很多组织器官（尤其是淋巴组织）中均可发现有病毒存在。

母猪不同时期感染可分别造成死胎、木乃伊胎、流产等不同症状。怀孕期35天以内感染，所产仔猪瘦小，比正常仔猪小5～10厘米以上，其后天生活能力较弱，生长缓慢，不能抵抗由各种因素造成的威胁，易发生死亡。怀孕30～50天之间感染，主要是木乃伊胎。怀孕到50～60天感染，多出现死胎；怀孕70天左右感染的母猪，常出现流产症状。母猪在怀孕后期感染后，病毒可通过胎盘感染胎儿，但此时胎儿常能在子宫内存活而无明显的影响，因在怀孕期70天后，大多数胎儿能对病毒感染产生有意义的免疫应答而存活下来，这些胎儿在出生时体内可有病毒和抗体，但外观正常，并可长期带毒排毒，有些甚至可能成为终生带毒者，若将这些猪作为繁殖用种猪，则可能使该病的猪群中长期存在，难以清除。

此外，细小病毒感染还可造成母猪发情周期不正常、久配不孕、空怀：怀孕早期胎儿受感染死亡后，被母体迅速吸收，造成母猪返情，或久配不孕、空怀。多数初产母猪受感染后可获得主动免疫并可能持续终生。PPV 感染对公猪的受精或性欲没有明显的影响。

病变表现母猪子宫内膜有轻微炎症，胎盘部分钙化，胎儿在子宫内有被溶解、吸收的现象。受感染的胎儿出现不同程度的发育不良，出现木乃伊胎、畸形胎、溶解的腐黑胎儿。感染的胎儿可见充血、水肿、出血、体腔积液、脱水（木乃伊化）及坏死等病变。

【诊断】如果发现流产、死胎、胎儿发育异常，而母猪没有明显的临床症状，同时又无其他证据可认为是另一种传染病时，应考虑到本病的可能性。但确诊需依靠实验室检验。

注意鉴别诊断：同细小病毒一样能引起母猪繁殖障碍的其他病因很多，仅靠临床症状无法区分。就传染性病因而言，主要应与肠病毒感染、乙型脑炎、伪狂犬病、布氏杆菌病、呼肠弧病毒感染、猪瘟、腺病毒感染、衣原体、钩端螺旋体、弓形体、猪生殖与呼吸综合征等引起的流产相区别，这需要做实验室检验。

【防治】目前本病尚无有效的药物治疗方法，所以该病的预防就显得尤为重要。

（1）坚持自繁自养原则　如必须引进时，应从未发生过 PPV 感染的地区引进，同时要将引进的猪隔离一个月，并经两次血清学检查，HI 效价在 1∶256 以下或阴性时才能混群饲养。

（2）做好配种工作　配种最好用经检疫确证不带毒的精液做人工授精，若用公猪直接配种时，必须对公猪进行血清抗体及抗原和精液中 PPV 检查，确认阴性时才可使用。

（3）在该病流行地区，将青年母猪的配种时间推迟到 9 月龄后进行，因此时母源抗体已经消失，而自身也已有主动免疫。也可将初产母猪在其配种前自然感染或人工免疫。常用的自然感染方法是一群血清学阴性的初产母猪中放进一些血清学阳性母猪，待初产母猪受感染抗体滴度达到一定程度后再配种，这样可降低流产率、死产率。

（4）免疫接种　目前，世界上很多国家都应用疫苗以减少经济损失。已研制成功的疫苗有灭活苗和弱毒苗。灭活苗的免疫期一般在4～6个月，弱毒苗的免疫期要比灭活苗长，一般在7个月以上。应用疫苗时，应在母源抗体消失后，因为母源抗体会干扰主动免疫。理想的接种时机是在母源抗体消失后到怀孕前的几周之间。

（十）猪繁殖与呼吸综合征

猪繁殖与呼吸综合征是由猪繁殖与呼吸综合征病毒（PRRSV）引起猪的一种传染病。其特征为怀孕母猪流产、产死胎和弱仔。同时，出现呼吸症状，尤其是哺乳仔猪表现严重的呼吸系统症状并呈高死亡率。由于该病毒导致机体产生免疫抑制，特别是常与猪圆环病毒协同感染，继发感染多种病毒和致病菌，很多猪场尽管采取了各种防治措施，仍然很难控制疫情，造成的经济损失十分惨重。

【病原】猪繁殖与呼吸综合征病毒属于动脉炎病毒科动脉炎病毒属，PRRSV为单链RNA病毒。该病毒呈球形，有囊膜。该病毒在56℃ 15～20分钟，37℃ 10～24小时，20℃ 6天，4℃ 1个月其传染滴度下降10倍，在56℃下45分钟，37℃下48小时以后病毒将彻底灭活，在－70℃下其感染滴度可稳定保持长达4个月以上。当pH小于5或大于7时病毒的感染滴度降低90%以上。

【流行特点】在自然流行中，该病仅见于猪，其他家畜和动物未见发病。不同年龄、品种、性别的猪均可感染，但不同年龄的猪易感性有一定的差异，生长猪和肥育猪感染后的症状比较温和，母猪和仔猪的症状较为严重，乳猪的病死率可达80%～100%。

本病主要的传染源是病猪和带毒猪，从病猪的鼻腔、粪便拭子和尿液中均可发现病毒，耐过猪大多可长期带毒。

本病的主要传播方式是猪与猪之间的直接接触传染和借助空气传播。该病传播迅速，主要经呼吸道感染，当健康猪与病猪接触（如同圈饲养，高度集中）更容易导致本病发生和流行。本病也可垂直传播。公猪感染后3～27天和43天所采集的精液中能分离到病毒。7～14天从血液中可查出病毒。以带毒血液感染母猪，可引起母猪发病，在21天后可检出PRRSV。怀孕中后期的母猪和胎儿对PRRSV最易感。虽然目前还不了解猪肉和其他猪产品与该病传播有关，但是患猪的血液中可持续大量带毒，因此，目前很多国家禁止用未经煮熟的含有猪肉的泔水喂猪。

【临床症状和病理变化】人工感染潜伏期4～7天，自然感染一般为14天。

（1）母猪　未经免疫的猪场，所有的母猪都易感。潜伏2～7天，主要症状为食欲减退、精神沉郁、体温升高（39.5～40.5℃）、咳嗽、打喷嚏、呼吸异常，以胸式呼吸为主。急性期持持续1～2周，由于出现病毒血症，部分严重的患猪表现高度沉郁、呼吸困难，耳尖、耳边呈现蓝紫色，猪还有肺水肿、膀胱炎或急性肾炎。

剖检死胎，体表在头顶部、臀部及脐带等处有鲜红到暗红色的出血斑块。心表面色泽变为暗红，严重者整个心表面呈蓝紫色。肺呈灰紫色，有轻度水肿，肺小叶间质略有增宽。肝肿胀，质地变脆易破，肝的颜色为灰紫到蓝紫，严重者整个肝呈紫黑色。肾肿大呈纺锤状，表面全部为紫黑色，切面可见肾乳头为紫褐色，肾盂水肿。腹股沟淋巴结微肿，呈褐紫色到紫黑色。

（2）哺乳仔猪、断奶仔猪和肥育猪　出生后半月以内的仔猪，精神沉郁、吃奶减少或不吃奶，被毛粗乱，皮肤及黏膜苍白。后腿呈八字腿状。进而体温升高（40～41℃），喘气，呼吸极度困难，眼结膜水肿。3周龄以下的患猪出现持续性水泻，抗菌药物治疗无效。同时，仔猪的耳郭、眼睑、臀部及后肢、腹下皮肤呈蓝紫色，部分仔猪奶头亦呈蓝色，后腹部皮肤毛孔间出现蓝紫色或铁锈色小淤血斑。由于常继发感染其他病毒和多种致病菌，所以患猪多呈急性经过，一般3～5天死亡，也有的发病1～2天突然死亡。发病率为23%～30%，死亡率可高达60%～80%，甚至整窝死亡。

断奶仔猪单一感染PRRSV时，症状比哺乳猪轻微得多，咳嗽、发热并不明显，仅出现厌食和精神稍沉郁，但由于感染该病毒后产生免疫抑制而易发生继发感染，特别是与猪圆环病毒同时感染，这两种病毒协同致病，导致免疫力大幅度下降，很快继发一系列的并发症，表现出与圆环病毒病类似的多系统衰竭综合征，表现体温升高、腹泻、喘气、精神症状等，发病率和死亡率较高。生长肥育猪从保育舍转入肥育栏之前，如果不追补PRRS疫苗，很可能会继发副猪嗜血杆菌、衣原体、链球菌、支原体等，从而引发呼吸道综合征，导致急性死亡。生长肥育猪的主要症状为高热（41～42℃），食欲减退到废绝，呼吸症状明显，开始为胸式呼吸，形成间质性肺炎后，出现肺水肿，气体交换困难，临床上表现严重的喘气，即为腹式呼吸。特别是继发感染链球菌后，患猪可突然死亡。发病率可达到30%左右，死亡率可达到10%以上。

剖检不同发病阶段的患猪和自然病死猪发现，实质器官的病变大体分为3期。心早期无明显变化，中期心包液开始增多，心表面颜色变得暗红；晚期心包液量比正常增多1～2倍，心外表面呈暗紫褐色。肺早期色泽灰白；中期呈灰紫色；后期呈现复杂的病变，肺小叶间质增宽，表面有深浅不等的暗褐色到紫色斑点，膈叶出现实变，呈"橡皮肺"。肝：早期颜色变淡灰色；中期肝表面呈灰紫色，微肿；晚期肝表面变成蓝紫色甚至呈紫褐色，肝的质地变硬。腹股沟淋巴结微肿，呈蓝紫色，继发伪狂犬病时呈褐黑与棕黄相间。育肥猪病变与哺乳猪和断奶仔猪基本上一致，不过较后两者轻微。然而，育肥猪的胸腔和肺的病变比较严重，因为PRRSV是原发病原，随后继发支原体、副猪嗜血杆菌、衣原体、链球菌等，其病变更为复杂，其胸腔内有大量的暗红色或淡黄色胸水，有大量的纤维蛋白将心、肺粘连，甚至胸、腹腔浆膜面覆盖一层黄白色的蛋花样的覆盖物。腹腔内有大量淡黄色的腹水。有的哺乳和断奶仔猪蹄冠部呈蓝紫色。

（3）公猪　在发病初期，表现厌食、精神沉郁、打喷嚏、咳嗽、缺乏性欲、精液质量下降。感染2～10周后，运动能力下降，并通过精液将病毒传播给母猪。进而出现死精，此间，公猪性欲完全丧失。

【诊断】根据母猪妊娠后期发生流产，新生仔猪死亡率高，以及临床症状和间质性肺炎可初步作出诊断。但确诊需实验室检查。

注意鉴别诊断：由于PRRS主要表现为呼吸系统和生殖系统症状，因此在诊断时应特别注意同猪伪狂犬病相鉴别。伪狂犬病病毒具有多宿主性，除能感染猪外，还能感染牛、羊、猫、犬、兔等动物。感染母猪流产后无明显症状，仔猪发病后多出现神经症状，如头向上抬，背拱起，倒地后四肢强直痉挛，间歇性发作；病理变化以中枢神经系统明显，脑膜明显充血，脑脊髓液增多，鼻、咽、喉黏膜充血和有纤维蛋白性至浅层坏死性炎；组织学变化以中枢神经系统的弥散性非化脓性脑炎及神经节炎为主。另外，PRRS应注意同猪肺疫、猪流行性感冒相鉴别。

【防治】

(1) 预防措施　预防可参考以下措施。

① 隔离卫生和消毒。保持环境卫生，经常对环境进行消毒，并做到科学引种。引种之前首先调查了解引种场疫情，最好事前先采血化验，以防疫病传入。刚引进的猪，至少观察30天以上，无异常表现时才能与本场猪混群饲养。加强消毒，消毒时一定要先清扫后消毒，并注意药物配比浓度、喷洒剂量和方法。

② 降低饲养密度，减少舍内秽气。实践表明，被本病污染的猪场，饲养密度越大，发病率越高，损失越大。因此，被本病污染的猪场，可适当减少母猪饲养密度，从而达到降低保育猪和育肥猪密度的目的。圈舍内要适当增加清粪次数，并适当通风换气，有利于降低本病和呼吸道疾病的发病率。

③ 减少应激反应。该病与应激因素密切相关，在换料、转圈、寒流侵袭、阴雨连绵、密饲等应激因素的作用下易发本病，或使发病猪群病情加重、损失增大。在气候突变时猪受凉，免疫功能降低，潜在的病原易滋生繁衍，要保持适宜的环境，减少应激反应发生。必要时可在饲料或饮水中添加维生素C、维生素E等抗应激剂。

④ 提高机体免疫力。一般要用中高档饲料，严禁用霉变饲料，并保证饲料必需氨基酸、维生素和微量元素的含量，在易发病日龄，料中可加入免疫功能增强剂，有一定的预防效果。红细胞也参加机体的免疫，一般将常规的仔猪一次补铁改为两次补铁。即在2～3日龄注射1毫升富铁力，10～15日龄再注射2毫升。实践证明，两次补铁的仔猪毛色好，血液中血红蛋白含量高，免疫功能增强，发病率低。

⑤ 免疫接种。多在暴发猪场和受污染地区使用。我国生产有弱毒疫苗和灭活苗，一般认为弱毒苗效果较好，可用于暴发猪场。后备母猪于配种前，需进行两次免疫，首免于配种前2个月时施行，间隔1个月进行二免。仔猪在母源抗体消失前首免，母体抗体消失后进行二免。公猪和妊娠母猪最好不接种。

使用弱毒疫苗时应注意：疫苗毒株在猪体内能持续数周至数月，能跨越胎盘导致先天感染，可持续在公猪体内通过精液散毒；有的毒株保护性抗体产生较慢，有的免疫猪不产生抗体；接种疫苗猪能散毒感染健康猪。

应认真选择疫苗。灭活苗是安全的，可单独使用或与弱毒苗联合使用，弱毒苗免疫效果强于灭活苗，但安全性不如灭活苗。同时，活疫苗要慎用，因各猪场的PRRSV毒株不同，该病毒属RNA病毒，极易变异，免疫效果是未知数，安全性令人担忧。

（2）发病后措施　可参考以下措施。

① 血清学治疗。选择本场淘汰的健康母猪，用发病仔猪含毒脏器攻毒，使体内产生抗体，然后动脉放血，分离血清，加一定量的广谱抗生素后分装，给患猪注射，有一定的治疗效果。但必须使用本场的健康淘汰母猪采血和分离血清，一般不用外场的血清，防止引入病原，同时还要检测抗体滴度，注意采血时间，防止采血、分离血清和分装时污染，并注意血清储存方法、保存时间等问题。

② 配合抗菌药物治疗。由于PRRSV使猪产生免疫抑制，常继发感染多种病毒性和细菌性疾病，而干扰素只能抑制病毒的复制，而对细菌无抑制作用，在治疗时，必须配合使用抗菌药物，尤其是对引起呼吸道疾病的一些致病菌（如副猪嗜血杆菌、放线菌、支原体、衣原体等），选择对上述诸菌敏感的药物进行肌内注射，1天2次，连用3天；同时饲料中应添加强力霉素、氟苯尼考、林可霉素、克林霉素、支原净和替米考星等。特别是替米考星，按每吨饲料添加400克，对减轻继发的呼吸道疾病的症状有很好的作用。因为替米考星可通过在猪肺泡巨噬细胞中的高浓度，调节巨噬细胞功能，从而对PPRSV产生间接抗病毒作用。

（十一）断奶仔猪多系统衰竭综合征

断奶仔猪多系统衰竭综合征是由猪圆环病毒（PCV）Ⅱ感染引起的一种危害性较大的新的传染病。该病以断奶仔猪发育不良、咳嗽、消瘦和黄疸为特征。猪圆环病毒分布极为广泛，加拿大、德国和英国等国的阳性率在55%～92%。

【病原】猪圆环病毒属于圆环病毒科圆环病毒属，无囊膜。它分为猪圆环病毒1型（PCV1）和猪圆环病毒2型（PCV2）两个类型。PCV对外界的抵抗力较强，在pH 3的酸性环境中能存活很长时间；

对氯仿不敏感；在56℃或70℃处理一段时间不被灭活，在高温环境也能存活一段时间。

【流行特点】主要发生在哺乳期和育成期的猪，一般于断奶后2～3天开始发病，特别是5～8周龄的仔猪；急性发病猪群中，发病率为4%～25%，平均病死率18%；育肥猪多表现为阴性感染，不表现临床症状，少数怀孕母猪感染PCV后，可经胎盘垂直感染给仔猪；用PCV2人工感染试验猪后，其他未接种猪的同居感染率是40%，这说明该病毒也可水平传播。人工感染PCV2血清阴性的公猪后精液中含有PCV2的DNA，说明精液可能是另一种传播途径，通过交配传染母猪；母猪是很多病原的携带者，通过多种途径排毒或通过胎盘传染哺乳仔猪，造成仔猪的早期感染。猪对PCV2具有较强的易感性，感染猪可自鼻液、粪便等废物中排出病毒，经口腔、呼吸道途径感染不同年龄的猪。患病猪群若并发或继发细菌、病毒感染，死亡率则增加；副嗜血杆菌是最常见的继发感染细菌。

主要传染源是病猪和带毒猪，在不同猪群间的移动是该病毒的主要传播途径，也可通过被污染的衣服和设备进行传播，对猪具有较强的感染性。各种不良环境因素（如拥挤、潮湿、空气污浊等）都可加重病情。

【临床症状和病理变化】断奶仔猪多系统衰竭综合征（PMWS），主要发生于5～12周龄的仔猪，同窝或不同窝仔猪有呼吸道症状，腹泻，发育迟缓，体重减轻，有时出现皮肤苍白或黄疸。有的呼吸加快，表现呼吸困难，有的偶尔出现腹泻和神经症状。

体况较差，表现为不同程度的肌肉萎缩，皮肤苍白，有20%的病例出现黄疸。淋巴结肿胀，切面呈均匀的苍白色；肺肿胀，坚硬或似橡皮，严重病例肺泡出血，尖叶和心叶萎缩或实变。肝萎缩，发暗，肝小叶间结缔组织增生；脾肿大，肾水肿，苍白，被膜下有白色坏死灶，盲肠和结肠黏膜充血或淤血。

【诊断】需要进行实验室诊断。

【防治】

（1）预防措施　可参考以下措施预防该病。

① 科学饲养管理。实施全进全出制度。分娩期，仔猪全进全出，

两批猪之间要清扫、消毒；分娩前，要清洗母猪和驱虫。防止不同来源、年龄的猪混养；保持猪舍干燥，降低猪群的饲养密度、加强圈舍通风，保持空气洁净；提高营养水平：提高饲料的质量，提高蛋白质、氨基酸、维生素和微量元素的水平并保证其质量，避免饲喂发霉变质或含有真菌毒素的饲料；提高断奶猪的采食量，给仔猪喂湿料或粥料（可饮用、食用柠檬酸）；保证仔猪充足的饮水。提高猪群的营养水平，可以在一定程度上降低 PMWS 的发生率和造成的损失。

② 严格隔离消毒。消毒卫生工作要贯穿于各个环节，最大限度地降低猪场内污染的病原微生物，减少和杜绝猪群继发感染的概率；避免鼠、飞鸟及其他易感动物接近猪场；种猪需来源于没有 PMWS 临床症状的猪群，同时做好隔离检疫等工作；加强猪群的净化，严格淘汰有临床症状的病猪、带毒猪（病猪和带毒猪是圆环病毒病的主要传染源，公猪的精液带毒，通过交配可传染给母猪，母猪又是很多病原的携带者，通过多种途径排毒或通过胎盘传染给哺乳仔猪，造成仔猪的早期感染，所以应及时淘汰 PMWS 血清阳性猪）和病弱仔猪。

③ 免疫预防。由于本病多以混合感染形式出现，要依据猪群血清学检验结果，有计划地做好有关疫病的免疫接种工作，不同猪场的疾病不是完全相同的，因此要确定自身的可能共同感染源，实施合理的免疫程序。目前该病的有效疫苗尚未研制出来。猪场一旦发生本病，可把发病猪的肺、脾、淋巴结等病毒含量较多的脏器经处理后做成自家疫苗，对其他猪只进行免疫，实践证明，自家疫苗对该病有一定的预防作用。不过如灭活不彻底，将会起到相反的作用。

④ 血清学方法。用发病仔猪含毒脏器攻毒健康猪，使之体内产生抗体，然后动脉放血，分离血清，加广谱抗生素后分装，给断奶仔猪和病猪肌内注射或腹腔注射，有一定的防治效果。

⑤“感染”物质的主动免疫。“感染”物质指本猪场感染猪的粪便、死产胎猪、木乃伊胎等，用来喂饲母猪，尤其初产母猪在配种前喂给，能得到较好的效果。如对已有抗体的母猪在怀孕 80 天以后再作补充喂饲，则可达到较高免疫水平，并通过初乳传递给仔猪，这种方法，不仅对防制本病、保护仔猪的健康有效，而且对其他肠道病毒引起的繁殖障碍也有较好的效果，使用本法要十分慎重，如果场内有小猪会造成人工感染。

(2) 发病后措施　目前尚无特效的治疗药物，应早发现，早诊治。

① 对不吃食的病猪，肌内注射长效土霉素、维生素 B_{12}、维生素 C、中药制剂抗瘟王，对症治疗，降低体温，促进食欲，提高机体抵抗力。

② 对患圆环病毒病的仔猪，使用广谱抗生素，如氟苯尼考、丁胺卡那霉素、克林霉素等药物进行相应对症治疗，并减少继发感染。

(十二) 猪流行性乙型脑炎

流行性乙型脑炎（乙型脑炎或乙脑）是由乙型脑炎病毒引起的一种以中枢神经系统病变为主的人畜共患的急性传染病。猪感染后突然发病，高热，精神萎顿，嗜睡喜卧。妊娠母猪的主要症状是流产和早产，公猪常发生睾丸炎。

【病原】流行性乙型脑炎病毒属于黄病毒科黄病毒属。病毒对外界环境的抵抗力不强，在－20℃可保存一年，但毒力降低；在 50% 甘油生理盐水中、4℃可存活 6 个月。常用消毒药可以灭活。

【流行特点】猪的感染较为普遍，但发病的多为头胎母猪。猪群感染率高，发病率低，绝大多期病愈后不再复发，成为带毒猪。此病具有明显的季节性，多发生于夏秋蚊子活动的季节。

此病为人畜共患的自然疫源性传染病，多种畜禽和人感染后都可成为传染源。此病主要通过带病毒的蚊虫叮咬传播。已知库蚊、伊蚊、按蚊属中不少蚊种以及库蠓等均能传播此病。

【临床症状和病理变化】通常突然发病，高热 40～41℃，稽留数天，精神萎顿，嗜眠，喜卧，个别患猪后肢轻度麻痹。仔猪感染后可出现神经症状，如磨牙、口流白沫，转圈运动，视力障碍，盲目冲撞，严重者倒地不起而死亡。

妊娠母猪主要症状是流产或早产，胎儿多为死胎或木乃伊胎。公猪除高度精神沉郁外，常发生睾丸肿大，多呈一侧性，也有两侧睾丸同时肿胀的。

成年猪和出生后感染的仔猪，中枢神经系统在外观上缺乏特征性病变，仅见脑脊髓液增多，软脑膜淤血，脑实质有点状出血。此外，其他器官的病变通常无特征性，主要在病毒血症的基础上，由于急性心力衰竭而导致肝和肾等实质器官淤血，变性；肺淤血、水肿；消化道呈轻度的卡他性炎症变化。

自然发病公猪的睾丸鞘膜腔内积聚大量黏液性渗出物，附睾缘、鞘膜脏层出现结缔组织性增厚，睾丸实质潮红，质地变硬，切面出现大小不等的坏死灶，其周围有红晕。慢性者睾丸萎缩、变小和变硬，切开时阴囊与睾丸粘连，睾丸大部分纤维化。

怀孕母猪感染后流产、死胎（死胎大小不等）、黑胎或白胎等。弱仔猪脑水肿而头面部肿大，皮下弥漫性水肿或胶样浸润。胸腔、腹腔积液，浆膜点状出血，肝、脾出现局灶性坏死。淋巴结肿大、充血。流产母猪子宫内膜附有黏稠的分泌物，黏膜显著充血、水肿并有散在性出血点。

【诊断】根据多发生于蚊虫多的季节，呈散发性，有明显的脑炎症状，怀孕母猪发生流产，公猪发生睾丸炎可以诊断。确诊需实验室进行病毒分离和血清学诊断。

【防治】

（1）预防措施　包括灭蚊和免疫接种。

① 灭蚊。蚊子是本病的重要传播媒介，灭蚊是控制本病的一项重要措施。经常保持猪场周围环境卫生，填平坑洼，疏通渠道，排除积水，消灭蚊蝇孳生的场所。使用杀虫剂在猪舍内外进行喷洒灭蚊。

② 免疫接种。目前猪用乙型脑炎疫苗有灭活疫苗和弱毒疫苗。在流行地区猪场，在蚊蝇孳生前 1 个月进行免疫接种。猪场在 4～5 月间接种乙型脑炎弱毒疫苗，每头 2 毫升，肌内注射。头胎母猪间隔 4 周再注射 1 次。第二年加强免疫 1 次，免疫期可达 3 年。

（2）发病后治疗措施　可参考如下措施。

① 抗菌疗法。使用抗生素、磺胺类药物可以防治继发感染和其他细菌性疾病。

② 解热镇痛疗法。若体温持续升高，可使用安替比林或 30%安乃近 5～10 毫升，肌内注射。

③ 脱水疗法。治疗脑水肿，降低颅内压。常用药物有 20%甘露醇、25%的山梨醇、10%的葡萄糖溶液，静脉注射 100～200 毫升。

（十三）猪痢疾（SD）

猪痢疾（血痢、黏液性出血性下痢）是由猪痢疾密螺旋体引起的黏液性出血性下痢病。其特征为大肠黏膜发生卡他性出血性炎症，或纤维素性坏死性炎症；SD 主要发生于保育猪和育肥猪，尤其对育肥猪的危害性大。

【病原】猪痢疾密螺旋体为革兰阴性、耐氧的厌氧螺旋体。该病原体可产生溶血素和内毒素，这两种毒素可能在病变的发生过程起作用。猪痢疾密螺旋体对外界的抵抗力不强，在土壤中可存活 18 天，粪便中 61 天，阳光直射可很快杀死，一般消毒药均可将其杀死，其中复合酚和过氧乙酸效果最佳。

【流行特点】在自然条件下，SD 只发生于猪，各种年龄的猪均可感染，但以 7～12 周龄的小猪发生较多。一般发病率为 75%，病死率为 5%～25%，有时断奶仔猪的发病率和病死率都较高。病猪和带菌猪由粪便排出大量病原体，污染周围环境、饲料、饮水和各种用具等，经消化道传染给健康猪。运输、拥挤、寒冷、过热或环境卫生不良等是猪痢疾的诱因。本病康复猪的带菌率很高，而且带菌时间长达数月。

猪痢疾的流行原因常是由于引进带菌猪所致，本病的流行经过比较缓慢，持续时间较长，往往开始有几头发病，以后逐渐蔓延，在较大猪群中流行常常拖延几个月之久，很难根除。本病流行无明显季节性，一年四季均有发病。

【临床症状和病理变化】潜伏期，3～60 天以上，自然感染多为 7～14 天。主要症状是下痢，开始为水样下痢或黄色软粪，随后粪便带有血液和黏液，腥臭。该病在暴发的最初 1～2 周多为急性经过，死亡率较高，3～4 周后逐渐转为亚急性或慢性，在天气突变和应激条件下，粪便中有多量黏液和坏死组织碎片，并常带有暗褐色血液。该病致死率低，但病程较长，病猪进行性消瘦，生长发育迟滞，对养猪生产的影响很大。

病变一般局限于大肠。肠系膜水肿、充血；结肠和盲肠的肠壁水肿，黏膜肿胀、出血，表面覆盖黏液和带血的纤维蛋白，肠内容物稀薄，并混有黏液、血液和脱落组织碎片。重症病例，黏膜坏死，形成麸皮样的假膜，或纤维蛋白膜，剥去假膜可见浅表糜烂面。病变可能出现在大肠的某一段，也可能弥散整个大肠。其他脏器无明显病变。

【诊断】根据流行病学、临床症状和病理变化可以作出初步诊断。确诊需要进行病原学诊断。

【防治】

（1）预防措施 可参考以下措施预防猪痢疾。

① 坚持自繁自养的原则，如需引进行种猪，应从无猪痢疾病史的猪场引种，并实行严格隔离检疫，观察1～2个月，确定健康方可入群。平时加强卫生管理和防疫消毒工作。

② 药物净化。据报道，应用痢菌净等药物进行药物净化，成功地从患病猪群中根除猪了痢疾。其方法：饲料中添加0.006%的痢菌净，全场猪连续饲喂4～10周；不吃料的乳猪，用0.5%痢菌净溶液，按体重以0.25毫升/千克给药，每天灌服一次，同时还必须做到搞好猪舍内、外的环境卫生，经常清扫、消毒，场区的所有房舍都应清扫、消毒和熏蒸，猪舍内要带猪消毒，工作人员的衣服、鞋帽，以及所有用具都要定期消毒，消毒药可选用1%～2%克辽林（臭药水），或0.1%～0.2%过氧乙酸，每周至少两次消毒；全场粪便应无害化处理，并且还应做好灭鼠工作；在服药和停药后3个月内不得引进和出售种猪。在停药后3～6个月内，不使用任何抗菌药物，也不出现新发病例；并且此后，断奶仔猪的肛拭子样品经培养，猪痢疾密螺旋体均为阴性，则表明本病药物净化成功。

（2）发病后措施 当猪场发生本病时，应及时隔离消毒，积极治疗，对同群病猪或同舍的猪群实行药物防制。应用痢菌净治疗效果较好，其用量：0.5%注射液，按体重以0.5毫升/千克肌内注射；或按体重以2.5～5.0毫克/千克灌服，每日2次，3～5天为一疗程。其次选用土霉素、氯霉素、痢特灵、链霉素、庆大霉素等也有一定效果。治疗少数或散发性病猪应通过灌服或注射给药，大群治疗或预防可在饲料中添加痢菌净0.006%～0.01%连喂1～2个月。本病流行时间长，带菌猪不断排菌，消除症状的病猪还可能复发；药物防治一般只能做到减少发病和死亡，难以彻底消灭。根除本病可考虑建立健康猪群，逐步替代原有猪群。

据报道，饲料中加入赛地卡霉素0.0075%，连续饲喂15天；或原始霉素0.0022%，连续饲喂27～43天；或林可霉素0.01%，连续饲喂14～21天，都有较好的防治效果。

（十四）猪丹毒

猪丹毒（“打火印”）是由猪丹毒杆菌引起的一种急性、败血性传染病。急性型和亚急性型以发热和皮肤上出现紫色疹块为特征，慢性型主要表现为非化脓性关节炎和疣状心内膜炎的症状。

【病原】猪丹毒杆菌是极纤细的小杆菌，直形或微弯，革兰染色阳性。猪丹猪抗原的血清型已被公认的有 22 个。琼脂培养基的菌落分为光滑型和粗糙型两种，前者毒力较强，后者毒力弱。该菌对外环境的抵抗力较强，病猪的肝和脾 4℃存放 159 天，其中的病原仍有毒力。病死猪尸体掩埋后 7～10 天，病菌仍然不死。在阳光下，能够存活 10 天之久。可在腌肉和熏制的病猪肉内存活 4 个月。本菌对热的抵抗力不强，70℃加热 5 分钟可被杀灭，煮沸后很快死亡。被病菌污染的粪尿及垫草，堆沤发酵 15 天，可将病菌杀死。猪丹毒杆菌对消毒药很敏感，1%漂白粉、1%烧碱、10%石灰乳、0.5%～1%复合酚，均可在 5～15 分钟内将其杀灭。

【流行特点】自然条件下猪对猪丹毒杆菌敏感。不同年龄的猪均有易感性，但以 3～6 月龄的猪发病率最高，3 月龄以下和 6 月龄以上的猪很少发病。猪丹毒的流行有明显的季节性，一般说来，多发生在气候温暖的初夏和晚秋季节。华北和华中地区 6～9 月份为流行季节，华南地区以 9～12 月份发病率最高。病猪、临床康复猪和健康带菌猪为传染源。病原体随粪、尿、唾液和鼻液等排出体外，污染土壤、圈舍、饲料、饮水等，主要经消化道感染，也可由皮肤伤口感染。健康带菌猪在机体抵抗力下降时，可发生内源性感染。黑花蚊、厩蝇和虱也是本病的传染媒介。

【临床症状和病理变化】人工感染的潜伏期为 3～5 天，最短的 1 天，最长的 7 天。

(1) 急性型（败血型） 此型最为常见。在流行初期，往往有几头无任何症状而突然死亡，其他猪相继发病。病猪体温升至 42℃以上，食欲大减或绝食，寒颤，喜卧，行走不稳，关节僵硬，站立时背腰拱起。结膜潮红，眼睛清亮有神，很少有分泌物。发病初期粪便干燥，后期可能发生腹泻。发病 1～2 日后，皮肤上出现紫红斑，尤以耳、颈、背、腿外侧多见，其大小和形状不一，指压时红色消失，指去复原。如不及时治疗，往往在 2～3 天内死亡。病死率80%～90%。

皮肤上有大片的弥漫性充血，俗称“大红袍”。脾高度肿大，呈紫红色。肾瘀血肿大，呈暗红色，皮质部有出血点。全身淋巴结充血肿大，呈紫红色，切面多汁，有小出血点。心包积液，心外膜和心内膜有出血点。肺阏瘀血，水肿。胃及十二指肠黏膜水肿，有小出血点。

（2）亚急性型（疹块型）　通常取良性经过，以皮肤上出现疹块为特征。体温41℃左右，发病后2～3天，在背、胸、颈、腹侧、耳后和四肢皮肤上，出现深红、黑紫色大小不等的疹块，形状有方形、菱形、圆形或不规则形，也有融合成一大片的。发生疹块的部位稍凸起，与周围皮肤界限明显，很像烙印，故有“打火印”之称。随着疹块的出现，体温下降，病情减轻。10天左右，疹块逐渐消退，形成干痂，痂脱痊愈。

可见皮肤有典型的疹块病变，尤以白猪更明显。但内脏的败血症病变比急性型轻。

（3）慢性型　多由急性转变而来。常见的有关节炎、心内膜炎和皮肤坏死三种类型。皮肤死坏型一般单独发生，而关节炎型和心内膜炎型往往在一头猪上同时出现。

皮肤坏死常发生在背、肩、耳及尾部。局部皮肤变黑，干硬如皮革样，逐渐与新生组织分离、脱落，形成瘢痕组织。有时可见病猪耳或尾整个坏死脱落；关节炎常发生于腕关节和跗关节，受害关节肿胀、疼痛、增温，行走时，步态僵硬、跛行；心内膜炎型主要表现呼吸困难，心跳增加。听诊有心内杂音。强迫运动或驱赶跑动时，往往突然倒地死亡。

慢性型的病变特征是房室瓣（多见于二尖瓣）上出现菜花样的赘生物及关节肿大，关节液增多，关节腔内有大量浆液纤维素性渗出液蓄积。

【诊断】根据临床症状和实验室分离鉴定病原进行诊断。

【防治】

（1）预防措施　可参考以下措施预防。

① 提高猪体抗病力。有些健康猪的体内有猪丹毒杆菌，机体抵抗能力降低时，引起发病。因此，加强饲养管理，喂给全价日粮，保持猪圈清洁卫生，定期消毒，是预防本病的重要措施之一。

② 免疫接种。猪丹毒氢氧化铝甲醛菌苗，10千克以上的猪，一律皮下注射5毫升，注射21天后产生免疫力，免疫期为6个月。每

年春秋两季各接种一次。该菌苗用量大，免疫期短，目前已少用。

猪丹毒弱毒菌苗，用20%氢氧化铝生理盐水稀释，大小猪一律皮下注射1毫升。注苗后7天产生免疫力，免疫期9个月。弱毒菌苗注射量小，产生免疫力快，免疫期长，但稀释后的菌苗必须在6小时内用完，以防菌体死亡，影响免疫效果。

猪丹毒GC系弱毒菌苗，皮下注射7亿个菌，注苗后7天产生免疫力，免疫期为5个月以上；口服14亿个菌，服后9天产生免疫力，免疫9个月。本苗安全，性能稳定，免疫原性好。

猪瘟、猪丹毒、猪肺疫三联冻干苗，每头皮下注射2毫升，对猪瘟、猪丹毒、猪肺疫的免疫期分别为10、9、6个月。三联苗，用量小，使用方便。

(2) 发病后的措施　发病后可采取以下措施。

① 隔离病猪，早期确诊，加强消毒。猪场、猪舍、用具、设备等认真消毒；粪便和垫草最好焚烧或堆积发酵。病猪尸体和废弃物进行无害化处理。未发病的猪，饲料加入抗生素，如土霉素或四环素0.04%～0.06%、强力霉素0.01%～0.02%、阿莫西林0.03%～0.05%等连喂5～7天。

② 治疗。效果较好的方案有：

方案1：青霉素4万～8万单位/千克（按体重计算），肌注或静注，每天2次，连续用2～3天，有很好的效果。

方案2：10%磺胺嘧啶钠或10%磺胺二甲嘧啶注射液，0.8～1毫升/千克，静注或肌注，每天1～2次，连用2～3天。此方与三甲氧苄氨嘧啶（TMP）配合应用，疗效更好。

方案3：10%特效米先注射液0.2～0.3毫升/千克（按体重计算），肌注，药效在猪体内可维持4天，一般一次痊愈。

方案4：抗猪丹毒血清，疗效好，但价格贵。仔猪5～40毫升，中猪30～50毫升，大猪50～70毫升，皮下或静脉注射。抗血清与抗生素同时应用，疗效增强。

用药同时，还必须注意解热、纠正水和电解质失衡以及合理的饲养管理，只有这样，才能获得较好治疗效果。

（十五）猪梭菌性肠炎（CEP）

猪梭菌性肠炎（仔猪红痢或猪传染性坏死性肠炎）是由C型魏

氏梭菌引起初生仔猪的急性传染病。本病主要发生于3日龄以内的仔猪，其特点是排出血样稀粪，发病急、病程短，病死率几乎100%，损失很大。

【病原】C型魏氏梭菌又叫产气荚膜杆菌，两端钝圆，革兰染色阳性。在动物体内和含血清的培养基中能形成荚膜，在外界环境中可形成芽孢。本菌为厌氧菌，但对厌氧条件要求不太严格。该菌广泛存在于人畜的肠道内和土壤中，母猪将其随粪便排出体外，污染地面、圈舍、垫草、运动场等。新生仔猪从外界环境中将该菌的芽孢吞入，病菌在肠内繁殖，产生强烈的外毒素，从而使动物发病、死亡。

梭菌繁殖体的抵抗力并不强，一般消毒药均可将其杀灭，但芽孢对热、干燥、消毒药的抵抗力显著增强，80℃下15～30分钟仍存活，100℃下几分钟能杀死，冻干保存，至少10年毒力和抗原性仍不发生变化。被本菌污染的圈舍最好用火焰喷灯、3%～5%烧碱或10%～20%漂白粉消毒。

【流行特点】本病主要发生于1～3日龄初生仔猪，1周龄以上仔猪很少发病。任何品种的初生仔猪都易感，一年四季都可发生。本菌的芽孢对外界环境的抵抗力很强，一旦侵入猪群后，常年年发生。同猪场，有的全窝仔猪发病，有的一窝中有几头发病。近年来发现，育肥猪和种猪也有散发的。本菌常存在于一部分母猪的肠道中，随粪便排出污染母猪的乳头及垫料，当初生仔猪吃奶或吞入污染物，细菌进入空肠，侵入绒毛上皮组织，沿黏膜繁殖扩张，产生毒素，使受害组织充血、出血和坏死。

【临床症状和病理变化】本病潜伏期很短，仔猪生后数小时至24小时就可突然发病。最急性型，不见腹泻即突然死亡。病程稍长的，可见精神沉郁、被毛无光，皮肤苍白，不吃奶，行走摇晃，排出红色糊状粪便，并混有坏死组织碎片和小气泡，气味恶臭。最后摇头，倒地抽搐，多在生后第3天死亡。育肥猪和种猪表现发病急，病程短，往往喂料2～3小时后不明原因地死于圈中。

尸体苍白，腹水呈淡红色。特征性病变在空肠，有时扩展到回肠，肠管呈鲜红色或深红色，肠腔内充满混有气泡的红黄色或暗红色内容物，肠黏膜弥漫性出血，肠系膜淋巴结严重出血，病程稍长者，肠黏膜坏死，出现假膜。肠浆膜下和肠系膜内有数量不等弥散性粟状的小气泡。心内外膜、肾被膜下、膀胱黏膜有小点出血。

【诊断】诊断要点是本病主要发生在出生后3天的仔猪，表现为出血性下痢，发病快，病程短，死亡率极高。一般药物治疗无明显效果。

【防治】

(1) 预防措施　可参考以下预防措施。

① 保持猪舍、产房和分娩母猪体表的清洁。一旦发生本病，要认真做好消毒工作，最好用火焰喷灯和5%烧碱进行彻底消毒。待产母猪进产房前，进行全身清洗消毒。

② 免疫接种。怀孕母猪产前30天和15天各肌注C型魏氏梭菌福尔马林氢氧化铝类毒素10毫升。实践表明，该苗能使母猪产生坚强的免疫力，使初生仔猪免患仔猪红痢。

③ 被动免疫。用育肥猪或淘汰母猪，经多次免疫后，采血分离血清，对受该病威胁的初生仔猪于生后逐头肌注1～2毫升，可防止仔猪发病。

④ 药物预防。仔猪出生后用常规剂量的苯唑青霉素、氨苄青霉素、青霉素和链霉素或氟哌酸内服，每天1～2次，连用2～3天，有一定的预防效果。

(2) 发病后措施　本病尚无特效药物。可使用高免血清与苯唑青霉素和氟哌酸或甲硝唑配合应用，对发病初期仔猪有一定效果，不妨一试。

（十六）猪链球菌病

猪链球菌病是由C群、D群、E群及L群链球菌引起猪的多种疾病的总称。急性型常为出血性败血症和脑炎，慢性型以关节炎、心内膜炎及组织化脓性炎症为特点。

【病原】链球菌属于链球菌属，为革兰阳性、球形或卵圆形球菌。在组织涂片中可见荚膜，不形成芽孢。从抗原上进行分群，现已将链球菌分为A～U等19个血清群。在一个血清群内，因表面抗原不同，又将其分为若干型。C群中兽疫链球菌常引起急性和亚急性、具有肺炎及神经症状的败血症，或者发生脓肿、化脓性关节性、皮炎及心内膜炎；而D群某些链球菌则引起心内膜炎、脑膜炎、肺炎和关节炎；

E群主要引起淋巴结脓肿，也可引起化脓性支气管肺炎、脑脊髓炎；L群可致猪的败血病、脓毒血症、化脓性脑脊髓炎、肺炎、关节炎、皮炎等。A～U的其它血清群以及尚未分类的链球菌亦可致猪发病。链球菌的致病力取决于产生毒素和酶的活力。该菌对高温及一般消毒药抵抗力不强，在50℃ 2小时，60℃ 30分钟可灭活，但在组织或脓汁中的菌体，干燥条件下可存活数周。

【流行特点】仔猪和成年猪对链球菌病均有易感性，其中新生仔猪、哺乳仔猪的发病率及死亡率最高，架子猪和成年猪发病率较小。该病无明显的季节性，常呈地方性流行，多表现为急性败血症型，短期内可波及全群，如不治疗和预防，则发病率和死亡率极高。在新疫区，流行期一般持续2～3周，高峰期1周左右。在老疫区，多呈散发性。

存在于病猪和带菌猪鼻腔、扁桃体、颚窦和乳腺等处的链球菌是主要的传染源。伤口和呼吸道是主要的传播途径，新生仔猪通过脐带伤口感染。由于本菌耐酸，故可通过病猪肉经泔水传染。用病料或该菌培养物给猪皮下注射、肌内注射、静脉注射和腹腔注射，皮肤划痕以及滴鼻、喷雾等途径均能引发该病。

【临床症状和病理变化】由于猪链球菌病群和感染途径不同，其致病力差异较大，因此，其临床症状和潜伏期差异较大，一般潜伏期为1～3天，最短4小时，长者可达6天以上。根据病程可将猪链球菌分为以下几种类型。

（1）最急性型。无前期症状而突然死亡。

（2）急性型。又可分如下几种临床类型。

① 败血型。病猪体温突然升高达41℃以上，呈稽留热；厌食，精神沉郁，喜卧，步态踉跄，不愿活动，呼吸加快，流浆液性鼻液；腹下四肢下端及耳呈紫红色，并有出血斑点；眼结膜充血并有出血斑点，流泪；便秘或腹泻带血，尿呈黄色或血尿。如果有多发性关节炎，则表现为跛行，常在1～2天内死亡。

尸体皮肤发红，血液凝固不良。胸、腹下和四脚皮肤有紫斑或出血点。全身淋巴结肿大、出血，有的淋巴结切面坏死或化脓。黏膜、浆膜、皮下均有出血点。胸腔、腹腔、心包腔积液增多、浑浊，有的与脏器发生粘连。脾肿大呈红色或紫黑色，柔软易脆裂。肾肿大、充血和出血。胃和小肠黏膜有不同程度的充血和出血。

② 脑膜脑炎型。大多数病例首先表现厌食，精神沉郁，皮肤发红，体温升高，共济失调，麻痹和肢体出现划水动作，角弓反张，口吐白沫、振颤和全身颤动等。当人接近或触及躯体时，病猪发出尖叫或抽搐，最后衰竭或麻痹死亡。

脑和脑膜水肿、充血，脑脊髓液增多。脑切面可见到实质有明显的小出血点。部分病例在头、颈、背、胃壁、肠系膜及胆囊有胶冻样水肿。

③ 胸膜肺炎型。少数病例表现肺炎或胸膜炎型。病猪呼吸急促，咳嗽，呈犬坐姿势，最后窒息死亡。

病变表现为化脓性支气管肺炎，多见于尖叶、心叶和膈叶前下部。病变部坚实，灰白、灰红和暗红的肺组织相互间杂，切面有脓样病灶，挤压后从细支气管内流出脓性分泌物。肺胸膜粗糙、增厚、与胸壁粘连。

（3）慢性型。该型病例可由急性型转化而来，或为独立的病型。又可分为以下几种临床类型。

① 关节炎型。常见于四肢关节。发炎关节肿痛，呈高度跛行，行走困难或卧地不起。触诊局部多有波动感，少数变硬，皮肤增厚。有的无变化但有痛感。患猪常见四肢关节肿大，关节皮下有胶冻样水肿，严重者关节周围化脓坏死，关节面粗糙，滑液浑浊呈淡黄色，有的伴有干酪样黄白色絮状物。

② 化脓性淋巴结炎型。主要发生于刚断乳至出栏的育肥猪。以颌下淋巴结最为常见。咽部、耳下及颈部等淋巴结也可受侵害，或为单侧性的，或有双侧性的。淋巴结发炎肿胀，显著隆起，触诊坚实，有热痛。病猪全身不适，由于局部的压迫和疼痛，可影响采食、咀嚼、吞咽甚至呼吸。有的咳嗽和流鼻涕。随后发炎的淋巴结化脓成熟，肿胀中央变软，表面皮肤坏死，自行破溃流脓。脓带绿色，浓稠，无臭。一般不引起死亡。常发生于颌下淋巴结，淋巴结肿大发热，切面有脓汁或坏死。

③ 局部脓肿型。常见于肘或跗关节以下或咽喉部。浅层组织脓肿突出于体表，破溃后流出脓汁。深部脓肿触诊敏感或有波动，穿刺可见脓汁，有时出现跛行。脓肿主要在皮下组织内。初期红肿，化脓

后有波动感，切开后有脓汁流出，严重时引起蜂窝织炎、脉管炎和局部坏死。

④ 心内膜炎型。该型生前诊断较为困难，表现精神沉郁、平卧、当受到触摸或惊吓时，表现疼痛不安，四肢皮肤发红或发绀，体表发冷。心瓣膜比正常增厚 2～3 倍，病灶为不同大小的黄色或白色赘生物。赘生物呈圆形，如粟粒大小，光滑坚硬，常常盖住受损瓣膜的整个表面。赘生物多见于二尖瓣、三尖瓣。

⑤ 乳腺感染型。初期乳腺红肿，温度升高，泌乳减少，后期可出现脓乳或血乳，甚至泌乳停止。

⑥ 子宫炎型。病猪表现流产或死胎。

【诊断】根据流行病学资料、临床表现和实验室检查可以诊断。

注意鉴别诊断：与该病鉴别的类症主要有其他病原菌所致的败血症、脑膜炎。还应与某些病毒感染性疾病鉴别，如肾综合征出血热，夏季发病的脑炎型还应同乙型脑炎相鉴别。

【防治】

（1）预防措施 可从以下几方面入手进行预防。

① 加强隔离、卫生和消毒，注意阉割、注射和新生仔猪的接生断脐消毒，防止感染。

② 药物预防。在发病季节和流行地区，每吨饲料内加入土霉素 400 克，复方新诺明 100 克连喂 14 天，有一定的预防效果。对发病猪群应立即隔离病猪，并对污染的栏圈、场地和用具进行严格消毒。

③ 免疫接种。主要有两种疫苗：氢氧化铝甲醛苗和明矾结晶紫菌苗，但是其保护效果不太理想。

（2）发病后措施 猪链球菌病多为急性型或最急性型，故必须及早用药，并用足量。如分离到猪链球菌，最好进行药敏试验，选择最有效的抗菌药物。如未进行药敏试验，可选用对革兰阳性菌敏感的药物，如青霉素、先锋霉素、林可霉素、氨苄青霉素、金霉素、四环素、庆大霉素等。但对于已经出现脓肿的病猪，抗生素对其疗效不大，可采用外科手术进行治疗。

（十七）猪大肠杆菌病

猪大肠杆菌病是由病原性大肠杆菌引起的一类疾病的总称。

【病原】大肠杆菌是革兰阴性、两端钝圆、中等大小的杆菌，有鞭毛，无芽孢，能运动，但也有无鞭毛、不运动的变异株。少数菌株有荚膜，多数无菌毛。大肠杆菌为需氧或兼性厌氧，在普通培养基上生长出隆起、光滑、湿润的乳白色圆形菌落，在麦糠凯和远藤氏培养基上形成红色菌落，在伊红琼脂上形成带金属光泽的黑色菌落。能致仔猪黄痢或水肿的菌株，多数可溶解绵羊红细胞，血琼脂上呈β溶血。

大肠杆菌的血清型甚多，根据菌体抗原（O）、鞭毛抗原（H）及荚膜抗原（K）等不同，构成不同的血清型。已确定的大肠杆菌O抗原有171种，H抗原有56种，K抗原有80种。

由于病原性大肠杆菌类型不同以及猪的日龄、生理机能与免疫状态等的差异，引发的疾病也有所不同，主要有仔猪黄痢、仔猪白痢和仔猪水肿病。

（1）仔猪黄痢　病原为某些致病性溶血性大肠杆菌，最常见的有6个“O”群的菌株：多数具有K_{88}（1）表面抗原，能产生肠毒素。

（2）仔猪白痢　仔猪白痢的病原大肠杆菌一部分与仔猪黄痢和猪水肿病的病原相同，以O_8、K_{88}较多见。

（3）仔猪水肿病　引起该病的大肠杆菌一部分与仔猪黄、白痢相同，但表面抗原有所不同。致病性大肠杆菌所产生的内毒素、溶血素和水肿毒素释放出生物活性物质——水肿病毒素，被吸收后，损伤小动脉和动脉壁而引发本病。

【流行特点】

（1）仔猪黄痢　该病主要发生于出生后数小时至7日龄内的仔猪，以1～3日龄最为多见，1周龄以上很少发病。同窝仔猪中发病率很高，常在90%以上；病死率也很高，有的全窝死亡。主要传染源是带菌母猪，带菌母猪由粪便排出病菌污染母猪乳头、皮肤和环境，新生仔猪吸母乳和接触母猪皮肤时摄入病菌引起发病。该病没有季节性，环境卫生不好可增加发病概率。第一胎母猪所产仔猪发病和死亡率最高，以后逐渐降低。

（2）仔猪白痢　仔猪白痢又称迟发性大肠杆菌病，一般发生于产后10～30天的仔猪，尤以10～20天的仔猪发病较多，也最为严重，

1月龄以上则很少发病。该病发病率较高，而死亡率相对较低，但会严重影响仔猪的生长发育，出现僵猪。

(3) 仔猪水肿病 该病主要发生于断乳猪，从数日龄至4月龄均有发生，个别成年猪也有发生。主要传染源是带菌母猪和感染仔猪。病原菌随粪便排出体外，污染饲料、饮水和环境。主要通过消化道感染。该病多发于4～6月份和9～10月份。呈地方性流行，有时散发。一般认为，仔猪断乳后喂给不适合的饲料，或突然更换饲料，改变了仔猪的适口性，加喂饲料易引起胃肠机能紊乱，诱发该病。管理不善，猪舍卫生条件差，缺乏运动，或应激因素影响，或缺乏维生素、矿物质、摄入高蛋白质料等，引起肠道微生物区系的变化，促进致病微生物的生长繁殖，也可引起发病。本病的发病率差异较大，但病死率高达80%～100%。

【临床症状和病理变化】详见表6-13。

表6-13 猪大肠杆菌病的临床症状和病理变化

类型	临床症状	病理变化
仔猪黄痢	潜伏期短的在出生后12小时内发病。突然腹泻，排出腥臭的黄色或灰黄色稀粪，内含凝乳块小片，顺肛门流下。捕捉小猪时，常从肛门流出稀薄的粪水。不久脱水，吃乳无力，口渴，四肢无力，里急后重，昏迷死亡。急性的不见下痢，而突然倒地死亡	最显著的表现为急性卡他性胃肠炎，少数为出血性胃肠炎。尸体严重脱水，干而消瘦，体表污染黄色稀粪。颈部、腹部皮下常有水肿，皮肤、黏膜和肌肉苍白。其中十二指肠最严重，空肠和回肠次之，结肠较轻微。胃膨胀，胃内充满多量带酸臭味的白色、黄色或混有血液的凝固乳块，胃壁水肿，胃底部黏膜呈红色乃至暗红色，湿润而有光泽。肠壁菲薄，呈半透明状
仔猪白痢	突然发生腹泻，腹泻次数不等，排出乳白色或白色的浆状、糊状粪便，腥臭，性黏腻。体温不高。病程2～3天，长的1周左右，能自行康复，死亡的很少。如管理不当，症状会很快加剧，病猪出现精神萎靡、食欲废绝、消瘦，最后脱水死亡	死于白痢的仔猪无特征性病变，而且随病程长短不同表现也不一致。经过短促的病例，胃内含有凝乳，小肠内有多量黏液性液体和气体或稀薄的食糜，部分黏膜充血，其余大部分黏膜呈黄白色，几乎不见胃肠炎变化。肠系膜淋巴结稍有水肿。重者心、肝、肾等脏器有出血点，有的还有小的坏死灶

续表

类型	临床症状	病理变化
仔猪水肿病	发病前2～3天见有腹泻，排出灰白色粥状稀粪，有的未见腹泻即突然发病。呈现兴奋不安，共济失调，倒地抽搐，四肢乱动或步态不稳，盲目行走或转圈，有的两前肢跪地，两后肢直立，有的呈两前肢外展趴地，有的呈两后肢外展趴地而不能运步。触之惊叫，叫声嘶哑。眼睑和眼结膜水肿，有的可延至颜面、颈部，有的无水肿变化。后期反应迟钝，呼吸困难，卧地不起，四肢乱动，昏迷而死。有的初期体温升至41℃以上，很快降至常温或偏低。病程数小时，长者1～2天。有的无临床表现而突然死亡	尸体营养状况一般良好。主要病变为水肿和出血。水肿最明显的部位是胃壁和结肠盘曲部的肠系膜。胃壁水肿多见于胃大弯和贲门部或整个胃壁，水肿液蓄积于黏膜层和肌层之间，切面流出无色或混有血液而呈茶色的液体，胃壁因此而增厚，最厚可达3厘米左右，结肠肠系膜蓄积水肿液多的时候，也可厚达3～4厘米。一些病例在直肠周围也见水肿。此外，眼睑、耳、面部、下颌间隙和下腹部皮下也常见有水肿，而且有些病猪在生前即可发现。心包腔、胸腔和腹腔内见有不同量的无色透明液体，或呈淡黄色或稍带血色的液体。这种渗出液暴露于空气，则凝固呈胶胨状。肺有时有淤血和出血。在病程后期，可见有肺水肿，在脑内可见有脑水肿。有明显水肿病变的病例，还可见有明显的出血。胃和小肠黏膜为卡他性出血炎，大肠黏膜为卡他性炎。皮下组织及心、肝、肾、脾、淋巴结和脑膜等组织器官均有不同程度的出血变化

【诊断】根据大肠杆菌病的流行特点、症状和病变等，不难作出初步诊断。但确诊需进行实验室检查。可采用涂片染色镜检、分离培养、生化试验、血清学试验和动物试验等技术确诊。

【防治】

（1）预防措施　可采取如下措施。

① 保持环境清洁卫生。做好圈舍、环境的卫生和消毒工作；母猪产房要保持清洁干燥、保温，定期消毒；接产时要用消毒药清洗母猪乳房和乳头。

② 妊娠母猪和哺乳母猪饲喂全价饲料，可使胎儿发育健全，促使母猪分泌更多更好的乳汁，保证仔猪的营养需要。饲料营养全面，配比合理，避免突然改变饲料和饲养方法。增加富含维生素的饲料，

并保持适当的运动；初生仔猪应尽快吃足初乳，以提高机体的被动免疫力。出生后24小时内，肌内注射含硒牲血素1毫升/头，每天一次，或内服铁剂，可预防仔猪缺铁性贫血，从而防止继发感染。另外，应在2周龄左右合理补饲全价仔猪饲料，以满足快速发育的仔猪机体对糖、蛋白质、矿物质等营养物质的需要。

③ 保持环境条件适宜，减少应激因素。

④ 免疫接种。常发猪场可以采用多种疫苗。目前实用的菌苗有仔猪黄白痢4P油乳剂苗和双价基因工程苗MM-3（含K_{88}ac及无毒肠素LT两种保护性抗原成分）。此外，新生仔猪腹泻大肠杆菌K_{88}、K_{99}双价基因工程疫苗和K_{88}、K_{99}、987P、F的单价或多价苗，在母猪产前40天和20天各注射1～2头份，通过母猪获得被动保护，也可取得较好的预防效果。仔猪在20～30日龄肌内注射2毫升仔猪水肿病疫苗，对仔猪水肿病有一定的预防效果。由于该病病原血清型复杂，各猪场的致病性大肠杆菌血清型不一致，为了提高预防的针对性，可以选用与本场血清型一致的大肠杆菌菌苗，也可从各猪场分离筛选本场致病性大肠杆菌制备自家菌苗。另外，母猪产仔后用益母草、半边莲、生甘草煎水混料饲喂，可通过乳汁增强仔猪抗病力。

⑤ 药物或血清预防。有些猪场，在仔猪出生后未吃乳前即全窝口服抗生素，例如庆大霉素2万～4万/单位，连服3天。有的在未吃初乳前喂服微生态制剂，以预防发病。也有采用本场淘汰母猪的全血或血清，给仔猪口服或注射，也有一定防治效果。

（2）发病后的措施　可参考以下措施。

① 抗生素疗法。在发病初期，仅出现下痢，尚有一定食欲和饮欲，投给治疗下痢的药物，如氟哌酸、乳酸诺氟沙星等，具有较好的治疗作用。通过药敏试验证明，庆大霉素、卡那霉素、氯霉素、新霉素、先锋霉素、链霉素、痢特灵、复方新诺明等抗菌药物，对仔猪黄白痢有很好的治疗作用。在发病中期，仔猪除下痢外，食欲废绝，身体明显消瘦，有脱水症状，故在注射抗菌药物的同时，应口服补液，方法：根据猪的大小，用胃导管一次投药液300～1000毫升。药液的配方以口服补液盐为基础，加入适量抗菌药物，或加点收敛药物，配合葡萄糖和维生素等药。对极度衰竭的严重病例除上述方法外，还应进行静脉输液，在输入的葡萄糖盐水中，加入适量抗生素、地塞米松

2 毫升和 10%维生素 C 1～2 毫升。

另外，可以选用其他多种抗菌药物。可用磺胺嘧啶、三甲氧苄氨嘧啶与活性炭混匀口服，或庆大霉素、环丙沙星肌内注射，均有一定疗效。痢菌净溶于蒸馏水中加温至全溶，凉后内服效果明显。也有报道用多黏菌素硫酸盐（又名抗敌素）肌内注射。对阿莫西林耐药的大肠杆菌却对克拉维酸强化的阿莫西林敏感，对该病具有较好的治疗作用。止痢金刚注射液中含针对产肠毒性大肠杆菌 K_{88}、K_{99}、987P 的特异性卵黄抗体和抗菌、消炎、抗病毒成分，对仔猪黄白痢有较好的治疗作用。

② 微生态制剂疗法。目前，我国可用的有促菌生、乳康生和调痢生等制剂。这些制剂都有调整胃肠道内菌群平衡，预防和治疗仔猪黄痢的作用。促菌生于仔猪吃奶前 2～3 小时，喂 3 亿活菌，以后每日 1 次，连服 3 次，若与药用酵母同时喂服，可提高疗效。乳康生于仔猪出生后每天早晚各服 1 次，每次服 0.5 克，连服 2 次，以后每隔 1 周服 1 次。调痢生每千克体重 0.10～0.15 克，每日 1 次，连服 3 次。在用微生态制剂期间禁止服用抗菌药物。

（十八）猪萎缩性鼻炎

猪萎缩性鼻炎是一种由支气管败血性波氏杆菌和产毒素多杀性巴氏杆菌引起的猪的一种慢性呼吸道疾病。以鼻炎、鼻甲骨萎缩、鼻部变形以及生长迟滞为主要特征。临床症状表现为打喷嚏、鼻塞、颜面部变形或歪斜，常见于 2～5 月龄猪。

【病原】支气管败血性波氏杆菌 I 相菌是主要病原。革兰阴性，不产生芽孢，有的有荚膜，周边鞭毛，能产生坏死性毒素。本菌抵抗力不强，一般消毒剂均可使其死亡。

【流行特点】任何年龄的猪都可感染本病，但以仔猪的易感性最大。1 周龄猪感染后可引起原发性肺炎，致全窝仔猪死亡。发病一般随年龄增长而下降，1 月龄内感染，常在数周后发生鼻炎，并引起鼻甲骨萎缩；断奶后感染，通常只产生轻微病变。

主要传染源是病猪和带毒猪。犬、猫、家畜、家兔等及人也能带菌或引起慢性鼻炎和化脓性支气管肺炎，因此，也可成为传染源。鼠可能是本菌的自然储存宿主。该病的传播方式主要是飞沫传播，带菌母猪通过接触，经呼吸道感染仔猪，不同月龄可通过水平传播扩大到全群。

该病在猪群中传播比较缓慢，多为散发或地方性流行。各种应激因素可使发病率增高；品种不同的猪，易感性也有差异，国内土种猪较少发生。

【临床症状和病理变化】多见于6～8周龄仔猪。表现鼻炎，出现喷嚏、流涕和吸气困难。流涕为浆液黏液脓性渗出物，个别猪因强烈喷嚏而发生鼻出血。病猪常因鼻炎刺激黏膜而表现不安，如摇头、拱地、搔抓和摩擦鼻部。吸气时鼻孔开张，发出鼾声，严重的张口呼吸。由于鼻泪管阻塞，泪液增多，在眼内角下皮肤上形成弯月形的湿润区，被尘土沾污后粘结成黑色痕迹。

继鼻炎后出现鼻甲骨萎缩，致使鼻腔和面部变形，这是萎缩性鼻炎的特征性症状。如两侧鼻甲骨病损相同时，外观鼻短缩，此时，因皮肤和皮下组织正常发育，使鼻盘正后部皮肤形成较深的皱褶；若一侧鼻甲骨萎缩严重，则使鼻弯向同一侧；鼻甲骨萎缩，额窦不能正常发育，使两眼间宽度变小和头部轮廓变形。体温正常，病猪生长停滞，难以肥育，有的成为僵猪。鼻甲骨萎缩与感染周龄、是否发生重复感染及是否存在其他应激因素关系非常密切。周龄愈小，感染后出现鼻甲骨萎缩的可能性就愈大，愈严重。一次感染后，若不发生新的重复感染或混合感染，萎缩的鼻甲骨可以再生。有的鼻炎延及筛骨板，则感染可经此而扩散至大脑，发生脑炎。此外，病猪常有肺炎发生，可能是由于鼻甲骨损坏，异物和继发性细菌侵入肺部造成，也可能是由主要病原直接引发的结果。因此，鼻甲骨的萎缩可促进肺炎的发生，而肺炎又反过来加重鼻甲骨萎缩。

病变一般局限于鼻腔的邻近组织。最有特征的变化是鼻腔的软骨及骨组织的软化和萎缩。主要是鼻甲骨萎缩，特别是鼻甲骨的下卷曲最为常见。鼻黏膜常有黏脓性或干酪样分泌物。

由坏死杆菌引起的萎缩性鼻炎主要发生于仔猪和架子猪。坏死病变有时波及鼻甲软骨，鼻和面骨。鼻黏膜出现溃疡，溃疡面逐渐扩大并形成黄白色的伪膜。病猪表现为呼吸困难，咳嗽，流脓性鼻涕和腹泻。

【诊断】根据临床症状和剖检病理变化一般可作出诊断。特征性临床症状是打喷嚏、流鼻液，有时流出血液，鼻部和面部歪斜。特征性病变是鼻腔的软骨和鼻甲骨软化与萎缩，特别是鼻甲骨的下卷曲最为常见。

【防治】

(1) 预防措施　可从以下几方面进行预防。

① 加强饲养管理，保持猪舍环境卫生，彻底消毒，注意通风保暖，严格执行卫生防疫制度。产仔、断奶和育肥各阶段均采用全进全出制度。猪场引进猪时，应进行严格的检疫和隔离，引进后观察3～6周，防止将带菌猪引入猪场。

② 常发地区可用传染性萎缩性鼻炎的灭活疫苗，对母猪和仔猪进行免疫注射。母猪产前50天和20天注射两次；仔猪断奶前1周免疫1次，隔1个月再免疫1次效果更好。如果有条件，可做自家灭活疫苗免疫。1年后慢慢能净化本病。

(2) 发病后措施　可用药物治疗，支气管败血波氏杆菌对抗生素和磺胺类药物敏感。

① 母猪（产前1个月）、断奶仔猪及架子猪，磺胺二甲嘧啶100～450克/吨拌料，或磺胺二甲嘧啶100克/吨、金霉素100克/吨、青霉素50克/吨混合拌料，或泰乐菌素100克/吨、磺胺嘧啶100克/吨混合拌料，或土霉素400克/吨拌料。连用4～5周。

② 仔猪，从2日龄开始肌内注射1次增效磺胺，用量为磺胺嘧啶每千克体重12.5毫克，加甲氧苄氨嘧啶每千克体重2.5毫克，连用3次。或每周肌内注射1次长效土霉素，用量为每千克体重20毫克，连续3次。

(十九) 霉形体肺炎

猪霉形体肺炎（我国称气喘病，国外称猪地方流行性肺炎）是猪的一种慢性呼吸道传染病。主要症状是咳嗽和气喘。本病呈慢性过程，集约化猪场发病率高达70%以上。虽然病死率很低，但严重影响猪体生长发育，造成饲料浪费，给养猪业带来极大危害。

【病原】病原体为猪肺炎霉形体，无细胞壁，是多形态的微生物。病原体存在于病猪的呼吸道内，随咳嗽、喷嚏排出体外，污染周围环境。该病原体对温热、阳光抵抗力差，在外环境中存活时间不超过36小时。常用的消毒剂，如威力碘、甲醛、百毒杀、菌毒敌等都能将其杀灭。

【流行特点】本病只感染猪，不同年龄、性别、品种和用途的猪均能感染发病，但以哺乳仔猪和刚断奶的仔猪发病率和病死率较高，其次为怀孕后期母猪和哺乳母猪，其他猪多为隐性感染。

病猪是主要传染源。特别是隐性带菌病猪，是最危险的传染源。病猪在临床症状消失之后1年，仍可带菌排毒。病原体存在于病猪的呼吸道内，随病猪咳嗽、喷嚏的飞沫排出体外。当病猪与健康猪直接接触时，由呼吸道吸入后感染发病。因此，在通风不良和比较拥挤的猪舍内，很容易相互传染。

本病一年四季均可发生，但以气候多变的冬、春季节多发。新发病的猪场，常为暴发性流行，病情严重，病死率较高。在老疫区，多数呈慢性经过，或中、大猪呈隐性感染，唯有仔猪发病率较高。遇到气候骤变，突换饲料，饲料质量不良和卫生条件不好时，部分隐性猪可出现明显的临床症状。

【临床症状和病理变化】潜伏期一般为11～16天。最短3～5天，最长30天以上。其他见表6-14。

表6-14　霉形体肺炎的临床症状和病理变化

类型	临床症状	病理变化
急性型	尤以哺乳仔猪、刚断奶仔猪、怀乳后期母猪和哺乳母猪多见。突然发病，呼吸加快，可达60～120次/分以上，口、鼻流出黏液，张口喘气，呈犬坐姿势和腹式呼吸。咳嗽低沉，次数少，偶尔发生痉挛性咳嗽。精神沉郁、食欲减少，体温一般不高。病程7～10天，病死率较高	特征性病变是两侧肺的尖叶、心叶和膈叶前下缘，发生对称性胰样实变。实变区大小不一，呈淡红色或灰红色，随着病程的延长，病变部分逐渐变成灰白色或灰黄色。发病初期，外观如胰脏样，质地如肝，切面湿润，按压时，从小支气管流出黏液性混浊的灰白色液体。后期，病变部的颜色转为灰红色或灰白色，切面坚实、小支气管断端凸起，从中流出白色泡沫状的液体。病变区与周围正常肺组织界限明显，病灶周围组织气肿，其他部分肺组织有不同程度的淤血和水肿。肺门和纵膈淋巴结极度肿大，切面外翻，呈白色脑髓样。并发细菌感染时，可出现胸膜炎、肺炎、肺脓肿、坏死性肺炎等病理变化
慢性型	病猪长期咳嗽，尤以清晨、夜晚、运动或吃食时最易诱发。初为单咳，严重时出现阵发性咳嗽。咳嗽时，头下垂，伸颈拱背，直到把泌物咳出为止。后期，气喘加重，病猪精神不振，采食减少，消瘦贫血，不愿走动，甚至张口喘气。这些症状可随饲养管理的好坏减轻或加重。病程2～3个月，甚至半年以上。病死率不高，但影响生长发育，并易继发链球菌、大肠杆菌、肺炎球菌、棒状杆菌、巴氏杆菌等细菌感染，使病情恶化，甚至引起死亡	

【诊断】该病特征是慢性干咳，发育迟缓，死亡率低，发生和扩散缓慢，反复发作等。确诊必须从病料中分离到致病性支原体。

注意与猪流行性感冒、猪肺疫鉴别诊断：猪流行性感冒突然暴发，传播迅速，体温升高，病程较短（约1周），流行期短。而猪气喘病相反，体温不升高，病程较长，传播较缓慢，流行期很长；猪肺疫急性病例呈败血症和纤维素性胸膜炎症状，全身症状较重，病程较短，剖检时见败血症和纤维素性胸膜肺炎变化，慢性病例体温不定，咳嗽重而气喘轻，高度消瘦，剖检时在肝变区可见到大小不一的化脓灶或坏死灶。而气喘病的体温和食欲无大变化，肺有肉样或肺样变区，无败血症和胸膜炎的变化。

【防治】

(1) 预防措施　可参考以下方法预防该病。

① 自繁自养，防止由外单位引进病猪。不少教训表明，健康猪群发生猪喘气病，多数是从外地买进慢性或隐性病猪引起的。因此，进行品种调换、良种推广和必须从外单位引进种猪时，应该认真了解猪源所在地区或该猪场有无本病流行，如有疫情，坚决不要买回。即使表面健康的猪，购入后也需隔离饲养，观察1～2个月；或进行X射线检查、血清学检查，确无本病时，方可混群饲养。

② 加强饲养管理，保持圈舍清洁、干燥。最好饲喂全价日粮，如无此条件，在饲料调配时，要尽量多样化，注意青绿饲料和矿物质饲料的供给。猪圈要保持清洁、干燥、通风、温暖，避免过度拥挤，并定期做好消毒和驱虫工作。

③ 免疫接种。中国兽医药品监察所研制成功的猪气喘病兔化弱毒冻干苗，对猪安全，攻毒保护率79%，免疫期8个月；江苏省农业科学院畜牧兽医研究所研制的猪气喘病168株弱毒菌苗，对杂交猪安全，攻毒保护率84%，免疫期6个月。这两种疫苗只适用于疫场(区)，都必须注入胸腔内（右侧倒数第6肋间至肩胛骨后缘为注射部位），才能产生免疫效果，但免疫力产生缓慢，一般在60天后，才能抵御强毒的攻击。该苗适用于15日龄以上的猪和妊娠2月龄以内的母猪接种。体质瘦弱和喘气者不宜注射。注射前15天和注射后2个月禁用土霉素和卡那霉素，以防止免疫失败。

(2) 发病后的措施　可参考以下措施治疗该病。

① 尽早隔离病猪。通过听发现病猪，即在清晨、夜间、喂食及跑动时，注意猪有无咳嗽发生；查，即在猪安静状态下，观察呼吸次数和腹部扇动情况有无异常；剖检，即剖检死亡病猪，看其肺部有无典型的喘气病病变等。尽早发现和隔离。

② 果断处理。查出的病猪要果断淘汰，或隔离后，由专人饲管，防止病猪与健康猪接触，以切断传染链，防止本病蔓延。

③ 加强饲养管理。可在饲料中酌情添加土霉素下脚料或土霉素，林可霉素下脚料或林可霉素，促进病猪和隐性感染猪尽早康复。

④ 药物治疗。可参考以下方案。

方案1：支原净（泰莫林），预防量50毫克/千克体重，治疗量加倍，拌料饲喂，连喂2周；或在50千克饮水中加入45%支原净9克，早晚各一次，连续饮用2周。据报道，该方预防率100%，治愈率91%。混饲或混饮时，禁止与莫能霉素、盐霉素配合应用。

方案2：泰乐菌素，饲料中添加0.006%～0.01%，连续饲喂2周，与等量的TMP（三甲氧苯胺嘧啶）配合应用，可提高疗效。

方案3：林可霉素（洁霉素）50毫克/千克体重，每天注射1次，连用5天，一般可获得满意效果。该方具有疗效高，毒、副作用低的优点。

方案4：卡那霉素或猪喘平注射液4万～6万单位/千克体重，肌注，每日一次，连用5天为一疗程。该方与维生素B_6、地塞米松和维生素K_3配合应用，疗效提高。

方案5：土霉素40毫克/千克体重，复方新诺明10毫克/千克体重，混饲，每天2次，连用5～7天；土霉素盐酸盐，40～60毫克/千克体重，用4%硼砂溶液或0.25%普鲁卡因溶液或5%氧化镁溶液稀释后，肌注，每天1次，5～7天为一疗程；20%～25%土霉素碱油剂，每次1～5毫升，深部肌内注射，3天1次，连用6次为一疗程。

上述疗法都有一定的效果，配合应用时，疗效增强。在治疗时，尽量减轻应激反应，防止按压病猪胸部，以防窒息死亡。

（二十）猪接触传染性胸膜肺炎

猪接触传染性胸膜肺炎（猪嗜血杆菌胸膜肺炎）是猪的一种呼吸道传染病。特征为出血性坏死性肺炎和纤维素性胸膜炎。该病具有高度的传染性，最急性型和急性型发病率和病死率都在50%以上，因此给养猪业造成了严重的经济损失。

【病原】病原为胸膜肺炎放线杆菌（或称胸膜肺炎嗜血杆菌），革兰染色阴性。该病原为多形态杆菌，一般呈球状、丝状、棒状。病料中的胸膜肺炎放线杆菌呈两极着色，有荚膜，能产生毒素。本菌的抵抗力不强，易被一般的消毒药杀死。

【流行特点】不同年龄的猪均易感，但以4～5月龄的发病死亡较多。发病季节多在10～12月份和6～7月份。病猪和带菌猪是本病的传染源。病原菌主要存在于带菌猪或慢性病猪的呼吸道黏膜内，通过咳嗽、喷嚏和空气飞沫传播，因此在集约化猪场最易发生接触性感染。初次发病猪群，其发病率和病死率很高。经过一段时间，病情逐渐缓和，病死率显著下降。气候突变和卫生环境条件不好时，可促使本病发生。

【临床症状和病理变化】人工感染的潜伏期为1～7天。

急性型，突然发病，体温升高至41.5℃左右，精神沉郁，食欲废绝，呼吸迫促，张口伸舌，呈站立或犬坐姿势，口、鼻流出泡沫样分泌物，耳、鼻及四肢皮肤发绀，如不及时治疗，常于1～2天窒息死亡。若开始发病时症状较缓和，能耐过4天以上，则可逐渐康复或转为慢性。慢性型病猪体温时高时低，生长发育迟缓，出现间歇性咳嗽，尤其是在气候突变，圈舍空气污浊，以及早晨或夜晚，咳嗽更为明显。

急性病例，胸腔内液体呈淡红色，两侧肺广泛性充血、出血，部分肺叶肝变，胸膜表面有广泛性纤维蛋白附着，气管和支气管内有大量的血样液体和纤维蛋白凝块。

慢性病例，肺组织内有绿豆大黄色坏死灶或小脓肿，壁层胸膜和脏层胸膜粘连，脏层胸膜与心包粘连。

【诊断】根据特征性的临床症状和解剖检变化可以作出初步诊断，确诊需作细菌学检查。

【防治】

（1）预防措施　可参考以下措施进行预防。

① 严格检疫。本病的隐性感染率较高，在引进种猪时，要注意隔离观察和检疫，防止引入带菌猪。

② 药物预防。淘汰病猪和血清学检查呈阳性的猪。血清学阴性的猪，饲料中添加抗菌药物进行预防，常用的有洁霉素 120 毫克/千克，连喂 2 周；或磺胺二甲嘧啶（SM2）300 毫克/千克，配合甲氧苄氨嘧啶（TMP）60 毫克/千克。连喂 5～7 天；或土霉素 600 毫克/千克，TMP 40 毫克/千克，连喂 1～2 周，同时注意改善环境卫生，消除应激因素，定期进行消毒。以后引进新猪或猪只混群前，都需用药物预防 5～7 天。

③ 疫苗。国外已有商品化的灭活苗和弱毒菌苗。灭活苗为多价油佐剂灭活苗，在 8～10 周龄注射 1 次，可获得免疫力。弱毒菌苗系单价苗，接种后抵抗同一血清型菌株的感染。

（2）发病后措施　对本病比较有效的药物有氨苄青霉素、氯霉素、羧苄青霉素、卡那霉素、环丙沙星和恩诺沙星等。氨苄青霉素 50 毫克/千克体重，肌注或静注，每天 2 次。氯霉素 50 毫克/千克体重，肌注或静注，每天 1 次。氨苄青霉素 100 毫克/千克体重，静注或肌注，每天 2 次。卡那霉素 50 毫克/千克体重，肌注或静注，每天 1 次。0.1%～0.2%环丙沙星饮水。恩诺沙星 0.006%～0.008%，拌料。上述药物连用 3～7 天，若配合对症治疗，一般有较好的效果。

二、寄生虫病

（一）猪蛔虫病

猪蛔虫病是由蛔虫寄生于小肠引起的寄生虫病。猪蛔虫主要侵害 3～6 月龄的幼猪，导致猪生长发育不良或停滞，甚至造成死亡。在卫生条件不好的猪场及营养不良的猪群中，感染率可达 50%以上。

【病原】病原体为蛔科的猪蛔虫，是寄生于猪小肠中的一种大型线虫，新鲜虫体为淡红色或浅黄色，死后变为苍白色，虫体为圆柱形，两头细，中间粗。猪蛔虫的发育不需要中间宿主，为土源性线虫。

虫卵对外界环境的抵抗力强。卵壳的特殊结构使其对外界不良环境有较强的抵抗力。如虫卵在疏松湿润的耕土中可生存 2～5 年；在 2%福尔马林溶液中，虫卵不但可以生存，而且还能正常发育。10%漂白粉溶液、3%克辽林溶液、饱和硫酸铜溶液、2%苛性钠溶液等均不能将其杀死。在 3%来苏尔溶液中经一周也仅有少数虫卵死亡。一般需用 60℃以上的 3％～5％热碱水或 20％～30％热草木灰杀死虫卵。

【流行特点】猪蛔虫病流行很广，特别是饲养管理条件较差的猪场几乎每年都有发生。

猪蛔虫不需要中间宿主。虫卵随猪粪便排到外界后，在适宜的条件下，可直接发育为感染性虫卵，不需要甲虫、蟑螂等的参与即可重复其感染过程。猪蛔虫的每条雌虫一天可产卵 10 万～20 万个，产卵旺盛时可达 100 万～200 万个，一生共产卵 3000 多万个，能严重污染圈舍。猪感染蛔虫主要是采食了被感染性虫卵污染的饲料及饮水，放牧时也可在野外感染。母猪的乳房容易沾染虫卵，使仔猪在吸乳时感染。

猪场的饲养管理不良、卫生条件较差、猪过于拥挤、营养缺乏，特别是饲料中缺乏维生素及矿物质条件下，加重猪的感染和死亡。

【临床症状和病理变化】随猪年龄的大小、体质的强弱、感染程度及蛔虫所处的发育阶段不同而临床表现有所不同，一般 3～6 月龄的仔猪症状明显，成年猪多为带虫者，无明显症状，但成为该病的传染源。仔猪在感染初期有轻微的湿咳，体温升高到 40℃左右，精神沉郁，呼吸及心跳加快，食欲不振，有异食癖，营养不良，消瘦贫血，被毛粗糙，或有全身性黄疸。有的生长发育受阻，变为僵猪。严重感染时，呼吸困难，急促而无规律，咳嗽声粗吻低沉，并有口渴、流涎、拉稀、呕吐，1～2 周好转，或渐渐衰竭而亡。

当蛔虫过多而堵塞肠管时，病猪疝痛，有的可发生肠破裂而死亡。蛔虫寄生于胆道时，病猪腹先泻，体温升高，食欲废绝，以后体温下降，卧地不起，腹痛，四肢乱蹬，多经 6～8 天死亡。

6 月龄以上的猪在寄生数量不多时，若营养良好，症状不明显，但多数因胃肠机能遭到破坏，常有食欲不振、磨牙和生长缓慢等现象。

【防治】

（1）预防措施　在猪蛔虫病流行地区，每年春秋两季，应对全群猪进行一次驱虫。特别是对于断奶后到 6 月龄的仔猪应进行 1～3 次驱虫；保持圈舍清洁卫生，经常打扫，勤换垫草，铲去圈内表土，垫以新土；对饲槽、用具及圈舍定期（可每月 1 次）用 20％～30％的热草木灰水或2%～4%的热火碱水喷洒杀虫；此外，对断奶后的仔猪应加强饲养管理，多喂富含维生素和微量元素的饲料，以促进生长，提高抗病力；对猪粪的无害化处理也是预防蛔虫病的重要措施，应将清除的猪粪便、垫草运到离猪场较远的地方堆积发酵或挖坑沤肥，以杀来虫卵。

(2) 发病后措施　发病后可用以下药物治疗。

① 精制敌百虫　按体重以100毫克/千克给药，一头猪总量不超过10克，溶解后拌料饲喂，一次喂给，必要时隔2周再给1次。

② 哌嗪化合物　常用的有枸橼酸哌嗪和磷酸哌嗪。每千克体重0.2～0.25克，用水化开，混入饲料内，让猪自由采食。兽用粗制二硫化碳派嗪，遇胃酸后分解为二硫化碳和哌嗪，二者均有驱虫作用，效果较好，可按每千克体重125～210毫克口服给予。

③ 丙硫咪唑（抗蠕敏）　每千克体重5～20毫克，一次喂服，该药对其他线虫也有作用。

④ 左旋咪唑　每千克体重肌内注射4～6毫克；或每千克体重8毫克，一次口服。

⑤ 噻咪唑（驱虫净）　每千克体重15～20毫克，混入少量精料中一次喂给；也可用5%注射液，按每千克体重10毫克剂量皮下注射或肌内注射。

（二）猪肺丝虫病

猪肺丝虫病是由后圆线虫寄生在猪的支气管内引起的，又名后圆线虫病。

【病原】虫体呈白色丝线状，口囊很小，口缘有一对三叶唇。雄虫交合伞不发达，侧叶大，背叶小。雌虫阴门靠近肛门，阴门前有一角皮膨大而成的阴门球。常见的有下列3种：长刺后圆线虫、短阴后圆线虫、萨氏后圆线虫，这3种的虫卵很相似，椭圆形、外表粗糙不平，大小为(40～60)微米×(30～40)微米，内含一个卷曲的幼虫，为卵胎生。

【流行特点】猪后圆线虫的发育必须以蚯蚓作中间宿主。雌虫在猪的支气管内产卵，卵随痰液进入口腔，咽入消化道，然后随粪便排至体外，在潮湿的土壤中孵化出幼虫，蚯蚓吞食了虫卵或幼虫后，在蚯蚓的消化道及其他器官内发育为感染性幼虫，然后随蚯蚓粪便排到外界。猪在食入蚯蚓或土壤中的感染性幼虫后，幼虫钻入肠系膜淋巴结中发育，经淋巴、血液循环而进入心、肺，最后在支气管内发育成熟，在感染后24天，仍可排出虫卵。

幼虫移行时穿过肠壁、淋巴结和肺组织，当带入细菌时，易引起支气管肺炎；虫体的寄生会堵塞毛细支气管，影响生长发育，降低抗病力，从而继发猪肺疫、猪流感及猪气喘病等。

【临床症状和病理变化】轻度感染时症状不明显。瘦弱的仔猪（2～4月龄）感染多量虫体又有气喘病等合并感染时，症状较严重，死亡率也高。病猪表现主要消瘦，发育不良，阵发性咳，被毛干燥无光，鼻孔流出脓性黏稠分泌物、四肢、眼睑部水肿，最后极度衰弱而亡。

【防治】

（1）预防措施　可参考以下措施预防。

① 防止蚯蚓进入猪场。猪场应建在高燥干爽处，猪圈、运动场应改用坚实的地面（如水泥地面），防止蚯蚓进入，同时还应注意排水和保持干燥，杜绝蚯蚓的孳生。

② 在流行地区，可用1%碱水或30%草木灰水淋猪的运动场地，既能杀灭虫卵，也能促使蚯蚓爬出以便杀灭。

③ 对患猪及带虫猪定期进行驱虫，对猪粪便要经发酵，利用生物热杀死虫卵后再使用。

（2）发病后措施　可用以下药物治疗猪肺丝虫病。

① 左咪唑，每千克体重1次肌注15毫克，间隔4小时重复用药1次；也可按每千克体重8毫克，混于饲料或饮水中，对幼虫及成虫均有效。

② 丙硫苯咪唑，每千克体重10～20毫克口服。

③ 海群生，每千克体重100毫克，溶于10毫升水中，皮下注射，1日1次，连用3天。

注意对肺炎严重的猪应在驱虫的同时，采用青霉素、链霉素注射，以改善肺部状况，迅速恢复健康。

（三）猪囊虫病

猪囊虫病（猪囊尾蚴病）是一种危害十分严重的人畜共患寄生病。

【病原】猪囊尾蚴为猪带绦虫的幼虫。常寄生在猪的横纹肌里，脑、眼及其他脏器也有寄生。虫体椭圆形，黄豆粒大，为半透明的包囊，长6～20毫米，宽5～10毫米。囊壁为一层薄膜，囊内充满液体，囊壁上有一个圆形、高粱米粒大小的乳白色小结。

【流行特点】猪带绦虫寄生在人的小肠中，虫卵及卵节片随人的粪便排出体外，直接被猪吞食，或污染饲料、饮水被猪吞食，然后在猪小肠内囊壁破裂，经24～72小时孵出六钩蚴。六钩蚴穿过肠壁进入血管，经血液循环到达全身的肌肉，经10天左右发育为囊尾蚴。囊尾蚴在猪体内以股内侧肌寄生最多，其次为胸深肌、肩胛肌、咬肌、膈肌、舌肌及心肌等处，有时在肺、肝等脏器及脂肪内也有寄生。人吃了未经煮熟的病猪肉或附着在生冷食品上的囊尾蚴后，囊尾蚴进入人的小肠中，以其头节附着在肠壁上，约经两个半月即可发育为成虫。

【临床症状和病理变化】猪囊尾蚴病多不表现症状，只有在极强感染或某个器官受害时才出现症状，表现如营养不良，生长受阻、贫血、水肿。寄生在脑部时，呈现癫痫症状或因急性脑炎而死亡；寄生在喉头，则叫声嘶哑，吞咽、咀嚼及呼吸困难，常有短咳；寄生在眼内时可造成视觉障碍，甚至失明；寄生在肩部及臀部肌肉时，表现两肩显著外张，臀部异常的肥胖、宽阔。

【防治】

(1) 预防措施　预防可参考以下措施。

① 驱虫。在普查绦虫病患者的基础上，积极治疗，消灭传染来源。可用灭绦灵及南瓜子、槟榔合剂。使用方法：空腹服炒熟的南瓜子250克，20分钟后服槟榔水（槟榔62克煎汁而成），再经2小时服用硫酸镁15～25克，促使虫体排出。

② 检疫。加强肉品检验。凡猪肉切面在40厘米^{2}之内有3个以上囊虫者，猪肉只能做工业用，不可食用。

③ 管理。管理好厕所，取消“连茅圈”，加强粪便管理，防止猪吃到人粪，控制人绦虫、猪囊虫的互相感染。

(2) 发病后措施　可采用以下药物治疗。

① 吡喹酮，每千克体重50毫克，1日1次口服，连用3天。

② 丙硫苯咪唑（抗蠕敏），每千克体重60～65毫克，用豆油配

成6%悬液肌注；或每千克体重20毫克口服，隔日1次，连服3次。

（四）猪疥螨病

猪疥螨病俗称疥癣、癞，是由疥螨虫寄生在猪皮肤内引起的一种慢性皮肤病，以剧烈瘙痒和皮肤增厚、龟裂为临床特性。疥螨病是规模化养猪场中最常见的疾病之一。

【病原】猪疥螨虫体小，肉眼不易看见。雄虫0.15毫米×0.20毫米，雌虫0.33毫米×0.35毫米。在显微镜或放大镜下，虫体似龟形，色淡黄。成虫有4对足，后两对足不超过虫体后缘，故在背侧看不见。卵呈椭圆形，大小为100～150微米。

发育过程经过卵、幼虫、若虫和成虫四个阶段。疥螨钻入猪皮肤表皮层内挖凿隧道，并在其中进行发育和繁殖。隧道中每隔一定距离便有小孔与外界相通，小孔为空气流通和幼虫进出的孔道。雌虫在隧道内产卵，每天产1～2个，一只雌虫一生可产卵40～50个。卵孵化出的幼虫有三对足，体长0.11～0.14毫米。幼虫由隧道小孔爬到皮肤表面，开凿小穴，并在里面蜕化，变成若虫，若虫钻入皮肤，形成浅窄的隧道，在里面蜕皮，变成成虫。螨的整个发育期为8～22天，雄虫于交配后不久死亡，雌虫可生存4～5周。

【流行特点】各种类型和不同年龄的猪都可感染本病，但5月龄以下的幼猪，由于皮肤细嫩，较适合螨虫的寄生，所以发病率最高，症状严重。成猪感染后，症状轻微，常成为隐性带虫者和散播者。传染途径有两种：一是健康猪与病猪直接接触而感染；二是通过污染的圈舍、垫草、饲管用具等间接与健康猪接触而感染。圈舍阴暗潮湿、通风不良，以及猪营养不良，为本病的诱因。发病季节为冬季和早春，炎热季节，阳光照射充足，圈舍干燥，不利于疥螨繁殖，患猪症状减轻或康复。

【临床症状和病理变化】通常由头部开始。眼圈、耳内及耳根的皮肤变厚、粗糙，形成皱褶和龟裂，以后逐渐蔓延到颈部、背部、躯干两侧及四肢皮肤。主要症状是瘙痒，病猪在圈舍栏柱、墙角、食槽、圈门等处磨蹭，有时以后蹄搔擦患部，致使局部被毛脱落，皮肤擦伤、结痂和脱屑。病情严重的，全身大部皮肤形成石棉瓦状皱褶，瘙痒剧烈，食欲减少，精神萎顿，日渐消瘦，生长缓慢或停滞，甚至发生死亡。

【防治】

（1）预防措施　搞好猪舍卫生工作，经常保持清洁、干燥、通风。引进种猪时，要隔离观察1～2个月，防止引进病猪。

（2）发病后措施　可参考以下措施。

① 发现病猪及时隔离，防止蔓延。病猪舍及饲养管理用具可用火焰喷灯、3%～5%烧碱、1∶100菌毒灭Ⅱ型或3%～5%克辽林彻底消毒。

② 治疗。1%害获灭注射液，为美国默沙东药厂生产的高效、广谱驱虫药，尤其适用于疥螨病的治疗。主要成分为伊维菌素。皮下注射，0.02毫克/千克；内服0.3毫克/千克。或阿福丁注射液，又称7051驱虫素或虫克星注射液，主要成分为国内合成的高效、广谱驱虫药阿维菌素，皮下注射，0.2毫克/千克；内服0.3～0.5毫克/千克。或双甲脒乳油（特敌克），加水配成0.05%溶液，药浴或喷雾。或蝇毒磷，加水配成0.025%～0.05%溶液，药浴或喷雾。或5%溴氰菊酯乳油，加水配成0.005%～0.008%溶液，药浴或喷雾。

【注意】后三种药物有较好杀螨作用，但对卵无效。为了彻底杀灭猪皮肤内和外界环境中的疥螨，每隔7～10天，药浴或喷雾1次，连用3～5次，并注意杀灭外界环境中的疥螨。前两种药物与后三种药物配合应用，集约化猪场中的疥螨有希望得以净化。对于局部疥螨病的治疗，可用5%敌百虫棉籽油或废机油涂擦患部，每日1次，也有一定效果。

（五）猪附红细胞体病

猪附红细胞体病，俗称"红皮病"，是由猪附红细胞体寄生在猪红细胞而引起的一种人畜共患传染病。其主要特征是发热、贫血和黄疸。近年来，我国附红细胞体病的发生不断增多，一年四季均有发生，有的地区呈蔓延趋势，暴发流行，给养猪业带来了一定的损失。

【病原】猪附红细胞体属于立克次体，为一种典型的原核细胞型微生物，形态为环形、球形、椭圆形、杆状、月牙状、逗点状和串珠状等不同形状，直径为0.8～2.5微米，外表大都光滑整齐，无鞭毛和荚膜，革兰染色阴性，一般不易着色。

附红细胞体侵入动物体后，在红细胞内生长繁殖，播散到全身组织和器官，引发一系列病理变化。主要有，红细胞崩解破坏，红细胞膜的通透性增大，导致膜凹陷和空洞，进而溶解，形成贫血、黄疸。

附红细胞体有严格的寄生性，寄生于红细胞、血浆或骨髓中，不能用人工培养基培养。应用二分裂（横分裂）萌芽法在红细胞内增殖，呈圆形或多种形态，有两种核酸（DNA和RNA）。发病后期的病原体多附着在红细胞表面，使红细胞失去球形，边缘不齐，呈芒刺状、齿轮状或不规则多边形。

附红细胞体对苯胺色素易于着色，革兰染色呈阴性，姬姆萨染色呈紫红色，瑞氏染色为淡蓝色。在红细胞上以二分裂方式进行裂殖。对干燥和化学药物的抵抗力不强，0.5%石炭酸于37℃经3小时可将其杀死，一般常用浓度的消毒药在几分钟内可将其杀死。但对低温冷冻的抵抗力较强，5℃可存活15天，冰冻凝固的血液中可存活力天，冻干保存可存活数年之久。

【流行特点】该病主要发生于温暖季节，夏、秋季发病较多，冬、春季相对较少。我国最早见于广东、广西、上海、浙江、江苏等省、市，随后蔓延至河南、山东、河北等省、市以及新疆和东北地区。

猪附红细胞体病多具有自然疫源性，有较强的流行性，当饲养管理不良，机体抵抗力下降，恶劣环境或其他疾病发生时，易引发规模性流行，且存在复发性，一般病后有稳定的免疫力。本病的传播途径至今还不明确，但一般认为有以下几个传播途径：一是昆虫传播，节肢动物（蚊、虱、蠓、蜱等）等吸血昆虫是主要的传播媒介，夏秋季多发的原因普遍认为与蚊子的传播有关。二是血源传播，被本病污染的针头、打耳钳、手术器械等都可传播。三是垂直传播，经患病母猪的胎盘感染给下一代。四是消化道传播，被附红细胞体污染的饲料、血粉和胎儿附属物等均可经消化道感染。

猪为本病的唯一宿主，不同品种年龄的猪均易感染，其中以20～25千克重的育肥猪和后备猪易感性最高。在流行区内，猪血中附红细胞体的检出率很高，大多数幼龄猪在夏季感染，成为不表现症状的隐性感染者。在入冬后遇到应激因素（如气温骤降、过度拥挤、换料过快等），附红细胞体就会在体内大量繁殖而发病。隐性感染和耐过猪的血液中均含有猪附红细胞体。因此，该病一旦侵入猪场就很难清除。

【临床症状和病理变化】不同年龄的猪感染所表现的临床症状也

不相同。

(1) 仔猪 最早出现的症状是发热，体温可达40℃以上，持续不退，发抖，聚堆；精神沉郁、食欲不振；胸、耳后、腹部的皮肤发红，尤其是耳后部出现紫红色斑块；严重者呼吸困难、咳嗽、步态不稳。随着病情的发展，病猪可能出现皮肤苍白、黄疸，病后数天死亡。自然恢复的猪表现贫血，生长受阻，形成僵猪。

(2) 母猪 通常在进入产房后3～4天或产后表现出来。症状分为急性和慢性两种。急性感染的症状有厌食、发热，厌食可长达13天之久。发热通常发生在分娩前的母猪，持续至分娩过后；往往伴有背部毛孔渗血。有时母猪乳房以及阴部出现水肿。妊娠后期容易发生流产且产后死胎增多；产后母猪容易发生乳房炎和泌乳障碍综合征。慢性感染母猪易衰弱、黏膜苍白、黄疸、不发情或延迟发情、屡配不孕等，严重时也可以发生死亡。

(3) 公猪 患病公猪的性欲、精液质量和配种受胎率都下降，精液呈灰白色，精子密度下降至20%～30%，为0.6亿～0.8亿个/毫升。

(4) 育肥猪 患病猪发热、贫血、黄疸、消瘦，生长缓慢。常见皮肤潮红，毛孔处有针尖大小的微红细斑，尤以耳部皮肤明显；耳缘卷曲、淤血；呼吸困难，心音亢进，出现寒战、抽搐。

主要病理变化为贫血和黄疸。有的病例全身皮肤黄染，且有大小不等的紫色出血或出血斑。全身肌肉变淡。脂肪黄染，四肢末梢，耳尖及腹下出现大面积紫色斑块，有的患猪全身红紫。有的病例皮肤及黏膜苍白。血液稀薄如水，颜色变淡，凝固不良，血细胞压积显著降低。肝大，呈黄棕色。全身淋巴结肿大，质地柔软，切面有灰白色坏死灶或出血斑。脾大，变软，边缘有点状出血；胆囊内充满浓稠的胆汁；肾大，有出血点；心扩张、苍白，柔软，心外膜和心冠状沟脂肪出血、黄染，心包腔积有淡红色液体。严重感染者，肺发生间质性水肿。长骨骨髓增生。脑充血，出血，水肿。

【防治】

(1) 预防措施 目前该病没有疫苗预防，故其预防应采取综合性措施。在夏秋季，应着重灭蚊和驱蚊，可用灭蚊灵或除虫菊酯等在傍晚驱杀猪舍内的吸血昆虫。驱除猪体内外寄生虫，有利于预防附红细胞体病。在进行阉割、断尾、剪牙时，注意器械消毒；在注射时应注意更换针头，减少人为传播机会；平时加强饲料管理，让猪吃饱喝足，多运动，增强体质；天热时降低饲养密度；天气突变时，可在饲料中投喂多维素加土霉素或强力霉素、阿散酸（注意阿散酸毒性大，使用时切不可随意提高剂量，以防猪中毒，并且注意治疗期间供给猪充足饮水。如有猪出现酒醉样中毒症状，应立即停药，并口服或腹腔注射10%葡萄糖和维生素C）等进行预防。

（2）发病后的措施　发病后应如下治疗。

① 发病初期的治疗：贝尼尔每千克体重5～7毫克，深部肌内注射，每天1次，连用3天。或肌内注射长效土霉素，每天1次，连用3天。

② 发病严重的猪群：贝尼尔和长效土霉素深部肌内注射，也可肌内注射附红一针（主要成分咪唑苯脲），每天1次，连用3天。对贫血严重的猪群补充铁剂、维生素C、维生素B_{12}和肌苷。大量临床试验证明，这是治疗猪附红细胞体病最有效的处方。

三、其他疾病

（一）消化不良

猪的消化不良是由胃肠黏膜表层轻度发炎，消化系统分泌、消化、吸收机能减退所致。消化不良以食欲减少或废绝，吸收不良为特征。

【病因】该病大多数是由于饲养管理不当所致。如饲喂条件突然改变，饲料过热或过冷，时饥、时饱或喂食过多，饲料过于粗硬。冰冻、霉变，混有泥沙或毒物，饮水不洁等，均可使胃肠道消化功能紊乱，胃肠黏膜表层发炎而引发消化不良。此外，某些传染病、寄生虫病、中毒病等也常继发消化不良。

【临床症状】病猪食欲减退，精神不振，粪便干小，有时腹泻，粪便内混有未充分消化的食物，有时呕吐，舌苔厚，口臭，喜饮清水。慢性消化不良往往便秘腹泻交替发生，食量少，瘦弱，贫血，生长缓慢，有的出现异嗜。

【防治】

（1）加强饲养管理　注意饲料搭配，定时定量饲喂，每天喂给适量的食盐及多维素；猪舍保持清洁干燥，冬季注意保暖。

（2）发病后的措施 病猪少喂或停喂1～2天，或改喂易消化的饲料。同时结合药物治疗。

① 病猪粪便干燥时，可用硫酸钠（镁）或人工盐30～80克，或植物油100毫升，鱼石脂2～3克或来苏尔2～4毫升，加水适量，1次胃管投服。

② 病猪久泻不止或剧泻时，必须消炎止泻。磺胺脒每千克体重0.1～0.2克（首倍量），次硝酸秘12片分3次内服。也可用黄连素0.2～0.5克，1次内服，每日2次。对于脱水的患畜应及时补液以维持体液平衡。

③ 病猪粪便无大变化时，可直接调整胃肠功能。应用健胃剂，如酵母片或大黄苏打片10～20片，混饲或胃管投服，每天2次。仔猪可用乳酶生、胃蛋白酶各2～5克，稀盐酸2毫升，常水200毫升，混合后分2次内服。病猪较多时，可取人工盐35千克，焦三仙1千克（研末），混匀，每头每次5～15克，拌料饲喂，便秘时加倍，仔猪酌减。

（二）肺炎

肺炎是物理化学因素或生物学因子刺激肺组织而引起的炎症。可分为小叶性肺炎、大叶性肺炎和异物性肺炎。猪以小叶性肺炎较为常见。

【病因】小叶性肺炎和大叶性肺炎，主要因为饲养管理不善，猪舍脏污，阴暗潮湿，天气严寒，冷风侵袭及肺炎双球菌、链球菌等侵入猪体所致。此外，某些传染病（如猪流感、猪肺疫）及寄生虫病（如猪肺丝虫、猪蛔虫等）也可继发肺炎。

异物性肺炎（坏死性肺炎）多因投药方法不当，将药投入气管和肺内而引起。

【临床症状】猪患小叶性肺炎和大叶性肺炎时，体温可升高到40℃以上（小叶性为弛张热，大叶性为稽留热），食欲降低或不食，精神不振，结膜潮红，咳嗽，呼吸困难，心跳加快，粪干，寒战，喜钻草垛，鼻流黏液或脓性鼻液，胸部听诊有捻发音和呼吸音；大叶性肺炎有时可见铁锈色鼻液；异物性肺炎，除病因明显外，病久常发生肺坏疽，流出灰褐色鼻液，并有恶臭味。

【防治】

(1) 科学饲养管理　保持适宜温度，防止受寒感冒，保持圈舍空气流通，搞好环境卫生，避免机械性、化学性气味刺激。同时供给营养丰富的饲料，给予适当运动和光照，以增强猪体抵抗力。

(2) 发病后的措施　对病猪主要是消炎，配合祛痰止咳，制止渗出和促进炎性渗出物的吸收。

① 抗菌消炎。常用抗生素或磺胺类药物。如青霉素每千克体重4万单位、链霉素每千克体重1万单位混合肌内注射，或20%磺胺嘧啶注射液10～20毫升，肌内注射，1日2次。也可选用氟氧氟沙星、氧氟沙星、卡那霉素、土霉素、庆大霉素等。有条件的最好采取鼻液进行药敏试验，以筛选敏感抗生素。

② 祛痰止咳。分泌物不多，且频发咳嗽时，可用止咳剂，如咳必清。复方甘草合剂、磷酸可待因等。分泌物黏稠，咳出困难时，用祛痰剂，如氯化铵及碳酸氢钠各1～2克，1日2次内服，连用2～3天。同时强心补液，用10%安钠咖2～5毫升、10%樟脑磺胺酸钠2～10毫升，上、下午交替肌内注射，25%葡萄糖注射液200～300毫升、25%维生素C 2～5毫升、葡萄糖生理盐水300毫升混合静脉注射。体温高者用30%安乃近2～10毫升或安痛定5～10毫升，肌内注射，必要时肌内注射地塞米松注射液2～5毫升。制止渗出，可用10%葡萄糖酸钙20～50毫升静脉注射，隔日1次。

(三) 钙磷缺乏症

钙磷缺乏症是由饲料中钙和磷缺乏或者钙磷比例失调所致。幼龄猪表现为佝偻病，成年猪则形成骨软病。临床上以消化紊乱、异嗜癖、跛行、骨骼弯曲变形为特征。

【病因】饲料中钙磷缺乏或比例失调；饲料或动物体内维生素D缺乏，钙磷在肠道中不能充分吸收；胃肠道疾病、寄生虫病或肝、肾疾病影响钙、磷和维生素D的吸收利用；猪的品种不同、生长速度快、矿物质元素和维生素缺乏以及管理不当，也可促使该病发生。

【临床症状】先天性佝偻病的仔猪生下来即颜面骨肿大，硬性腭突出。四肢肿大而不能屈曲。后天性佝偻病发病缓慢，早期呈现食欲减退，消化不良，精神不振，喜食泥土和异物，不愿站立和运动，逐渐发展为关节肿痛、敏感，骨骼变形；仔猪常以腕关节站立或以腕关节爬行，后肢以跗关节着地；逐渐出现凹背、X形腿。颜面骨膨隆，采食咀嚼困难，肋骨与肋软骨结合处肿大，压之有痛感。

母猪的骨软症多见于怀孕后期和泌乳过多时，病初表现为异嗜症。随后出现运动障碍，腰腿僵硬、拱背站立、运步强拘、跛行，经常卧地不动或呈匍匐姿势。后期则出现系关节、腕关节、跗关节肿大变粗，尾椎骨移位变软；肋骨与肋软骨结合部呈串珠状；头部肿大，骨端变粗，易发生骨折和肌腱附着部撕脱。

【诊断】骨骼变形、跛行是本病特征。佝偻病发生于幼龄猪，骨软病发生于成年猪；在两眼内角连线中点稍偏下缘处，用锥子进行骨骼穿刺，骨质硬度降低，容易穿入；必要时结合血液学检查、X光检查以及饲料分析以帮助确诊。此病应注意与生产瘫痪、外伤性截瘫、风湿病、硒缺乏症等鉴别诊断。

【防治】 改善饲养管理，经常检查饲料。保证口粮中钙、磷和维生素D的含量，合理调配口粮中钙、磷含量及比例。平时多喂豆科青绿饲料、骨粉、蛋壳粉、蚌壳粉等，让猪适当运动和日光照射。

对于发病仔猪，可用维丁胶性钙注射液，按每千克体重0.2毫克，隔日1次肌内注射；维生素A—维生素D注射液2～3毫升，肌内注射，隔日1次。成年猪可用10%葡萄糖酸钙100毫升，静脉注射，每日1次，连用3日；20%磷酸二氢钠注射液30～50毫升，1次静脉注射，酵母麸皮（1.5～2千克麸皮加60～70克酵母粉煮后过滤），每日分次喂给。也可用磷酸钙2～5克，每日2次拌料喂给。

（四）异食癖

异食癖多因代谢机能紊乱，味觉异常所致。病猪表现为到处舔食、啃咬，嗜食平常所不吃的东西。多发生在冬季和早春舍饲的猪群，怀孕初期或产后断奶的母猪多见。

【病因】饲料中某些矿物质和微量元素（如锌、铜、钴、锰、钙、铁、硫）及维生素缺乏；饲料中缺乏某些蛋白质和氨基酸；佝偻病、骨软症、慢性胃肠炎、寄生虫病、狂犬病；饲喂过多精料或酸性饲料等。

【临床症状】临床上多呈慢性经过。病初食欲稍减，咀嚼无力，常便秘，渐渐消瘦，患猪舔食墙壁，啃食槽、砖头瓦块、砂石、鸡屎或被粪便污染的垫草、杂物。仔猪还可互相啃咬尾巴、耳朵；母猪常常流产、吞食胎衣或小猪。有时因吞食异物而引起胃肠疾病。个别患猪贫血、衰弱、最后甚至衰竭死亡。

【防治】应根据病史、临床症状、治疗性诊断、病理学检查、实验室检查、饲料成分分析等，针对病因，进行有效的治疗。平时多喂青绿饲料，让猪接触新鲜泥土；饲料中加入适量食盐、碳酸钠、骨粉、小苏打、人工盐等；或用硫酸铜和氯化钴配合使用；或用新鲜的鱼肝油肌内注射，成猪 4～6 毫升，仔猪 1～3 毫升，分 2～5 个点注射，隔3～5天注射 1 次。

（五）猪锌缺乏症（猪应答性皮病、角化不全）

锌为必需的微量元素，存在于所有组织中，特别是骨、牙、肌肉和皮肤，在皮肤内主要是在毛发中。锌是许多重要的金属酶的组成成分，还是许多其他酶的辅因子。锌也是调节免疫和炎性应答的重要元素。然而，缺锌造成的特定的组织酶活性的变化与缺锌综合征的临床表现之间的关系，尚未清楚了解。

【病因】原因不是单纯性缺锌，而是饲料中锌的吸收受到影响，如叶酸、高浓度钙、低浓度游离脂肪酸的存在，肠道菌群改变，以及细菌与病毒性肠道病原体等均可影响锌的获得。缺锌可能诱发维生素 A 缺乏，从而对食欲和食物利用发生不利影响。

【临床症状】本病发生于 2～4 月龄仔猪。患猪表现食欲降低，消化机能减弱，腹泻，贫血，生长发育停滞。皮肤角化不全或角化过度。最初在下腹部与大腿内侧皮肤上有红斑，逐渐发展为丘疹，并为灰褐色、干燥、粗糙、厚 5～7 厘米的鳞壳所覆盖。这些区域易继发细菌感染，常导致脓皮病和皮下脓肿形成。病变部粗糙、对称，多发于四肢下部、眼周围、耳、鼻面、阴囊与尾。母猪产仔减少，公猪精液质量下降。

根据日粮中缺锌和高钙的情况，结合病猪生长停滞，皮肤有特征性角化不全，骨骼发育异常，生殖机能障碍等特点，可作出诊断。另外，可根据仔猪血清锌浓度和血清碱性磷酸酶活性降低、血清白蛋白下降等进行确诊。

【防治】

（1）预防措施　为保证日粮含有足够的锌，要适当限制钙的含量，一般钙、锌之比为100∶1，当猪日粮中钙达0.4%～0.6%时，锌要达50～60毫克/千克才能满足其营养需要。

（2）发病后的措施　要调整日粮结构，添加足够的锌，日粮高钙的要将钙降低。肌内注射碳酸锌，每千克体重2～4毫克，每天1次，10天为1疗程，一般1疗程即可见效。内服硫酸锌0.2～0.5克/头，对皮肤角化不全的，在数日后可见效，数周后可痊愈。也可于日粮中加入0.02%的硫酸锌、碳酸锌、氧化锌。对皮肤病变可涂擦10%氧化锌软膏。

（六）猪黄脂病

猪黄脂病俗称为"黄膘"（宰后猪肉存在黄色脂肪组织），是由于猪长期多量饲喂变质的鱼粉、鱼脂、鱼碎块、过期鱼罐头、蚕蛹等而引起的脂肪组织变黄的一种代谢性疾病。

【病因】猪黄脂病的发生，是由于长期过量饲喂变质的鱼脂、鱼碎块和过期鱼罐头等含多量不饱和脂肪酸和脂肪酸甘油酯的饲料。鱼体脂肪酸约80%为不饱和脂肪酸。这样，可导致抗酸色素在脂肪组织中沉积，从而造成黄脂病。

【临床症状和病理变化】黄脂病生前无特征性临床症状。主要症状为被毛粗糙，倦怠，衰竭，黏膜苍白，食欲下降，生长发育缓慢。通常眼有分泌物。有些饲喂大量变质鱼块的猪，可发生突然死亡。

身体脂肪呈柠檬黄色，黄脂具有鱼腥臭；肝呈黄褐色，有脂肪变性；肾呈灰红色，切面髓质呈浅绿色；胃肠黏膜充血；骨骼肌和心肌灰白（与白肌病相似），质脆；淋巴结肿胀，水肿，有散在小出血点。

【防治】调整日粮组分，应除去含有过多不饱和脂肪酸甘油酯的饲料，或减少其喂量，宜限制在10%以内，并加喂含维生素E的米糠、野菜、青饲料等饲料。必要时每天用500～700毫克维生素E添加于病猪日粮中，可以防治黄脂病。但要除去沉积在脂肪里的色素，需经较长的时间。

（七）食盐中毒

食盐是动物饲料中不可缺少的成分，可促进食欲，帮助消化，保证机体水盐代谢平衡。食盐中毒在各种动物都可发生，猪较常见。

【病因】饲料食盐添加过多或限制饮水。

【临床症状和病理变化】病猪初期，食欲减退或废绝，便秘或下痢。接着，出现呕吐和明显的神经症状，病猪表现兴奋不安，口吐白沫，四肢痉挛，来回转圈或前冲后退，重症病例出现癫痫状痉挛，隔一定时间发作1次，发作时呈角弓反张或侧弓反张姿势，甚至仰翻倒地，四肢游泳状划动，最后四肢麻痹，昏迷死亡。病程一般1～4天。

一般无特征性变化，仅见软脑膜显著充血，脑回变平，脑实质偶有出血。胃肠黏膜呈现充血、出血、水肿，有时伴发纤维素性肠炎。常有胃溃疡。慢性中毒时，胃肠道病变多不明显，主要病变在脑，表现大脑皮层的软化、坏死。

【防治】

（1）合理控盐、供水　利用含盐残渣废水时，必须适当限量，并配合其他饲料。日粮中含盐量不应超过0.5%，并混合均匀。注意供给充足的饮水。

（2）发病后措施　可参考以下方法。

① 发病后，立即停喂含盐饲料和饮水，改喂稀糊状饲料，口渴应多次少量饮水；急性中毒猪，用1%硫酸铜50～100毫升，促进胃肠内未吸收的食盐泻下，并保护胃肠黏膜。

② 对症治疗。静脉注射25%山梨醇液或50%高渗葡萄糖液50～100毫升，或10%葡萄糖酸钙液5～10毫升，降低颅内压；静脉注射5%硫酸镁注射液20～40毫升，或25%盐酸氯丙嗪2～5毫升，缓解兴奋和痉挛发作；心衰时可皮下注入安钠咖、强尔心等。消除肠道炎症用复方樟脑叮20～50毫升、淀粉100克。黄连素片5～20片，水适量内服。

（八）黄曲霉毒素中毒

黄曲霉毒素中毒是由黄曲霉素素引起的中毒症，以损害肝，甚至诱发原发性肝癌为特征。黄曲霉毒素能引起多种动物中毒，但易感性有差异，猪较为易感。

【病因】采食霉变饲料。

【临床症状和病理变化】仔猪对黄曲霉毒素很敏感，一般在饲喂霉玉米之后3～5天发病，表现食欲消失，精神沉郁，可视黏膜苍白、黄染，后肢无力，行走摇晃。严重时，卧地不起，几天内即死亡。育成猪多为慢性中毒，表现食欲减退，异食癖，逐渐消瘦，后期有神经症状与黄疸。

急性病例突出的病变是急性中毒性肝炎和全身黄疸。肝大，淡黄或黄褐色，表面有出血，实质脆弱；肝细胞变性坏死，间质内有淋巴细胞浸润。胆囊肿大，充满胆汁。全身的黏膜、浆膜和皮下肌肉有出血和淤血斑。胃肠黏膜出血、水肿，肠内容物棕红色。肾大，苍白色，有时见点状出血。全身淋巴结水肿、出血，切面呈大理石样病变。肺淤血、水肿。心包积液，心内、外膜常有出血。脂肪组织黄染。脑膜充血、水肿，脑实质有点状出血。亚急性和慢性中毒病例，主要表现肝硬变。肝实质变硬、呈棕黄色或棕色，俗称"黄肝病"，肝细胞呈严重的脂肪变性与颗粒变性，间质结缔组织和胆管增生，形成不规则的假小叶，并有很多再生肝细胞结节。病程长的母猪可出现肝癌。

【防治】

(1) 预防措施　防止饲料霉变，引起饲料霉变的因素主要是温度与相对湿度，因此，饲料应充分晒干，切勿雨淋、受潮，并置阴凉、干燥、通风处储存；可在饲料中添加防霉剂以防霉变；霉变饲料不宜饲喂，但其中的毒素除去后仍可饲喂。常用的去毒方法有：

① 连续水洗法。将饲料粉碎后，用清水反复浸泡漂洗多次，至浸泡的水呈无色时可供饲用。此法简单易行，成本低，费时少。

② 化学去毒法。最常用的是碱处理法，霉败饲料用5%～8%石灰水浸泡3～5小时后，再用清水淘净，晒干后便可饲喂；每千克饲料拌入125克农用氨水，混匀后倒入缸内，封口3～5天，去毒效果达90%以上，饲喂前应挥发掉残余的氨气。

③ 物理吸收法。常用的吸附剂有活性炭、白陶土、高岭土、沸石等，特别是沸石可牢固地吸附黄曲霉毒素，从而阻止黄曲霉毒素经胃肠道吸收。猪饲料中添加0.5%沸石或霉可吸、霉净剂等，不仅能吸附毒素，而且还可促进猪生长发育。

(2) 发病后措施　本病尚无特效疗法。发现猪中毒时，应立即停喂霉败饲料，改喂富含碳水化合物的青绿饲料和高蛋白饲料。同时，根据临床症状，采取相应的支持和对症疗法治疗。

（九）棉籽饼中毒

棉籽饼中毒是由于猪吃了含有棉酚的棉籽饼而引起的一种急性或慢性中毒病。主要表现为胃肠、血管和神经方面的变化。

【病因】棉籽饼含有较高水平的粗蛋白质（30%～42%）和多种必需氨基酸，为猪常用的廉价蛋白质饲料，但未经处理的棉籽饼含有棉酚。猪对棉酚非常敏感，一般0.4～0.5克便能使猪中毒，甚至死亡。长期饲喂，虽然量少，但棉酚色素排泄缓慢，也可因蓄积而引起中毒。当饲料蛋白质和维生素A不足时，也可促使中毒病的发生。仔猪最易发生中毒。

【临床症状和病理变化】急性中毒可见食欲废绝，粪干，个别可见呕吐，低头呆立，行走无力，或发生间歇性兴奋，前冲，或抽搐。呼吸高度困难，鼻流清液。有的可见尿中带血，皮肤发绀，或见胸腹下水肿。个别体温达41℃以上。怀孕猪流产。慢性中毒可见精神不振，食欲减少，异嗜，粪干、常带有血丝黏液，喜饮水，尿黄；仔猪中毒后症状更加严重，可见不安、发抖、可视黏膜发绀。呼吸困难、粪软或腹泻、体温升高，后期脱水死亡。

胸、腹腔有红色渗出液，气管、支气管充满泡沫状液体，肺充血、水肿，心内外膜有淤血点，胃肠黏膜有出血斑点，全身淋巴结肿大。

【防治】

（1）预防措施　猪场饲喂棉籽饼前，最好先进行游离棉酚含量测定。一般认为，生长猪日粮中游离棉酚含量不超过100毫克/千克体重，种猪日粮中游离棉酚含量不超过70毫克/千克体重是安全的。棉籽饼加热煮沸1～2小时后再喂猪；棉籽饼中加入硫酸亚铁（一般机榨饼按0.2%～0.4%加入，浸出饼按0.15%～0.35%加入，土榨饼按0.5%～1%加入）去毒；棉籽饼限量或间歇性饲喂，即连喂几周后停喂一个时期再喂。孕期猪及仔猪最好不喂或限量饲喂，怀孕母猪每天不超过0.25千克，产前半月停喂，等产后半月再喂。刚断奶的仔猪日粮中不超过0.1千克。另外，不喂已发霉的棉籽饼。

（2）发病后措施　发现中毒应立即停喂棉籽饼。病猪口服0.2%～0.4%的高锰酸钾液或3%苏打水，灌服硫酸钠泻剂排出肠内毒素；肺水肿时，可静脉注射甘露醇、山梨醇或50%葡萄糖。

（十）菜籽饼中毒

【病因】菜籽饼含有芥子苷和葡萄糖苷，它们在一定条件下受芥子酶的催化水解可产生有毒的异硫氰酸丙烯酯（芥子油）和恶唑烷硫酮等，有毒菜籽饼饲喂量过大可引起猪中毒。

【临床症状和病理变化】口鼻等可视黏膜发绀，两鼻孔流出粉红色泡沫状液体，呼吸困难、咳嗽，继而腹痛、腹胀、腹泻且带血，尿频、尿中带血。孕猪可致流产，胎儿畸形。育肥猪易发病，多心力衰竭、虚脱死亡。

尸僵不全，可视黏膜淤血，口流白色泡沫样液体，腹围膨大，肛门突出，皮下显著淤血。血液凝固不良，呈油漆状。浆膜腔积液，胃肠黏膜出血。心扩张，心积留暗红色血凝块，心内、外膜出血，心肌实质变性。肺淤血、水肿及气肿，纵隔淋巴结淤血。头部和腹部皮肤呈青紫色。

【防治】

（1）预防措施　需要测定菜籽饼的毒性，控制用量，试验饲喂安全后，方可大量饲喂。对孕猪和仔猪，严格限用或不用。将粉碎的菜籽饼用盐水浸 12～24 小时，把水去掉，再加水煮沸 1～2 小时，边煮边搅，让毒素蒸发掉。

（2）发病后措施　首先要停喂菜籽饼。让猪自由饮用 0.05%高锰酸钾液，或灌服适量 0.1%高锰酸钾液、蛋清、牛奶等，或用 10%安钠咖溶液 5～10 毫升，1 次皮下注射。治疗时着重保肝、解毒、强心、利尿等，并应用维生素、肾上腺皮质激素等。

（十一）酒糟中毒

酒糟是酿酒业在蒸馏提酒后的残渣，因含有蛋白质和脂肪，还可促进食欲和消化，历来用作家畜饲料。

【病因】长期饲喂或突然改喂大量酒糟，有时可引起酒糟中毒。

【临床症状和病理变化】急性中毒猪表现兴奋不安，食欲减退或废绝，初便秘后腹泻，呼吸困难，心动急速，步态不稳或卧地不起，四肢麻痹，最后因呼吸中枢麻痹而死亡。慢性中毒一般呈现消化不良，黏膜黄染，往往发生皮疹和皮炎。由于大量酸性产物进入机体内，使得矿物质供给不足，可导致缺钙而出现骨质脆弱。

猪皮肤发红，眼结膜潮红、出血。皮下组织干燥，血管扩张充血，伴有点状出血。咽喉黏膜潮红、肿胀。胃内充满具酒糟酸臭味的内容物，胃黏膜充血、肿胀，被覆厚厚黏液，黏膜面有点状、线状或斑状出血。肠系膜与肠浆膜的血管扩张充血，散发点状出血。小肠黏膜潮红、肿胀，被覆多量黏液，并呈现弥漫性点状出血或片状出血。大肠与直肠黏膜亦肿胀，散发点状出血。肠系膜淋巴结肿胀、充血及出血。肺淤血、水肿，伴有轻度出血。心扩张，心腔充满凝固不全的血液，心内膜、心外膜出血。心肌实质变性。肝和肾淤血及实质变性。脾轻度肿胀，伴发淤血与出血。软脑膜和脑实质充血和轻度出血。慢性中毒病例，常常呈现肝硬变。

【防治】

（1）预防措施　参考以下措施预防。

① 控制酒糟用量。酒糟的饲喂量不宜超过日粮的20%～30%（参考日粮配方：玉米20%、酒糟25%、菜籽饼10%、碎米18%、麸皮25%、钙粉1.5%、食盐0.5%，每天饲喂2～3千克，1日喂3～4次）；妊娠母猪不喂或少喂。

② 保证酒糟新鲜。酒糟应尽可能新鲜喂给，力争在短时间内喂完。如果暂时用不完，可将酒糟压紧在缸中或地窖中，上面覆盖薄膜，储存时间不宜过久，也可用作青储。酒糟生产量大时，也可采取晒干或烘干的方法，储存备用。

③ 避免饲喂发霉酸败酒糟。对轻度酸败的酒糟，可在酒糟中加入0.1%～1%石灰水，浸泡20～30分钟，以中和其中的酸类物质。严重酸败和霉变的酒糟应予废弃。

（2）治疗　无特效解毒疗法，发病后立即停喂酒糟。可用1%碳酸氢钠液1000～2000毫升内服或灌肠，同时内服泻剂以促进毒物排出。对胃肠炎严重的应消炎或用黏膜保护剂。静脉注射葡萄糖液、生理盐水、维生素C、10%葡萄糖酸钙、肌苷和肝泰乐等有良好效果。兴奋不安时可用镇静剂，如水合氯醛、溴化钙。重病例应注意维护心、肺功能，可肌内注射10%～20%安钠咖5～10毫升。

猪场的经营管理

核心提示

猪场的经营管理就是通过对猪场的人、财、物等生产要素和资源进行合理的配置、组织、使用，以最少的消耗获得尽可能多的产品产出和最大的经济效益。人们常说管理出效益，但许多猪场只重视技术管理而忽视经营管理，只重视饲养技术的掌握，而不愿接受经营管理知识，导致经营管理水平低，养殖效益差。猪场的经营管理包含市场调查、经营预测、经营决策、经营计划制定以及经济核算等内容。

第一节　经营管理的概念、意义、内容及步骤

一、经营管理的概念

经营是经营者在国家各项法律法规、政策方针的规范指导下，利用自身资金、设备、技术等条件，在追求用最小的人、财、物消耗取得最多的物质产出和最大的经济效益的前提下，合理确定生产方向与经营目标，有效地组织生产、销售等活动。管理是经营者为实现经营目标，合理组织、协调各项经济活动，这里不仅包括生产力和生产关系两个方面的问题，还包括经营生产方向、生产计划、生产目标如何落实，以及人、财、物的组织协调等方面的具体问题。经营和管理之间有着密切的联系，有了经营才需要管理；经营目标需要借助于管理去实现，离开了管理，经营活动就会混乱，甚至中断。经营的使命在于宏观决策，管理的使命在于如何实现经营目标，是为实现经营目标

服务的，两者相辅相成，不能分开。

二、经营管理的意义

猪场的经营管理对于猪场的有效管理和生产水平提高具有重要意义。

（一）有利于实现决策的科学化

通过对市场的调研和信息的综合分析和预测，可以正确地把握经营方向、规模、猪群结构、生产数量，使产品既符合市场需要，又获得最高的价格，取得最大的利润。否则，把握不好市场，遇上市场价格低谷，即使生产水平再高，生产手段再先进，也可能出现亏损。

（二）有利于有效组织产品生产

根据市场和猪场情况，合理地制定生产计划，并组织生产计划的落实。根据生产计划科学安排人力、物力、财力和猪群结构、周转、出栏等，不断提高产品产量和质量。

（三）有利于充分调动劳动者积极性

人是第一的生产要素。任何优良品种、先进的设备和生产技术都要靠人来饲养、操作和实施。在经营管理上通过明确责任制，制定合理的产品标准和劳动定额，建立合理的奖惩制度和竞争机制，并进行严格考核，可以充分调动猪场员工的积极因素，使猪场员工的聪明才智得以最大限度的发挥。

（四）有利于提高生产效益

通过正确的预测、决策和计划，有效地组织产品生产，可以在一定的资源投入基础上生产出最多的适销对路的产品；加强记录管理，不断总结分析，探索、掌握生产和市场规律，提高生产技术水平；根据记录资料，注重进行成本核算和盈利核算，找出影响成本的主要因素，采取措施降低生产成本。产品产量的增加，产品成本的降低，必然会显著提高肉牛养殖效益和生产水平。

三、经营管理的内容

猪场经营管理的内容比较广泛，包括猪场生产经营活动的全过程。其主要内容：市场调查、分析和营销、经营预测和决策、生产计划的制定和落实、生产技术管理、产品成本和经营成果的分析。

第二节　经营预测和决策

一、经营预测

预测是决策的前提，要做好产前预测，必须首先开展市场调查。即运用适当的方法，有目的、有计划、系统地搜集、整理和分析市场情况，取得经济信息。调查的内容包括市场需求量、消费群体、产品结构、销售渠道、竞争形式等。调查的方法常用的有访问法、观察法和实践法三种。搞好市场调查是进行市场预测、决策和制定计划的基础，也是搞好生产经营和产品销售的前提条件（详见第一章第二节市场调查）。

经营预测就是对未来事件作出的符合客观实际的判断。如市场预测（销售预测）就是在市场调查的基础上，在未来一定时期和一定范围内，对产品的市场供求变化趋势作出估计和判断。市场预测的主要内容包括：市场需求预测、销售量预测、产品寿命周期预测、市场占有率预测等。预测期分为短期和长期两种。预测方法有判断性预测法和数学模型分析预测法。

二、经营决策

经营决策就是猪场为了确定远期和近期的经营目标和实现这些目标有关的一些重大问题作出最优选择的决断过程。猪场经营决策的内容很多，大至猪场的生产经营方向、经营目标、远景规划，小到规章制度的制定、生产活动的具体安排等，猪场饲养管理人员每时每刻都在决策。决策的正确与否，直接影响到经营效果。有时一次重大的决策失误就可能导致猪场的亏损，甚至倒闭。正确的决策是建立在科学预测的基础上的，通过收集大量的有关的经济信息，进行科学预测后，才能进行决策。正确的决策必须遵循一定的决策程序，采用科学的方法进行。

（一）决策的程序

1. 提出问题

提出问题即确定决策的对象或事件。也就是要决策什么或对什么进行决策。如经营项目选择、经营方向的确定、人力资源的利用以及饲养方式、饲料配方、疾病治疗方案的选择等。

2. 确定决策目标

决策目标是指对事件作出决策并付诸行动之后所要达到的预期结果。如经营项目和经营规模的决策目标是，一定时期内使销售收入和利润达到多少。猪的饲料配方的决策目标是，使单位产品的饲料成本降低到多少、增重率和产品品质达到何种水平。发生疾病时的决策目标是治愈率多高，有了目标，拟定和选择方案就有了依据。

3. 拟定多种可行方案

多谋才能善断，只有设计出多种方案，才可能选出最优的方案。拟定方案时，要紧紧围绕决策目标，充分发扬民主，大胆设想，尽可能把所有的方案包括无遗，以免漏掉好的方案。如对猪场经营规模的决策方案有大型猪场、中小型猪场以及庭院饲养几头猪等；经营方向决策的方案有办种猪场、繁殖场、商品猪场等；对饲料配方决策的方案有甲、乙、丙、丁等多个配方；对饲养方式决策方案有大栏饲养、定位栏饲养、地面饲养以及网面饲养等；对猪场的某一种疾病防治可以有药物防治（药物又有多种药物可供选择）、疫苗防治等。

对于复杂问题的决策，方案的拟定通常分两步进行：

（1）轮廓设想。可向有关专家和职工群众分别征集意见。也可采用头脑风暴法（畅谈会法），即组织有关人士座谈，让大家发表各自的见解，但不允许对别人的意见加以评论，以便使大家相互启发、畅所欲言。

（2）可行性论证和精心设计。在轮廓设想的基础上，可召开讨论会或采用特尔斐法，对各种方案进行可行性论证，弃掉不可行的方案。如果确认所有的方案都不可行或只有一种方案可行，就要重新进行设想，或审查调整决策目标。然后对剩下的各种可行方案进行详细设计，确定细节，估算实施结果。

4. 选择方案

根据决策目标的要求，运用科学的方法，对各种可行方案进行分析比较，从中选出最优方案。如猪舍建设，有豪华型、经济适用型和简陋型，不同建筑类型投入不同，使用效果也有很大差异。豪华型投入过大，生产成本太高，简陋型投入少，但环境条件差，猪的生产性能不能发挥，生产水平低。而经济适用性投入适中，环境条件基本能够满足猪的需要，生产性能也能充分发挥，获得的经济效益好，所以作为中小型猪场来说，应选择建筑经济适用型猪舍。

5. 贯彻实施与信息反馈

最优方案选出之后，贯彻落实、组织实施，并在实施过程中进行跟踪检查，发现问题，查明原因，采取措施，加以解决。如果发现客观条件发生了变化，或原方案不完善，甚至不正确，就要启用备用方案，或对原方案进行修改。

（二）常用的决策方法

经营决策的方法较多，生产中常用的决策方法有下面几种。

1. 比较分析法

比较分析法是将不同的方案所反映的经营目标实现程度的指标数值进行对比，从中选出最优方案的一种方法。如对猪不同品种杂交猪的饲养结果分析，可以选出一个能获得较好的经济效益的经济杂交模式进行饲养。

2. 综合评分法

综合评分法就是通过选择对不同的决策方案影响都比较大的经济技术指标，根据它们在整个方案中所处的地位和重要性，确定各个指标的权重，把各个方案的指标进行评分，并依据权重进行加权得出总分，以总分的高低选择决策方案的方法。例如在猪场决策中，选择建设猪舍时，往往既要投资效果好，又要设计合理、便于饲养管理，还要有利于防疫等。这类决策，称为多目标决策。但这些目标（即指标）对不同方案的反映有的是一致的，有的是不一致的，采用对比法往往难以提出一个综合的数量概念。为求得一个综合的结果，需要采用综合评分法。

3. 盈亏平衡分析法

这种方法又叫量、本、利分析法，是通过揭示产品的产量、成本和盈利之间的数量关系进行决策的一种方法。产品的成本划分为固定成本和变动成本。固定成本如猪场的管理费、固定职工的基本工资、折旧费等，不随产品产量的变化而变化；变动成本是随着产销量的变动而变动的，如饲料费、燃料费和其他费。利用成本、价格、产量之间的关系列出总成本的计算公式：

$$PQ=F+QV+PQx$$

$$Q=F/[P(1-x)-V]$$

式中：F 为某种产品的固定成本；x 为单位销售额的税金；V 为单位产品的变动成本；P 为单位产品的价格；Q 为盈亏平衡时的产销量。

如企业计划获利 R 时的产销量 Q_R 为：

$$Q_R=(F+R)/[P(1-x)-V]$$

盈亏平衡公式可以解决如下问题：

（1）规模决策　当产量达不到保本产量，产品销售收入小于产品总成本，就会发生亏损，只有在产量大于保本点条件下，才能盈利，因此保本点是企业生产的临界规模。

（2）价格决策　产品的单位生产成本与产品产量之间存在如下关系：

$$CA(\text{单位产品生产成本})=F/(Q+V)$$

即随着产量增加，单位产品的生产成本会下降。可依据销售量作出价格决策。

① 在保证利润总额（R）不减少的情况下，可依据产量来确定价格。由 $PQ=F+VQ+R$ 可知 $P=(F+R)/Q+V$

② 在保证单位产品利润（r）不变时，如何依据产销量来确定价格水平。由 $PQ=F+VQ+R$ 和 $R=rQ$ 可知 $P=F/Q+V+r$

【例 1】 某猪场，修建猪舍、征地及设备等固定资产总投入 100 万元，计划 10 年收回投资（每年的固定资产折旧为 10.00 万元）；每千克生猪增重的变动成本为 10.5 元，100 千克体重出栏的市场价格为 12.5 元，购入仔猪体重为 22 千克，所有杂费和仔猪成本 400 元，求盈亏平衡时的经营规模和计划赢利 20 万元时的经营规模。

解： 设盈亏平衡时的养殖规模是 Y，盈利 20 万元时经营规模为

Y_1。根据上述题意有：市场价格 $P=12.5$ 元，变动成本 $V=10.5$ 元，固定成本 $F=100$ 万/10 年=10 万/年，税金 $x=0$，则盈亏平衡时的产销量是：

$Q=F/[P(1-x)-V]=10$ 万/(12.5−10.5)=10/2=5.0 万千克/年

盈亏平衡时的规模为：

$$Y=50000\text{ 千克}/100\text{ 千克}=500\text{ 头/年}$$

计划盈利 20 万元（R）时的猪场的经营规模如下：

$Y_1=(F+R)/[P(1-x)-V]$

=[(10 万+20 万)元/年÷(12.5−10.5)元/千克]÷100 千克/头

=1500 头/年

计算结果显示该猪场年出栏 100 千克体重肉猪 500 头达到盈亏平衡，要盈利 20 万元需要出栏 1500 头猪。

4. 决策树法

利用树型决策图进行决策的基本步骤：

第一步：绘制树形决策图，然后计算期望值。

第二步：剪枝，确定决策方案。

【例 2】某猪场计划扩大再生产，但不知是更新品种好还是增加数量好，是生产仔猪好还是生产肉猪好。根据所掌握的材料，经仔细分析，在不同条件状态下的结果估计各方案的收益值如表 7-1 所示，请作出决策选择。

表 7-1 不同方案在不同状态下的收益值 单位：万元

状态	概率	增加数量				更新品种			
		生产仔猪		生产肉猪		生产仔猪		生产肉猪	
		畅销 0.7	滞销 0.3	畅销 0.6	滞销 0.4	畅销 0.7	滞销 0.3	畅销 0.6	滞销 0.4
饲料涨价	0.5	5	−3	4	−2	7	4	6	5
饲料持平	0.3	9	4	12	3	8	5	9	6
饲料降价	0.2	15	10	18	5	9	6	11	8

(1) 制树 绘制决策树型示意图，并填上各种状态下的概率和收益值。如图 7-1 所示。

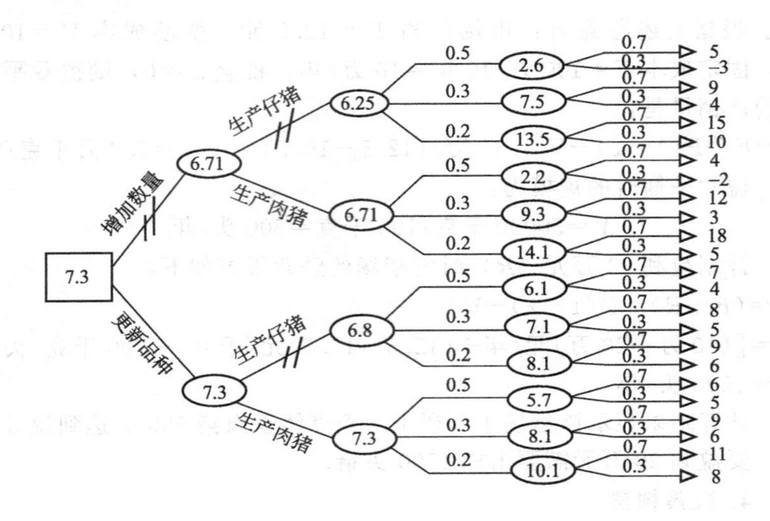

图 7-1　决策树法分析举例

□表示决策点，由它引出的分枝叫决策方案枝；○表示状态点，由它引出的分枝叫状态分枝，上面标明了这种状态发生的概率；△表示结果点，它后面的数字是某种方案在某状态下的收益值。

(2) 计算期望值　分别添入各状态点和结果点的框内。

① 增加头数。计算如下：

生产仔猪＝[(0.7×5)＋0.3×(－3)]×0.5＋[(0.7×9)＋(0.3×4)]×0.3＋[(0.7×15)＋(0.3×10)]×0.2＝6.25

生产肉猪＝[(0.7×4)＋0.3×(－2)]×0.5＋[(0.7×12)＋(0.3×3)]×0.3＋[(0.7×18)＋(0.3×5)]×0.2＝6.71

② 更新品种。计算如下：

生产仔猪＝[(0.7×7)＋(0.3×4)]×0.5＋[(0.7×8)＋(0.3×5)]×0.3＋[(0.7×9)＋(0.3×6)]×0.2＝6.8

生产肉猪＝[(0.7×6)＋(0.3×5)]×0.5＋[(0.7×9)＋(0.3×6)]×0.3＋[(0.7×11)＋(0.3×8)]×0.2＝7.3

(3) 剪枝　增加头数中生产仔猪数值小，剪去；更新品种中生产仔猪数值小剪去；增加头数的数值小于更新品种，剪去。最后剩下更新品种中生产肉猪的数值最大，就是最优方案。

第三节 猪场的计划管理

计划是决策的具体化，计划管理是经营管理的重要职能。计划管理就是根据猪场确定的目标，制定各种计划，用以组织协调全部的生产经营活动，达到预期的目的和效果。

一、猪场的有关指标及计算

（一）母猪繁殖性能指标

1. 产仔数

产仔数一般是指母猪一窝的产仔总数（包括活的、死的、木乃伊胎等）。而最为有意义的是产活仔数，即母猪一窝产的活仔猪数量。产仔数是一个低遗传力的指标，一般在0.1左右。其性状主要受环境因素的影响而变化。通过家系选择或家系内选择才能有明显的遗传进展。品种、类型、年龄、胎次、营养状况、配种时机、配种方法、公猪的精液品质等诸因素都能够影响到猪的产仔数。

2. 仔猪的初生重

仔猪的初生重包括初生个体重和初生窝重两个方面。前者是指仔猪出生后12小时之内、未吃初乳前的重量。后者是指各个个体重之和。仔猪的初生重是一个低遗传力的指标，一般在0.1左右。其性状主要受环境因素的影响。通过家系选择或家系内选择才能有明显的遗传进展。品种、类型、杂交与否、营养状况、妊娠母猪后期的饲养管理水平、产仔数等诸因素都能够影响到仔猪的初生重。

从选种的意义上讲，仔猪的初生重窝的价值高于仔猪的初生重价值。

3. 泌乳力

泌乳力是反映母猪泌乳能力的一个指标，是母猪母性的体现。现在常用20日龄仔猪的窝重表示母猪的泌乳力。泌乳力也是一个低遗传力的指标，其性状也是主要受环境因素影响，通过家系选择或家系内选择才能有明显的遗传进展。品种、类型、杂交与否、营养状况、饲养管理水平、产仔数等诸因素都能够影响到母猪的泌乳力。

4. 育成率

育成率是指在仔猪断乳时的存活数占初生时活仔猪数量的百分数。

育成率=(仔猪断乳时存活数÷初生时活仔猪数量)×100%

育成率是母猪有效繁殖力的表现形式，是饲养管理水平的现实表现。

（二）猪的产肉指标

1. 平均日增重

平均日增重=(平均末重-平均始重)/肥育天数

在我国，平均日增重是指从断奶后15～30天起至体重75～100千克时止整个肥育期的日增重。平均日增重的遗传力中等，约为0.3。它与饲料利用率呈强负相关（r=-0.69）。因此，靠表形选择和家系选择或家系内选择都有明显的遗传进展。品种、类型、杂交与否、性别、营养状况、日粮配合水平、饲养管理水平、环境控制等诸因素都能够影响到猪的日增重。

2. 平均总增重

平均总增重=平均末重-平均始重

3. 屠宰率

屠宰率是指胴体重占宰前活重的百分数。

屠宰率=(胴体重÷宰前活重)×100%

屠宰率的遗传力中等，约为0.31。通过选择可取得遗传进展。不同的品种、不同的类型对屠宰率的影响很大。同一品种不同体重下屠宰，其屠宰率亦不同。养猪上要求在90千克体重条件下屠宰，用来比较不同猪的屠宰率。

4. 胴体重

胴体重是指活体猪经放血、脱毛，切除头、蹄、尾，除去全部内脏（肾保留）所剩余部分的重量。胴体重大小一般与品种及类型有很大的相关性。

5. 瘦肉率

瘦肉率为瘦肉重量占新鲜胴体总重的比例。

瘦肉率=（瘦肉重÷胴体重)×100%

瘦肉率的遗传力较高，为0.46，属于中等偏上。不同的品种、类型对瘦肉率的影响很大。同一品种不同体重下屠宰，其瘦肉率也有很大的不同。饲料中的能量、蛋白质含量、饲喂的方式也直接影响猪的瘦肉率。

将剥离板油和肾的新鲜胴体剖分为瘦肉、脂肪、皮和骨四部分。剖分时肌肉内脂肪和肌间脂肪随同瘦肉一起，不另剔出，皮肌随同脂肪，亦不另剔出。尽量减少作业损失，控制在2%以下。

（三）饲料利用率指标

饲料利用率指整个肥育期内每千克增重所消耗的饲料量，也叫料肉比。应按精、粗、青、糟渣等饲料分别计算。然后再将全部饲料统一折算成消化能和可消化粗蛋白质后合并计算。其计算公式为：

饲料利用率＝肥育期饲料总消耗量/(平均末重—平均始重)

肥育期指从断奶后15～30天开始到体重75～100千克的这个阶段。饲料利用率遗传力较高，为0.3～0.5。因此，通过表形选择和家系选择或家系内选择都有明显的遗传进展。在养猪生产总成本中，饲料消耗的费用占60%～80%。因此，降低饲料消耗，是猪育种工作中的一项基本任务，也是选种的重要指标。

（四）经济效果指标

1. 利润指标

销售利润＝产品销售收入－生产成本－销售费用－税金

成本利润率＝销售利润/销售产品成本×100%

2. 成本核算指标

包括单位猪肉成本、仔猪成本等。

3. 劳动生产率指标

（1）人均生产产品数量＝产品产量/职工总数

（2）单位产品耗工时＝消耗的劳动时间/产品数量

（3）人年产值数＝总产值/职工总数

（4）人年利润＝总利润/职工总数

4. 资金利用指标

（1）固定资金利润率＝全年产品销售收入/全年平均占用固定资金总额×100%

(2) 流动资金利润率＝总利润额/全年流动资金占用额×100％

二、猪场定额

猪场定额管理就是对猪场工作人员明确分工，责任到人，以达到充分利用劳动力，不断提高劳动生产效率的目的。定额主要包括劳动定额、饲料消耗定额和成本定额。

（一）劳动定额

劳动定额是在一定生产技术和组织条件下，为生产一定合格的产品或完成一定工作量所规定的必须劳动消耗，是计量产量、成本、劳动效率等各项经济指标和编制生产、成本和劳动等计划的基础依据。猪场应依据不同的劳动作业、劳动强度、劳动条件等制定相应工种定额。猪场的劳动定额见表 7-2。

表 7-2 猪场的劳动定额

工种	工作内容	定额	工作条件
空怀及后备母猪	饲养管理，协助配种，观察妊娠情况	100～150 头/人	群养。地面撒喂潮拌料，缝隙地板人工清粪至猪舍墙外
公猪	饲养管理，运动猪，试情、配种	15～20 头/人	群养。地面撒喂潮拌料，缝隙地板人工清粪至猪舍墙外
妊娠母猪	饲养管理，运动猪，试情、配种	200～300 头/人	群养。地面撒喂潮拌料，缝隙地板人工清粪至猪舍墙外
哺乳母猪	母仔猪饲养管理。接产、仔猪护理	20～30 头/人	网床饲养，人工饲喂及清粪至猪舍墙外
培育仔猪	饲养管理，仔猪护理	400～500 头/人	网床饲养，人工饲喂及清粪至猪舍墙外，自动饲槽自由采食
育肥猪	饲养管理	600～800 头/人	自动饲槽自由采食，人工清粪至猪舍墙外

（二）饲料消耗定额

饲料消耗定额是生产单位增重所规定的饲料消耗标准，是确定饲料需要量、合理利用饲料、节约饲料和实行经济核算的重要依据。在制定饲料消耗定额时，要考虑猪的性别、年龄、生长发育阶段、体重或日增重、饲料种类和日粮组成等因素。全价合理的饲养是节约饲料和取得经济效益的基础。

猪维持和生产产品，需要从饲料中摄取营养物质。由于猪的品种、性别和年龄、生长发育阶段及体重不同，其营养需要量亦不同。因此，在制订不同类别猪的饲料消耗定额时，首先应查找其饲养标准中对各种营养成分的需要量，参照不同饲料的营养价值确定日粮的配给量（各类猪喂料标准见表 7-3）；再以日粮的配给量为基础，计算不同饲料在日粮中的占有量；最后再根据占有量和猪的年饲养头日数即可计算出年饲料的消耗定额。由于各种饲料在实际饲喂时都有一定的损耗，尚需要加上一定损耗量。

表 7-3　各类猪喂料标准

阶段	饲喂时间	饲料类型	每日每头猪喂料量/千克
后备	体重 90 千克至配种	后备料	2.3～2.5
妊娠前期	0～28 天	妊娠料	1.8～2.2
妊娠中期	29～85 天	妊娠料	2.0～2.5
妊娠后期	86～107 天	哺乳料	2.8～3.5
产前 7 天	108～114 天	哺乳料	3.0
哺乳期	0～21 天	哺乳料	4.5
空怀期	断奶至配种	哺乳料	2.5～3.0
种公猪	配种期	公猪料	2.5～3.0
乳猪	出生至 28 天	乳猪料	0.18
小猪	29～60 天	仔猪料	0.50
	61～77 天	仔猪料	1.10
中猪	78～119 天	中猪料	1.90
大猪	120～168 天	大猪料	2.25

（三）成本定额

成本定额通常指育肥猪生产 1 千克增重或母猪生产 1 头仔猪所消耗的生产资料和所付的劳动报酬的总和，其包括各种猪的饲养日成本和增重单位成本。

猪群饲养日成本等于猪群饲养费用除以猪群饲养头日数。猪群饲养费定额，即构成饲养日成本各项费用定额之和。猪群和产品的成本项目包括：工资和福利费、饲料费、燃料费和动力费、医药费、猪群摊销、固定资产折旧费、固定资产修理费、低值易耗品费、其他直接费用、共同生产费、企业管理费等。这些费用定额的制定，可参照历年的实际费用、当年的生产条件和计划来确定。对班组或定员进行成本定额是计算生产作业时所消耗的生产数据和付出劳动报酬的总和。

三、猪场的计划制定

猪场生产经营计划是猪场计划体系中的一个核心计划，猪场应制定详尽的生产经营计划。生产经营计划主要有生产计划、基建设备维修计划、饲料供应计划、物质消耗计划、设备更新购置计划、产品销售计划、疫病防治计划、劳务使用计划、财务收支计划、资金筹措计划等。

生产计划是经营计划的核心，中小型猪场的生产计划主要有配种分娩计划、猪群周转计划、饲料使用计划。

（一）配种分娩计划

交配分娩计划是养猪场实现猪的再生产的重要保证，是猪群周转的重要依据。其工作内容是依据猪的自然再生产特点，合理利用猪舍和生产设备，正确确定母猪的配种和分娩期。编制配种分娩计划应考虑气候条件、饲料供应、猪舍、生产设备与用具、市场情况、劳动力情况等因素。

1. 需要资料

（1）年初猪群结构

（2）交配分娩方式

（3）上年度已配种母猪的头数和时间

（4）母猪分娩的胎次、每胎的产仔数和仔猪的成活率

（5）计划年预期淘汰的母猪头数和时间

2. 编制

把去年没有配种的母猪根据实际情况填入计划年的配种栏内；然

后把去年配种而今年分娩的母猪填入相应的分娩栏内；再把今年配种后分娩的母猪填入相应的分娩栏内，依次填入至计划年 12 月份。猪场交配分娩计划表见表 7-4。

表 7-4　猪场交配分娩计划表

年度	月份	配种数			分娩数			产仔数			断奶仔猪数		
		基础母猪	检定母猪	合计	基础母猪	检定母猪	合计	基础母猪	检定母猪	合计	基础母猪	检定母猪	合计
上年度	9												
	10												
	11												
	12												
本年度	1												
	2												
	3												
	4												
	5												
	6												
	7												
	8												
	9												
	10												
	11												
	12												
全年合计													

（二）猪群周转计划

猪群周转计划是制定其他各项计划的基础，只有制定好周转计划，才能制定饲料计划、产品计划和引种计划。制订猪群周转计划，应综合考虑猪舍、设备、人力、成活率、猪群的淘汰和转群移舍时间、数量等，保证各猪群的增减和周转能够完成规定的生产任务，又最大限度地降低各种劳动消耗。

1. 需要材料

（1）年初结构

（2）母猪的交配分娩计划

（3）出售和购入猪的头数

（4）计划年内种猪的淘汰数和

（5）各猪组的转入转出头数

（6）淘汰率、仔猪成活率以及各月出售的产品比例

2. 编制

根据各种猪的淘汰、选留、出售计划，累计出各月份猪数量的变化情况，并填入猪群周转计划表。周转计划表见表 7-5。

表 7-5 猪场的周转计划表

项目		年初结构	1	2	3	4	5	6	7	8	9	10	11	12	合计
基础公猪/头	月初数														
	淘汰数														
	转入数														
检定公猪/头	月初数														
	淘汰数														
	转出数														
	转入数														
后备公猪/头	月初数														
	淘汰（出售）数														
	转出数														
	转入数														
基础母猪/头	月初数														
	淘汰数														
	转入数														
检定母猪/头	月初数														
	淘汰数														
	转出数														
	转入数														
哺乳仔猪/头	0～1月龄														
	1～2月龄														

续表

项目		年初结构	1	2	3	4	5	6	7	8	9	10	11	12	合计
后备母猪/头	2～3月龄														
	3～4月龄														
	4～5月龄														
	5～6月龄														
	6～7月龄														
	7～8月龄														
	8～9月龄														
商品肉猪/头	2～3月龄														
	3～4月龄														
	4～5月龄														
	5～6月龄														
	6～7月龄														
月末存栏总数/头															
出售淘汰总数/头	出售断奶仔猪														
	出售后备公猪														
	出售后备母猪														
	出售肉猪														
	出售淘汰猪														

（三）饲料使用计划

饲料使用计划见表7-6。

表 7-6　饲料使用计划表

项目		头数	饲料消耗总量/千克	能量饲料量/千克	蛋白质饲料量/千克	矿物质饲料量/千克	添加剂饲料量/千克	饲料支出/元
1 月份(31 天)	种公猪							
	种母猪							
	后备猪							
	哺乳仔猪							
	断奶仔猪							
	育成猪							
	育肥猪							
2 月份(28 天)	种公猪							
	种母猪							
	后备猪							
	哺乳仔猪							
	断奶仔猪							
	育成猪							
	育肥猪							
全年各类饲料合计								
全年各类猪群饲料合计	种公猪需要量							
	种母猪需要量							
	哺乳猪需要量							
	断奶猪需要量							
	育成猪需要量							
	育肥猪需要量							

（四）出栏计划

出栏计划见表 7-7。

表 7-7　出栏计划表

猪组	年内各月出栏数/头												总计/头	育肥期/月	活重/千克	总计/千克
	1	2	3	4	5	6	7	8	9	10	11	12				
肥育猪																
淘汰肥猪																
总计																

（五）年财务收支计划

年财务收支计划表见表 7-8。

表 7-8　年财务收支计划表

收入		支出		备注
项目	金额/元	项目	金额/元	
仔猪		种(苗)猪费		
肉猪		饲料费		
猪产品加工		折旧费(建筑、设备)		
粪肥		燃料、药品费		
其他		基建费		
		设备购置维修费		
		水电费		
		管理费		
		其他		
合计				

第四节　生产运行过程的经营管理

一、制定技术操作规程

技术操作规程是猪场生产中按照科学原理制订的日常作业的技术

规范。猪群管理中的各项技术措施和操作等均通过技术操作规程加以贯彻。同时，它也是检验生产的依据。不同饲养阶段的猪群，按其生产周期制订不同的技术操作规程。如空怀母猪群（或妊娠母猪群、或补乳母猪群、或仔猪、或育成育肥猪等）技术操作规程。

技术操作规程的主要内容：对饲养任务提出生产指标，使饲养人员有明确的目标；指出不同饲养阶段猪群的特点及饲养管理要点；按不同的操作内容分段列条、提出切合实际的要求等。

技术操作规程的指标要切合实际，条文要简明具体，易于落实执行。

二、制定工作程序

规定各类猪舍每天的工作内容，制定每周的工作程序，使饲养管理人员有规律地完成各项任务。猪舍周工作程序见表 7-9。

表 7-9 猪舍周工作程序

日期	配种妊娠舍	分娩保育舍	生长育成舍
星期一	日常工作；清洁消毒；淘汰猪鉴定	日常工作；清洁消毒；断奶母猪淘汰猪鉴定	日常工作；清洁消毒；淘汰猪鉴定
星期二	日常工作；更换消毒池消毒液；接收空怀母猪；空怀母猪配种	日常工作；更换消毒池消毒液；断奶母猪转出；空栏清洗消毒	日常工作；更换消毒池消毒液；空栏清洗消毒
星期三	日常工作；不发情、不妊娠母猪集中饲养；驱虫；免疫接种	日常工作；驱虫；免疫接种	日常工作；驱虫；免疫接种
星期四	日常工作；清洁消毒；调整猪群	日常工作；清洁消毒；仔猪去势；僵猪集中饲养	日常工作；清洁消毒；调整猪群
星期五	日常工作；更换消毒池消毒液；怀孕母猪转出	日常工作；更换消毒池消毒液；接收临产母猪，做好分娩准备	日常工作；更换消毒池消毒液；空栏冲洗消毒
星期六	日常工作；空栏冲洗消毒	日常工作；仔猪强弱分群；出生仔猪剪耳、断奶和补铁等	日常工作；出栏猪的鉴定
星期日	日常工作；妊娠诊断复查；设备检查维修；填写周报表	日常工作；清点仔猪数；设备检查维修；填写周报表	日常工作；存栏盘点；设备检查维修；填写周报表

三、制订综合防疫制度

为了保证猪群的健康和安全生产，场内必须制订严格的防疫措施，规定对场内、外人员、车辆、场内环境、设备用具等进行及时或定期的消毒，猪舍在空出后的冲洗、消毒，各类猪群的免疫，猪种引进的检疫等。详见第七章第一节疾病综合控制。

四、劳动组织

（一）生产组织精简高效

生产组织与猪场规模大小有密切关系，规模越大，生产组织就越重要。规模化猪场一般设置有行政、生产技术、供销财务和生产班组等组织部门，部门设置和人员安排尽量精简，提高直接从事养猪生产的人员比例，最大限度地降低生产成本。

（二）人员的合理安排

养猪是一项脏、苦而又专业性强的工作，所以必须根据工作性质来合理安排人员，知人善用，充分调动饲养管理人员的劳动积极性，不断提高专业技术水平。

（三）建立健全岗位责任制

岗位责任制规定了猪场每一个人员的工作任务、工作目标和标准。完成者奖励，完不成者被罚，不仅可以保证猪场各项工作顺利完成，而且能够充分调动劳动者的积极性，使生产完成得更好，生产的产品更多，各种消耗更少。

五、记录管理

记录管理就是将猪场生产经营活动中的人、财、物等消耗情况及有关事情记录在案，并进行规范、计算和分析。目前许多猪场认识不到记录的重要性，缺乏系统的、原始的记录资料，导致管理者和饲养者对生产经营情况，如各种消耗、产品成本、单位产品利润和年总利润等都不清楚，更谈不上采取有效措施降低成本，提高效益。

（一）记录管理的作用

1. 猪场记录反映猪场生产经营活动的状况

完善的记录可将整个猪场的动态与静态记录无遗。有了详细的猪场记录，管理者和饲养者通过记录不仅可以了解现阶段猪场的生产经营状况，而且可以了解过去猪场的生产经营情况。有利于加强管理，有利于对比分析，有利于进行正确的预测和决策。

2. 猪场记录是经济核算的基础

详细的猪场记录包括各种消耗、猪群的周转及死亡淘汰等变动情况、产品的产出和销售情况、财务的支出和收入情况以及饲养管理情况等，这些都是进行经济核算的基本材料。没有详细的、原始的、全面的猪场记录材料，经济核算也是空谈，甚至会出现虚假的核算。

3. 猪场记录是提高管理水平和效益的保证

通过详细的猪场记录，并对记录进行整理、分析和必要的计算，可以不断发现生产和管理中的问题，并采取有效的措施来解决和改善，不断提高管理水平和经济效益。

（二）猪场记录的原则

1. 及时准确

及时是根据不同记录要求，在第一时间认真填写，不拖延、不积压，避免出现遗忘和虚假；准确是按照猪场当时的实际情况进行记录，既不夸大，也不缩小，实实在在。特别是一些数据要真实，不能虚构。如果记录不精确，将失去记录的真实可靠性，这样的记录毫无价值。

2. 简洁完整

记录工作繁琐就不易持之以恒地去实行。所以设置的各种记录薄册和表格力求简明扼要，通俗易懂，便于记录；完整是要求记录要全面系统，最好设计成不同的记录册和表格，并且填写完全、工整，易于辨认。

3. 便于分析

记录的目的是为了分析猪场生产经营活动的情况，因此在设计表格时，要考虑记录下来的资料便于整理、归类和统计，为了与其他猪场的横向比较和本场过去的纵向比较，还应注意记录内容的可比性和稳定性。

（三）猪场记录的内容

记录的内容因猪场的经营方式与所需的资料而有所不同，一般应包括以下内容。

1. 生产记录

（1）猪群生产情况记录　猪的品种、饲养数量、饲养日期、死亡淘汰、产品产量等。

（2）饲料记录　将每日不同猪群（或以每栋或栏或群为单位）所消耗的饲料按其种类、数量及单价等记载下来。

（3）劳动记录　记载每天出勤情况，工作时数、工作类别以及完成的工作量、劳动报酬等。

2. 财务记录

（1）收支记录　包括出售产品的时间、数量、价格、去向及各项支出情况。

（2）资产记录　固定资产类，包括土地、建筑物、机器设备等的占用和消耗；库存物资类，包括饲料、兽药、在产品、产成品、易耗品、办公用品等的消耗数、库存数量及价值；现金及信用类，包括现金、存款、债券、股票、应付款、应收款等。

3. 饲养管理记录

（1）饲养管理程序及操作记录　包括饲喂程序、光照程序、猪群的周转、环境控制等记录。

（2）疾病防治记录　包括隔离消毒情况、免疫情况、发病情况、诊断及治疗情况、用药情况、驱虫情况等。

（四）猪场生产记录表格

除计划管理部分的计划表格外，还应该设置如下记录表格。

1. 日常生产记录表格

猪场可参考表 7-10～表 7-13 设置相应表格。

表 7-10　母猪产仔哺育登记表

猪舍栋号________　　　　____年____月____日

窝号	产仔日期	母猪号	母猪品种	与配公猪		交配日期	怀孕日期	产次	产仔数			存活数			死胎数	备注
				品种	耳号				公	母	合计	公	母	合计		

负责人______　　　　填表人

表 7-11　配种登记表

猪舍栋号________　　　　____年____月____日

母猪号	母猪品种	与配公猪		第一次配种时间	第二次配种时间	分娩时间	备注
		品种	耳号				

负责人______　　　　填表人

表 7-12　猪死亡登记表

猪舍栋号________　　　　____年____月____日

品种	耳号	性别	年龄	死亡猪				备注
				头数	体重/千克	时间	原因	

负责人______　　　　填表人

表 7-13　种猪生长发育记录表

猪舍栋号________　　　　____年____月____日

测定时间			耳号	品种	性别	月龄	体重/千克	胸围/厘米	体高/厘米	平均膘厚/厘米
年	月	日								

负责人______　　　　填表人

2. 收支记录表格

收支记录表格参见表 7-14。

表 7-14　收支记录表格

收入		支出		备注
项目	金额/元	项目	金额/元	
合计				

3. 猪场的报表

为了及时了解猪场生产动态和完成任务的情况，及时总结经验与教训，在猪场内部建立健全各种报表十分重要。各类报表力求简明扼要，格式统一，单位一致，方便记录。常用的报表有以下几种，见表7-15、表7-16。

表 7-15　猪群饲料消耗月报表或日报表

领料时间	料号	栋号	饲料消耗/千克			备注
			青料	精料	其他	

填表人

表 7-16　猪群变动月报表或日报表

群别	月初头数	增加				合计	减少					合计	月末头数	备注
		出生	调入	购入	转入		转出	调出	出售	淘汰	死亡			
种公猪														
种母猪														
后备公猪														
后备母猪														
肥育猪														
仔猪														

填表人

（五）猪场记录的分析

通过对猪场的记录进行整理、归类，可以进行分析。分析是通过一系列分析指标的计算来实现的。利用受精率、产仔数、成活率、窝重、增重率、饲料转化率等技术效果指标来分析生产资源的投入和产出产品数量的关系以及分析各种技术的有效性和先进性。利用经济效果指标分析生产单位的经营效果和赢利情况，为猪场的生产提供依据。

六、产品销售管理

（一）销售预测

规模猪场的销售预测是在市场调查的基础上，对产品的趋势作出正确的估计。产品市场是销售预测的基础，市场调查的对象是已经存在的市场情况，而销售预测的对象是尚未形成的市场情况。产品销售预测分为长期预测、中期预测和短期预测。长期预测指5～10年的预测；中期预测一般指2～3年的预测；短期预测一般为每年内各季度月份的预测，主要用于指导短期生产活动。进行预测时可采用定性预测和定量预测两种方法，定性预测是指对对象未来发展的性质、方向进行判断性、经验性的预测，定量预测是通过定量分析对预测对象及其影响因素之间的密切程度进行预测。两种方法各有所长，应从当前实际情况出发，结合使用。猪场的产品虽然只有育肥猪、淘汰猪和仔猪，但其产品可以有多种定位，要根据市场需要和销售价格，结合本场情况有目的进行生产，以获得更好的效益。

（二）销售决策

影响企业销售规模的因素有两个：一是市场需求；二是猪场的销售能力。市场需求是外因，是猪场外部环境对企业产品销售提供的机会；销售能力是内因，是猪场内部自身可控制的因素。对具有较高市场开发潜力，但目前在市场上占有率低的产品，应加强产品的销售推广宣传工作，尽力扩大市场占有率；对具有较高的市场开发潜力，且在市场有较高占有率的产品应有足够的投资维持市场占有率。但由于其成长期潜力有限，过多投资则无益；对那些市场开发潜力小，市场占有率低的产品，因考虑调整企业产品组合。

（三）销售计划

猪产品的销售计划是猪场经营计划的重要组成部分，科学地制定产品销售计划，是做好销售工作的必要条件，也是科学地制定猪场生产经营计划的前提。主要内容包括销售量、销售额、销售费用、销售利润等。制定销售计划的中心问题是要完成企业的销售管理任务，能够在最短的时间内销售产品，争取到理想的价格，及时收回贷款，取得较好的经济效益。

（四）销售形式

销售形式指产品从生产领域进入消费领域，由生产单位传送到消费者手中所经过的途径和采取的购销形式。依据不同服务领域和收购部门经销范围的不同而各有不同，主要包括国家预购、国家订购、外贸流通、猪场自行销售、联合销售、合同销售 6 种形式。合理的销售形式可以加速产品的传送过程，节约流通费用，减少流通过程的消耗，更好地提高产品的价值。目前，猪场自行销售已经成为主要的渠道，自行销售可直销，销售价格高，但销量有限；也可以选择一些大型的商场或大的消费单位进行销售。

（五）销售管理

猪场销售管理包括销售市场调查、营销策略及计划的制定、促销措施的落实、市场的开拓、产品售后服务等。市场营销需要研究消费者的需求状况及其变化趋势。在保证产品质量并不断提高的前提下，利用各种机会、各种渠道刺激消费、推销产品，做好以下三个方面工作。

1. 加强宣传、树立品牌

有了优质产品，还需要加强宣传，将产品推销出去。广告是被市场经济所证实的一种良好的促销手段，应很好地利用。一个好企业，首先必须对企业形象及其产品包装（含有形和无形）进行策划设计，并借助广播电视、报刊等各种媒体做广告宣传，以提高企业及产品的知名度。在社会上树立起良好的形象，创造产品品牌，从而促进产品的销售。

2. 加强营销队伍建设

一是要根据销售服务和劳动定额，合理增加促销人员，加强促销力量，不断扩大促销辐射面，使促销人员无所不及；二是要努力提高促销人员的业务素质。促销人员的素质高低，直接影响着产品的销售。因此，要经常对促销人员进行业务知识的培训和职业道德、敬业精神的教育，使他们以良好素质和精神面貌出现在用户面前，为用户提供满意的服务。

3. 积极做好售后服务

售后服务是企业争取用户信任，巩固老市场，开拓新市场的关键。因此，种猪场要高度重视，扎实认真地做好此项工作：一是要建立售后服务组织，经常深入用户做好技术咨询服务；二是对出售的种猪等提供防疫、驱虫程序及饲养管理等相关技术资料和服务跟踪卡，规范售后服务，并及时通过用户反馈的信息，改进猪场的工作，加快发展速度。

第五节 经济核算

一、资产核算

（一）流动资产管理

流动资产是指可以在一年内或者超过一年的一个营业周期内变现或者运用的资产。流动资产是企业生产经营活动的主要资产。主要包括猪场的现金、存款、应收款及预付款、存货（原材料、在产品、产成品、低值易耗品）等。流动资产周转状况影响到产品的成本。

流动资产管理就是加快流动资产周转，减少流动资产占用量。措施：一是合理安排流动资金。加强采购物资的计划性，防止盲目采购，合理地储备物质，避免积压资金，加强物资的保管，定期对库存物资进行清查，防止鼠害和霉烂变质；二是促进流动资产周转。科学地组织生产过程，采用先进技术，尽可能缩短生产周期，节约使用各种材料和物资，减少在产品资金占用量。及时销售产品，缩短产成品的滞留时间。及时清理债权债务，加速应收款限的回收，减少成品资金和结算资金的占用量。

（二）固定资产管理

固定资产是指使用年限在 1 年以上，单位价值在规定的标准以上，并且在使用中长期保持其实物形态的各项资产。猪场的固定资产主要包括建筑物、道路、基础猪群以及其他与生产经营有关的设备、器具、工具等。

1. 固定资产的折旧

（1）固定资产的折旧　固定资产的长期使用中，在物质上要受到磨损，在价值上要发生损耗。固定资产的损耗，分为有形损耗和无形损耗两种。有形损耗是指固定资产由于使用或者由于自然力的作用，使固定资产物质上发生磨损。无形损耗是由于劳动生产率提高和科学技术进步而引起的固定资产价值的损失。这些都涉及到固定资产的折旧与补偿。固定资产在使用过程中，由于损耗而发生的价值转移，称为折旧，由于固定资产损耗而转移到产品中去的那部分价值叫折旧费或折旧额，用于固定资产的更新改造。

（2）固定资产折旧的计算方法

猪场提取固定资产折旧，一般采用平均年限法和工作量法。

① 平均年限法。它是根据固定资产的使用年限，平均计算各个时期的折旧额，因此也称直线法。其计算公式为：

固定资产年折旧额＝[原值－(预计残值－清理费用)]÷固定资产预计使用年限

固定资产年折旧率＝固定资产年折旧额÷固定资产原值×100%＝(1－净残值率)÷折旧年限×100%

② 工作量法。它是按照使用某项固定资产所提供的工作量，计算出单位工作量平均应计提折旧额后，再按各期使用固定资产所实际完成的工作量，计算应计提的折旧额。这种折旧计算方法，适用于一些机械等专用设备。其计算公式为：

单位工作量(单位里程或每工作小时)折旧额＝(固定资产原值－预计净残值)÷总工作量(总行驶里程或总工作小时)

2. 加强固定资产的管理

（1）合理配置固定资产　根据轻重缓急，合理购置和建设固定资产，把资金使用在经济效果最大，而且在生产上迫切需要的项目上；购置和建造固定资产要量力而行，做到与单位的生产规模和财力相适应；各类固定资产务求配套完备，注意加强设备的通用性和适用性，使固定资产能充分发挥效用。

（2）加强固定资产管理　建立严格的使用、保养和管理制度，对不需要的固定资产应及时采取措施，以免浪费，注意提高机器设备的时间利用强度和其生产能力的利用程度。

二、成本核算

产品的生产过程，同时也是生产的耗费过程。企业要生产产品，就要发生各种生产耗费。生产过程的耗费包括劳动对象（如饲料）的耗费、劳动手段（如生产工具）的耗费以及劳动力的耗费等。企业为生产一定数量和种类的产品而发生的直接材料费（包括直接用于产品生产的原材料、燃料动力费等）、直接人工费用（直接参加产品生产的工人工资以及福利费）和间接制造费用的总和构成产品成本。

【注意】产品成本是一项综合性很强的经济指标，它反映了企业的技术实力和整个经营状况。猪场的品种是否优良，饲料质量好坏，饲养技术水平高低，固定资产利用的好坏，人工耗费的多少等，都可以通过产品成本反映出来。所以，猪场通过成本和费用核算，可发现成本升降的原因，降低成本费用耗费，提高产品的竞争能力和盈利能力。

（一）做好成本核算的基础工作

1. 建立健全各项原始记录

原始记录是计算产品成本的依据，直接影响着产品成本计算的准确性。如果原始记录不真实，就不能正确反映生产耗费和生产成果，就会使成本计算变为“假帐真算”，成本核算就失去了意义（饲料、燃料动力的消耗，原材料、低值易耗品的领退，生产工时的耗用，畜禽变动，畜群周转、畜禽死亡淘汰、产出产品等都必须认真如实地登记原始记录）。

2. 建立健全各项定额管理制度

猪场要制定各项生产要素的耗费标准（定额）。不管是饲料、燃料动力、还是费用工时、资金占用等，都应制定比较先进、切实可行的定额。定额的制定应建立在先进的基础上，对经过十分努力仍然达不到的定额标准或不需努力就很容易达到定额标准的定额，要及时进行修订。

3. 加强财产物质的计量、验收、保管、收发和盘点制度

财产物资的实物核算是其价值核算的基础。做好各种物资的计量、收集和保管工作，是加强成本管理、正确计算产品成本的前提条件。

（二）猪场成本的构成项目

1. 饲料费

指饲养过程中耗用的自产和外购的混合饲料和各种饲料原料。凡是购入的按买价加运费计算，自产饲料一般按生产成本（含种植成本和加工成本）进行计算。

2. 劳务费

从事养猪的生产管理劳动，包括饲养、清粪、防疫、转群、消毒、购物运输等所支付的工资、资金、补贴和福利等。

3. 母猪摊销费

饲养过程中应负担的产畜摊销费用。

4. 医疗费

指用于猪群的生物制剂，消毒剂及检疫费、化验费、专家咨询服务费等。但已包含在配合饲料中的药物及添加剂费用不必重复计算。

5. 固定资产折旧维修费

指猪舍、栏具和专用机械设备等固定资产的基本折旧费及修理费。根据猪舍结构和设备质量，使用年限来计损。如是租用土地，应加上租金；土地、猪舍等都是租用的，只计租金，不计折旧。

6. 燃料动力费

指饲料加工、猪舍保暖、排风、供水、供气等耗用的燃料和电力费用，这些费用按实际支出的数额计算。

7. 杂费

杂费包括低值易耗品费用、保险费、通信费、交通费、搬运费等。

8. 利息

利息是指对固定投资及流动资金一年中支付利息的总额。

9. 税金

税金指用于养猪生产的土地、建筑设备及生产销售等一年内应交税金。

以上九项构成了猪场生产成本，从构成成本比重来看，饲料费、母猪摊销费、劳务费、折旧费、利息五项价额较大，是成本项目构成的主要部分，应当重点控制。

（三）成本的计算方法

成本的计算方法分为分群核算和混群核算。

1. 分群核算

分群核算的对象是每种畜的不同类别，如基本猪群、幼猪群、育肥猪群等，按畜群的不同类别分别设置生产成本明细帐户，分别归集生产费用和计算成本。

（1）仔猪和育肥猪群成本计算　主产品是增重，副产品是粪肥和死淘畜的残值收入等。

增重单位成本＝总成本/该群本期增重量＝(全部的饲养费用－副产品价值)÷(该群期末存栏活重＋本期销售和转出活重－期初存栏活重－本期购入和转入活重)

活重单位成本＝(该群期初存栏成本＋本期购入和转入成本＋该群本期饲养费用－副产品价值)÷该群本期活重＝(该群期初存栏成本＋本期购入和转入成本＋该群本期饲养费用－副产品价值)÷[该群期末存栏活重＋本期销售或转出活重(不包括死畜重量)]

(2) 基本猪群成本核算　基本畜群包括基本母畜、种公畜和未断奶的仔畜。主产品是断奶仔畜，副产品是畜粪，在产品是未断奶仔畜。基本畜群的总饲养费用包括母畜、公畜、仔畜饲养费用和配种受精费用。本期发生的饲养费用和期初未断乳的仔畜成本应在产成品和期末在产品之间分配，分配办法是活重比例法。

仔猪活重单位成本＝(期初未断乳仔猪成本＋本期基本猪群饲养费用－副产品价值)÷(本期断乳仔猪活重＋期末未断乳仔猪活重)

(3) 猪群饲养日成本计算　饲养日成本是指每头猪饲养日平均成本。它是考核饲养费用水平和制定饲养费用计划的重要依据。应按不同的猪群分别计算。

某猪群饲养日成本＝(该猪群本期饲养费用总额－副产品价值)÷该群本期饲养头日数

2. 混群核算

混群核算的对象是每类畜禽，如牛、羊、猪、鸡等，按畜禽种类设置生产成本明细帐户归集生产费用和计算成本。资料不全的小型猪场常用。

畜禽类别生产总成本＝期初在产品成本(存栏价值)＋购入和调入畜禽价值＋本期饲养费用－期末在产品价值(存栏价值)－出售自食转出畜禽价值－副产品价值

单位产品成本＝生产总成本÷产品数量

三、赢利核算

赢利是企业在一定时期内的以货币表现的最终经营成果，是考核企业生产经营好坏的一个重要经济指标。赢利核算是对猪场的赢利进行观察、记录、计量、计算、分析和比较等工作的总称。所以赢利也称税前利润。

（一）赢利的核算公式

赢利＝销售产品价值－销售成本＝利润＋税金

（二）衡量赢利效果的经济指标

1. 销售收入利润率

销售收入利润率表明产品销售利润在产品销售收入中所占的比重。其值越高，经营效果越好。

销售收入利润率＝产品销售利润÷产品销售收入×100％

2. 销售成本利润率

它是反映生产消耗的经济指标，在畜产品价格、税金不变的情况下，产品成本愈低，销售利润愈多，其愈高。

销售成本利润率＝产品销售利润÷产品销售成本×100％

3. 产值利润率

它说明实现百元产值可获得多少利润，用以分析生产增长和利润增长的比例关系。

产值利润率＝利润总额÷总产值×100％

4. 资金利润率

把利润和占用资金联系起来，反映资金占用效果，具有较大的综合性。

资金利润率＝利润总额÷流动资金和固定资金的平均占用额×100％

【提示】开办猪场要想获得较好收益需从市场竞争、提高产量和降低生产成本六方面着手：一是生产适销对路的产品，在进行市场调查和预测的基础上，根据市场变化生产符合市场需求的、质优量多的产品。二是提高资金的利用效率，合理配备各种固定资产，注意适用性、通用性和配套性，减少固定资产的闲置和损毁；加强采购计划制定，及时清理回收债务等。三是提高劳动生产率，购置必要的设备减轻劳动强度；制订合理劳动指标和计酬考核办法，多劳多得，优劳优酬。四是提高产品产量，选择优良品种、创造适宜条件、合理饲喂、应用添加剂、科学管理、加强隔离卫生和消毒等，控制好疾病，促进生产性能的发挥。五是制订好猪场周转计划，保证生产正常进行，一年四季均衡生产。六是降低饲料费用，购买饲料时要货比三家，选择质量好、价格低的饲料；利用科学饲养技术、创造适宜的饲养环境、严格细致地观察和管理、制定周密饲料计划、及时淘汰老弱病残猪等，减少饲料的消耗和浪费。

参 考 文 献

[1] 刘凤华. 家畜环境卫生学. 北京：中国农业大学出版社，2004.
[2] 杨公社. 猪生产学. 北京：中国农业出版社，2002.
[3] 罗安治. 养猪全书. 成都：四川科学技术出版社，1997.
[4] 陈清明，王连纯. 现代养猪生产. 北京：中国农业出版社，2001.
[5] 王林云. 养猪实用新技术. 南京：江苏科学技术出版社，1998.
[6] 李佑民. 猪病防治手册. 北京：金盾出版社，1997.
[7] 魏刚才. 养殖场消毒技术. 北京：化学工业出版社，2007.
[8] 李培庆，包银梅. 实用猪病诊断与防治技术. 北京：中国农业科技出版社，2007.
[9] 王永强，魏刚才. 猪高效安全生产技术. 北京：化学工业出版社，2012.